아산재단 연구총서 제446집

이주민의 사회적 배제

세대 간 전이와 민족 계급화를 중심으로

아산재단 연구총서 제446집

이주민의 사회적 배제

세대 간 전이와 민족 계급화를 중심으로

최 혜 지

집문당

최혜지(崔惠枝) 이화여자대학교 사회사업학과 졸업
Washington University in St. Louis 사회복지대학원 졸업(Ph.D.)
현재 서울여자대학교 사회복지학과 교수

아산재단 연구총서 제446집

이주민의 사회적 배제
세대 간 전이와 민족 계급화를 중심으로

2019년 9월 30일 1판 1쇄

저자 | 최혜지
발행인 | 임동규
발행처 | **(주)집문당**
등록 | 1971. 3. 23. 제2012-000069호
주소 | 03134 서울시 종로구 돈화문로 82 집문당빌딩 5층
전화 | (02)743-3192~3 팩스(02)742-4657
이메일 | sale@jipmoon.co.kr
홈페이지 | www.jipmoon.co.kr

ISBN 978-89-303-1825-9 94330
978-89-303-1500-5(세트)

가격 19,000원

이 도서의 국립중앙도서관 출판시도서목록(CIP)은 e-CIP홈페이지(http://www.nl.go.kr/ecip)와 국가자료공동목록시스템(http://www.nl.go.kr/kolisnet)에서 이용하실 수 있습니다.
(CIP제어번호: CIP2019033564)

디아스포라의 애상을

정체(identity)의 한 조각으로 보듬어 오신

나의 아버지, 어머니에게 바칩니다.

머리말

국경을 초월한 자본의 이동은 세계화를 추동해 왔다. 시장을 좇아 국가와 국가를 넘나드는 노동이동의 보편화, 유랑적 삶의 일상화, 이동기술의 발달로 이주는 21세기 삶의 일유형으로 정형화되었다. 한국사회도 예외이지 않다. 결혼이민자와 외국인 노동자를 중심으로 다양한 민족배경을 지닌 이주인구가 주춤 없이 성장해 왔다.

삶 자체가 버거운 것인데, 새로운 시공간에서 뿌리내리기란 녹녹할 리 없다. 고단한 이주민의 삶에 던지는 담담한 시선은 이 같은 생각을 전제한다. 낯선 곳에서 새 삶을 일구는 것은 누구에게나 도전적인 일이다. 그러나 이주한 사회가 이주민을 어떤 존재로 이해하는가에 따라 이주민에 주어진 삶의 무게는 다를 수 있다.

다름과 차이에 인색한 한국사회에서 이주민이 선주민의 일상에 구조적, 미시적으로 통합되기는 쉽지 않다. 경제적 궁핍, 사회적 단절, 문화적 고립 등 이주민의 오늘로 표현되는 단상은 무겁지 않은 것이 없다. 더욱 두려운 것은 이주민이 처한 난상의 다기성과 복합성이다.

경제, 사회, 문화라는 틀로 작위적으로 구분지어 담아내지만 이주민이 경험하는 어려움은 다분히 화학적이다. 물리적 구분 짓기가 의미 없을 만큼 지나치게 상호의존적이고 얽히어 있다. 연구자가 사회적 배제라는 프리즘을 통해 이주민의 삶을 이해하려 했던 이유이다.

사회적 배제는 그저 빈곤만으로 포화될 수 없는 이주민의 다면적 박탈과 곤궁을 효과적으로 포괄한다. 시간의 흐름을 들어낸 정태적 현상에 매몰되지 않고 변화의 흐름과 과정을 포섭하는 동태성을 특징으로 한다. 주류사회의 주변에서 경제, 사회, 정치적 외부자로 공전하는 이주민의 삶은 원인, 과정, 결과 모두 사회적 배제로 수렴된다.

이주민을 향한 선주민의 고정관념과 편견은 경험적이지도 논리적이지도 않다. 오직 선주민의 자민족중심주의를 지탱하며 이주민의 배제를 정당화하는 구실로 동원될 뿐이다. 이주민의 언어적 특징, 문화적 이질성은 선주민의 편견을 거쳐 열등함으로 등치화되고 이주민의 사회적, 경제적 주변화는 그들의 열등함이 낳은 결과로 합리화된다. 이주민의 주변적 지위를 확대한 사회구조는 선주민에게 감지되지 않은 채 이주민의 삶만을 구속할 뿐이다.

이주민의 취약한 사회경제적 조건은 고정관념, 편견에 의해 심화되고, 이주민의 민족적 지위를 강등시킨다. 자연스레 이주민과 선주민 사이에 서열적 질서가 형성되고 민족은 계급으로 구조화된다. 계급은 행위자의 언행과 사유를 주조하는 사회적 구조이기에 행위자는 계급적 지위에 따라 사회적으로 기대되는 행동양식을 습득하고 내재화한다. 체화된 계급의 문화와 규범은 아비투스가 되어 이주민의 계급적 질서를 재생산해 낸다.

따라서 이주민의 사회적 배제 양상과 민족적 서열은 이민자의 계급을 결정하고 소속된 계급의 문화는 아비투스가 되어 이민자의 삶을 규정한다. 계급문화를 공유하는 가족은 동질적 아비투스를 구성하여 부모의 아비투스는 자녀에게 전이되고 부모의 계급은 자녀에 의해 재생산된다.

이주민의 삶을 사회적 배제의 관점에서 분석하는 시도는 새롭지 않다. 그러나 선재된 시도들은 사회적 배제를 이주민의 계급적 지위로 연결해 사유하지 못한 한계를 보인다. 배제된 자의 존재는 배제시킨 자의 존재를 의미하며 이주민의 사회적 배제는 배제를 의도한 자가 자신의 기득권을 지켜내는 도구이자 지켜낸 결과이다. 사회적 배제가 배제시킨 자와 배제된 자 사이의 권력 불균형 즉 계급적 관점에서 고찰되어야 하는 이유이다.

한편, 가장의 경험은 가구원의 경험을 대표할 것이라는 전제에 기반해 사회적 배제는 배타적으로 가장의 경험과 인식을 통해 탐색되었다. 이로 인해 어떤 사회현상도 세대 고립적으로 존재하지 않음에도 사회적 배제의 탐구는 세대 분절적으로 이루어졌다. 이는 사회적 배제가 세대에 거쳐 재생산되는 세대 간 전이에 주목할 필요를 강조한다.

이와 같은 문제의식에 따라 이 연구는 이주민의 삶을 통해 표출되는 사회적 배제 현상을 다각적으로 고찰했다. 이주 1세대와 2세대 각각에서 사회적 배제가 민족적 서열과 갖는 연계성을 탐색해 사회적 배제의 계급성을 포착하고자 했다. 이주 1세대의 사회적 배제 및 민족적 서열과 이주 2세대의 그것과의 상관성을 통해 사회적 배제의 세대 간 전이와 민족계급의 재생산을 살폈다. 만족스럽지 않지만, 심층면접을 통해 이주 1세대에서 2세대로 사회적 배제가 전이되고 민족이 하나의 계급으로 재생산되는 과정을 동태적으로 그려내려 했다.

결과가 의도를 넘어서는 경험은 좀처럼 드물다. 풀어내기 어려울 것이라는 불안이 기획의 초기부터 똬리를 틀었지만 애써 외면했다. 역시나 옹색한 결과에 주제넘었던 의도가 멋쩍어진다.

이주를 창으로 우리의 오늘을 읽어내려 한 짧지 않은 여정에 든든한 길동무가 여럿이었다. 여유 없는 요청에 늘 빈틈없이 대응해 준 이경민, 백송이, 김소라, 이형미, 정은수, 최혜진 연구조교에게 감사한다. 한결같은 마음으로 매일을 소란 없이 고요하도록 조호(調護)해 준 가족으로 인해 버거운 숙제를 마무리할 수 있었다. 지지와 비판의 균형을 잃지 않았던 남편과 아들에게 깊이 감사한다.

2019년 8월

최혜지

| 차 례 |

| 표 차례 |

| 그림 차례 |

제1장 이주민의 사회적 배제

제1장 이주민의 사회적 배제

사회적 배제에 대해 이론적으로 고찰하고, 한국사회에서 이주민이 경험하는 배제된 삶의 모습을 원경(遠景)으로 그려내는 데 이 장의 목적을 둔다.

제1절 사회적 배제의 이론적 이해

사회적 배제가 전달하는 주된 정서는 모호함이다. 주로 사회적 배제의 어의적 모호성으로부터 연유하며, 사회적 배제를 풀어내는 패러다임의 다양성은 개념적 모호성을 확대한다. 이 절에서는 어의적 전개과정에 등장하는 다양한 개념과 이념적 정향에 근거한 패러다임을 중심으로 사회적 배제의 이론적 기초를 살펴보았다.

1. 사회적 배제의 개념적 이해

사회적 배제의 의미는 사용되는 시간과 공간적 맥락, 사회를 이해하는 시각에 따라 다양하게 변형되어 왔다. 사회적 배제의 개념적 발달 과정과 혼란에 가까운 다양한 정의를 고찰했다.

1) 사회적 배제의 개념적 전개

(1) 사회적 배제의 초기 사용

사회적 배제의 개념을 처음 사용한 사람은 피에르 마세(Pierre Masse, 1960; 심창학, 2001 재인용) 또는 르네 르느와르(Rene Lenoir, 1974)라는 설명이 보편적이다. 그러나 리틀우드(Littlewood, 1999)는 브르디외와 파세롱(Bourdieu & Passeron, 1977)이 문화재생산 이론의 기초를 발전시키면서 배제를 처음 사용했다고 주장한다. 문화재생산 이론은 배제와 자기배제를 중심으로 지배계급이 자신의 문화에 관한 정통성을 확보하고 이를 대물림하는 현상을 설명한다. 리틀우드(1999)가 브르디외와 파세롱(1977)이 배제를 처음 사용한 학자라고 주장하는 근거이다.

리틀우드(1999)에 의하면 파킨(Parkin, 1979) 또한 마세와 르느와르에 앞서 배제에 주목한 학자이며 베버의 사회적 폐쇄 개념으로부터 영향을 받았다. 사회적 폐쇄는 한 집단의 멤버가 민족적 정체성, 언어, 사회적 기원, 종교 등 귀속특성을 기준으로 자원과 기회에 관한 타 집단의 접근을 제한하는 전략을 의미한다(Weber, 1968; Littlewood, 1999 재인용). 즉 자신의 기득권을 보호할 목적으로 타 집단을 희생시키는 행위로, 사회적 패쇄의 대표적 유형은 배제와 찬탈(usurpation)이다. 배제는 폐쇄된 사회 또는 집단 내에 진입하기 위한 전략으로 계층화된 사회에서 관찰되는 지배적 속성이며, 찬탈은 배제에 따른 집단반응의 결과이다(Parkin, 1979).

사회적 폐쇄 전략은 계급 이외의 집단이나 계층에 의해서도 사용되며, 성별, 종교에 근거해 이루어지는 계급 내의 배제적 활동 또한 사회적 폐쇄로 고려된다. 또한 파킨은 배제된 자에게 정체성을 부여하여 배제된 집단을 고립된 개인의 단순 합이 아닌 공유된 정체성을 지닌 공동체로 간주했다.

(2) 사회적 배제의 현대적 사용

현대적 의미에서 사회적 배제를 처음 사용한 사람은 프랑스 경제기획성의 책임자 피에르 마세이다. 피에르 마세는 경제발전의 성과를 정당하게 배분 받지 못한 집단을 설명하면서 사회적 배제라는 개념을 사용했다(심창학, 2001). 이후 르느와르의 저서 *Lex Excluse, un Francais sur Dix*에서 장애인, 학대받는 아동, 약물중독자, 문제가정 등 사회보험의 사각지대에 놓인 사람을 배제된 자의 유형으로 설명하면서 재등장한다(Lenoir, 1974; 강신욱, 2006 재인용).

한편, 르느와르는 경제적 약자, 종교적, 인종적 소수집단을 사회적 배제의 위험집단으로 규정하여(심창학, 2001) 사회적 배제를 경제 영역에 제한하지 않고 다양한 사회 부적응과 연관해 조명했다는 점에서 마세와 차이를 보인다. 이와 같이 주로 경제적 박탈에 의존해 하층계급의 문제에 접근한 영국과 달리 프랑스는 사회적 통합의 부재, 권력의 결핍에 기초한 사회적 배제를 중심으로 하층계급의 문제를 이해하고자 했다.

사회적 배제 담론의 보편화는 1980년대 말에서 1990년대 초 사이에 이루어진다. 불평등과 불이익이 반드시 소득빈곤과 관련된 것만은 아니라는 통찰이 확대되면서 사회적 배제에 대한 관심이 증가했다(Kenyon, 2003; 이정은, 조미형, 2009 재인용). 특히 1980년 전 지구적 근로빈곤층의 증가로 빈곤원인에 대한 새로운 패러다임의 필요성이 확대되었으며, 개인과 사회의 단절에 주목한 사회적 배제 패러다임이 지지를 얻게 되었다(윤인진, 이진복, 2006).

사회통합 논의가 본격화되면서 유럽연합은 회원국의 빈곤과 불평등이라는 구조적 장애를 극복하기 위한 해결책으로 사회적 배제의 철폐를 선택했다(김안나 외, 2008). 이를 배경으로 유럽사회헌장(The European Social Charter, 1989), 암스테르담 조약(The Amsterdam, Treaty, 1997)에 언급되면서 사회적 배제는 빈곤과 불평등에 대한 정책적 패러다임으로 공식적으로 사용되게 되었다(윤인진, 이진복, 2006). 이후 리스본 정상회담(The Lisbon European Summit, 2000), 니스 이사회(The Nice EU Council, 2000)에서 사회적 배제를 철폐하기 위한 국가실천계획을 마련하면서 사회적 배제에 대한 논의가 확대되었다(강신욱, 2006).

높은 실업률, 불안정한 고용, 여성노동참여의 증가, 복지급여의 다양화, 인구이동의 보편화, 다양한 시민권의 출현과 의무에 대한 재해석 등 다양한 사회적 변화로 대표되는 20세기 후반부터 사회적 배제는 대중적 언어로 등장하기 시작한다. 이 시기 사회적 특성에 따라 사회적 정의, 사회적 균열에 대한 이해와 재해석의 시도가 증가했으며, 집단적 변화를 효과적으로 설명할 수 있는 개념적 모델로 발전하게 되었다(Littlewood, 1999).

특히 계급에 중심을 두었던 전통적 빈곤모델이 변화된 사회현상을 적절히 설명하지 못하면서 전통적 빈곤모델의 적합성에 대한 의문이 제기되었다. 사회가 점차 무계급화됨에 따라 사회계층은 빈곤한 자, 무소유자, 주변화된 자, 배제된 자 등으로 구분되어야 한다는 논리가 지지되었다(Herkommer, 1996). 또한 지식기반 경제가 강조되면서 궁핍, 박탈 등 빈곤과 결합될 수 있는 다양한 문제가 사회적 배제의 논의로 집중되었다(최재성 외, 2009). 지식기반 경제에서 사회적 배제는 인적 자본과 사회적 자본을 소유하지 못한 개인이 생산과정에서 체계적으로 도태되는 현상을 이르게 되었다(Littlewood, 1999).

2) 사회적 배제의 정의

(1) 사회적 배제 정의의 다양성

사회적 배제는 경제, 사회, 정치, 그리고 문화적 함의와 차원에 적하될 수 있는 매우 애매모호한 용어이며 다양한 방법으로 정의될 수 있는 환원적이고, 다차원적이고, 유연한 표현이다(Silver, 1994). 실버는 배제가 정체성 혹은 조건, 역동적 과정 혹은 제도화된 결과 등 어떤 것으로 취급되는가에 따라 적용점이 다르며, 배제의 차원 또한 경제, 사회, 정치, 혹은 문화에 이르기까지 다양하다고 지적했다.

따라서 사회적 배제의 개념은 시간과 공간에 따라 다양한 방식으로 정의되고 소비되어 왔다. 1970년대 프랑스를 중심으로 사회적 배제는 '빈곤 등 전통적 사회문제로 포착되지 않는 집단 또는 사회보장에 의해 보호받지 못하는 상태'로 정의되었다(강신욱 외, 2005). 이후 1980년대에 사회적 배제는 사회와 적절히 연계되지 못한 상태를 이르는 개념으로 사용되었으며 1990년대에는 시민적 권리가 보장되지 못하는 불완전한 시민권을 의미하는 것으로 확대되었다(박병현, 최선미, 2001).

사회적 배제의 개념적 혼란을 처리하는 방식으로, 로체(Roche, 1997)는 사회적 배제를 협의와 광의로 구분하여 개념화했다. 로체에 의하면 광의의 사회적 배제는 경제, 사회, 정치, 그리고 문화적 자원과 활동으로부터 덜 또는 더 배제되는 상태를 말한다. 협의의 사회적 배제는 수입과 노동에서의 불평등성에 뿌리를 둔 경제적 배제에 좀 더 집중되어 있다. 사회적 배제를 다룬 대부분의 연구는 경제적 배제의 다양한 측면, 좀 더 엄격하게 기술하면 경제적 구조의 배제적 효과에 집중되어 있다(Littlewood & Herkommer, 2000).

한편 유럽의회(European Commission) 백서는 사회적 배제를 "인간이 현대사회의 정상적인 교환, 관행, 권리로부터 배제되는 복합적이고 변화하는 요인들을 말한다. 빈곤은 가장 명백한 요인의 하나이긴 하지만, 사회적 배제는 주거, 교육, 건강 및 서비스에 관한 권리가 부적절하게 주어져 있는 상태를 의미하기도 한다(EC, 1993; 윤진호 외, 2004 재인용)"라고 정의했다. 이에 대해 르비타스(Levitas, 1996)는 유럽의회가 사회적 배제를 사회적 통합과 응집의 반대로 인식하고, 실업을 지칭하는 데 지배적으로 사용함으로써 무보수 또는 저보수 직업, 빈곤과 물질적 불평등의 쟁점을 무시하며, 한 집단으로부터 배제된 자를 고용을 통해 통합에 이를 수 있는 실업자 집단과 동일시하는 오류를 낳았다고 비판했다.

사회적 배제를 과정으로 이해하는가 또는 결과로써 조명하는가에 따라서도 개념화에 차이를 보인다. 피어슨(Pierson, 2002)에 의하면 사회적 배제는 사회, 경제, 정치적 참여에 필요한 자원이 개인, 가족, 집단, 이웃으로부터 박탈되는 과정을 의미한다. 이 과정은 주로 빈곤에서 비롯되지만 다른 한편으로는 차별, 낮은 교육수준, 열악한 주거환경 등에서 기인한다. 이러한 과정을 통해 사회적으로 배제된 사람은 대다수에게 적용되는 사회제도 및 서비스, 사회적 네트워크 개발의 기회를 누리지 못한다(Pierson, 2002).

최재성(2009)은 사회적 배제는 어느 한 시점에서의 결과나 현상으로 이해될 수 있는 것이 아니라 그 원인과 과정까지 포함하는 역동적 개념임을 강조한다. 또한 사회적 배제는 다양한 경제적, 사회적, 정치적, 문화적 의미를 가진 복합적인 담론으로서 빈곤이나 불평등의 기존 사회정책 패러다임으로 설명할 수 없는 다차원적인 사회문제, 균열, 갈등을 분석할 때 포괄적으로 적용되어 왔다고 설명한다.

반면 사회적 배제를 박탈적 과정의 결과 또는 상태로 개념화한 정의 또한 적지 않다. 윤진호(2004)는 사회적 배제란 "빈곤과 달리 일정한 기본적 권리를 부인당하는 것으로 특징지을 수 있다. 즉 한 사회의 시민으로서 당연히 누려야 할 권리 예컨대 사회보장권, 경제적 복지권, 사회적 참여권, 인간으로서의 존엄을 가지고 살아갈 권리 등을 누리지 못하는 상태"라고 정의했다(윤진호 외, 2004; 윤인진, 이진복, 2006 재인용).

사회적 배제를 경험하는 단위를 무엇으로 규정하는가에 의해서 사회적 배제의 개념은 차이를 보인다. 부차르트(Burchardt, 1999), 리그랜드(LeGrand, 1999)와 피아처드(Piachuad, 1999)는 사회적 배제를 개인의 경험에 주목해 정의한다. 개인이 일반적인 시민이나 지역주민이 참여하는 사회적 활동에 참여하지 않고 단절된 상태를 사회적 배제로 설명했다. 한편 박병현과 최선미(2001)는 집단적 경험으로서 사회적 배제를 강조하여, 사회적 배제는 특정 집단을 사회주류로부터 소외시키는 현상으로 빈곤은 물론 건강, 교육, 서비스 접근성, 주거 등 다양한 문제와 복합적으로 관계되어 있는 다차원적 현상이라고 정의했다. 실버(1994)는 사회적 배제를 개인 및 집단에 이르기까지 다차원적으로 경험되는 다양하고 복합적인 과정이자 결과라고 정의함으로써 포괄적이고 허용적인 관점을 드러냈다.

한편 포강(Paugam, 1995)은 빈곤 또는 배제와 같이 사회적, 정치적으로 민감한 질문에 정교하며 동시에 포괄적인(exhaustive) 정의를 찾는다는 것이 불가능하다고 경고한다. 배제된 자 또는 집단이라는 불명확한 집단을 애매하게 정의된 범주로 묶는 오류를 피하면서 동시에 사회적 논쟁으로부터 분리되어 있는 공정하고 객관적인 정의를 기대하는 것은 비현실적이라고 강조한다.

살펴본 바와 같이 생득적 특성과 시각의 다양성으로 인해 사회적 배제는 간명하게 정의하기 쉽지 않은 개념이다. 그러나 사회적 배제가 경계에 주목한다는 점은 상이한 개념 사이에서 관찰되는 핵심적 공통점이다. 이때 경계란 집단이나 계급 또는 권리의 포섭 여부를 가르는 비가시적 단층이며, 배제란 이 경계의 진입에 실패함 또는 권리의 획득이 좌절되었음을 의미한다(최혜지, 2012). 주류집단의 활동으로부터 소외된 상태를 사회적 배제로 정의한 부차르트 등(1999)의 정의는 집단 또는 계급의 경계를 중심으로 사회적 배제를 정의한 예이다. 사회적 배제를 사회, 경제, 정치적 자원의 박탈로 개념화한 피어슨(2002)과 인간존엄의 권리가 박탈된 상태라는 윤인진(2004)의 정의는 권리의 경계를 중심으로 사회적 배제를 개념화하고 있다(최혜지, 2012).

(2) 새로운 현상으로서의 사회적 배제

챔버레인(Chamberlayne, 1996)에 의하면 사회적 배제에 관한 보고서마다 사회적 배제의 개념적 새로움(newness)에 대해 강조한다. 장기간의 경제적 호황 끝에 등장한 다중의 실직과 빈곤 그리고 현대사회의 양극화는 풍요로운 복지사회에서 상상하기 어려운 낯선 현상이었다. 일부는 초기 자본주의의 낡은 현상이 재등장한 것이었으나 이들 현상이 계급이론이나 사회적 계층에 대한 전통적인 이론들로 설명되지 않는다는 점에서 새로운 현상으로 간주되었다. 사회적 배제는 이와 같은 필요에 따라, 신빈곤, 신균열, 사회적 불평등의 새로운 현상을 설명하기 위해 주조된 신개념이다(Littlewood & Herkommer, 2000).

국내에서 사회적 배제에 대한 관심이 고조된 배경은 외환위기 이후 신빈곤층의 출현에 있다. 근로빈곤층, 노인빈곤층 등 다양한 빈곤 유형의 출현과 그 배경으로 존재하는 사회적 차별은 경제적 결핍만을 배타적으로 포착하는 전통적 빈곤이론으로 설명될 수 없었다(김안나 외, 2008).

신용불량자, 자발적인 고립자, 북한이탈주민 등 새로운 위기 집단의 고통은 빈곤문제로 단순화되기에는 복합적이고 다층적인 새로운 현상이다(강신욱 외, 2005). 새로운 사회집단의 출현으로 기왕의 사회문제와 상이한 쟁점이 부각될 때마다 사회적 배제는 문제이해의 유용한 개념적 틀을 제공했다(강신욱 외, 2005). 경제적 계급구조에 의해서 일차적으로 설명되지 않는 사회적 균열은 성별, 인종, 민족 등 경쟁적 집단 사이의 경계 긋기와 차별에 동원된 귀속적 속성으로부터 발생한다. 파킨이 주목한 바와 같이 배제와 찬탈은 계급 내 활동 특히 민족, 성별, 종교적 정체성에 근거한 내부 집단 활동과 관련되어 있다. 반면 리틀우드와 헤코머(2000)는 이 모든 현상이 장기간의 완전고용과 경제적 호황 뒤에 나타났다는 점에서 새로워 보일 뿐 사실은 인류사회가 이미 경험한 새로울 것 없는 현상이라고 일축한다.

2. 사회적 배제의 패러다임

사회적 배제의 개념적 다양성은 사회적 배제를 어떻게 인식하고, 해석하는가라는 시각적 다양성에 근원한다. 실버(1994)와 르비타스(2006)의 논의는 사회적 배제를 조망하는 다양한 패러다임을 효과적으로 드러낸다.

1) 실버의 패러다임 분류

실버(1994)는 서로 다른 이론적 시각, 정치적 이념, 그리고 국가적 담론을 반영해 사회적 배제에 대한 패러다임을 연대, 분화, 그리고 독점으로 유형화했다. 각 패러다임은 서로 다른 정치철학에 근거하고 있으며 배제의 원인에 대한 해석 또한 상이하다. 실버는 사회적 배제에 대한 세 패러다임 사이의 주요 차이를 배제의 뒷면과 같은 통합의 중심주제, 통합의 요인(source), 주요 담론을 중심으로 설명했다.

(1) 연대 패러다임

사회적 배제의 연대 패러다임은 공화주의 정치이념과 뒤르크하임의 기능주의 사상에 근거하고 있다. 연대 패러다임은 사회적 통합에서 집단의 연대와 문화적 경계를 통한 사회적 응집을 강조하며, 통합의 요인을 도덕적 통합(moral integration)으로 본다. 연대 패러다임의 담론에서 배제 그 자체는 가장 기본적인 것으로 간주되며, 사회적 질서는 개인, 집단, 계급의 이익에 근거하기보다 외적이고, 도덕적이고, 그리고 규범적인 것으로 지각된다. 국가적 동의, 집단적 지각, 혹은 일반적 의지가 수직적으로 상호연계되어 있는 중재적 제도를 통해 개인은 더 큰 사회에 통합된다고 본다. 통합은 지배적인 문화나 동시대적인 맥락에 동화되거나, 지배집단과 소수집단 문화의 상호적응을 통해 달성되며, 배제는 국가, 인종, 민족, 지역성, 그리고 다른 문화 혹은 집단사이의 경계를 넘어 결성된 연대에 본질적으로 존재하는 것이라고 설명한다(Silver, 1994).

(2) 분화 패러다임

분화된 각 영역의 상호의존에 중심을 두며 통합의 요인을 교환(exchange)으로 보는 분화 패러다임은 자유주의 정치이념과 다원주의 사상을 바탕으로 한다. 분화 패러다임의 핵심 주장은 사회적 질서와 사회적 계급의 고립 또는 분리에 있다. 사회적 질서는 자신의 이익과 목적을 위해 경쟁하는 개인 간의 자발적 교환 네트워크로 구성되며, 사회적 계급의 고립과 분리는 사회적 질서의 결과로 나타난다고 주장한다(Silver, 1994).

분화 패러다임에 의하면, 사회적 구조는 서로 분리되어 경쟁적인 관계에 있지만 불평등이 반드시 전제되지는 않는 일련의 계급들로 구성된다. 사회적 계급은 내부 구성원, 그리고 다양한 이익과 욕구를 반영한 구성원 사이의 동맹으로 구성된다.

결과로써의 사회적 배제는 이들 계급의 부적절한 분리, 주어진 계급 또는 지위에 적합하지 않은 규칙이나 질서의 적용, 또는 계급이나 지위 사이의 자유로운 이동과 교환에 대한 장애로 인해 발생한다. 사회적 자원의 분리로 인해 사회적 배제의 원인과 사회적 배제의 형태적 다중성이 존재하며, 사회적 배제의 다중성은 기본적으로 개인적 선택과 동기, 또는 선택과 동기의 부족과 관련되어 있다고 설명한다(Silver, 1994).

(3) 독점 패러다임

독점 패러다임은 사회민주주의 정치이념, 그리고 막스와 베버의 갈등주의 사상을 근간으로 한다. 특히 독점 패러다임은 앞서 설명한 사회적 폐쇄의 개념과 연관되어 있으며, 통합의 요인을 시민권으로 본다. 독점 패러다임은 연대 또는 분화 패러다임과는 매우 다른 공리

〈표 1-1〉 실버의 사회적 배제 패러다임 비교

	결속(solidarity)	분화(specialization)	독점(monopoly)
이론적 시각	기능주의	다원주의	갈등주의
정치적 이념	공화주의	자유주의	사회민주주의
통합에 대한 시각	사회적 응집	상호의존	사회적 폐쇄
통합의 원천	도덕적 통합	교환	시민권
국가적 담론	배제 그 자체	차별과 하층계급	신빈곤 불평등

출처: 한상진(2014).

위에 수립되어 있다. 사회적 질서는 필연적으로 강제되고 계급적 권력관계의 배열을 통해 위로부터 아래로 하달된다는 공리에 의존한다(Silver, 1994).

이 패러다임에 의하면 배제는 계급, 지위, 그리고 정치적 힘의 상호작용으로부터 발생하고, 계급 구성원의 이익을 위해 기능한다. 계급, 지위, 그리고 정치적 힘에 의해 경계 지워진 사회적 실체는 사회적 폐쇄의 과정을 통해 이익을 보존하려 한다. 배제시키는 자는 공동의 이익을 제공하는 희소자원의 독점을 즐기려는 반면, 배제된 자들은 시민권과 평등권을 통해 통합의 출로를 얻고자 한다. 전통적으로 독점 패러다임이 사회적 계급에 초점을 두는 반면, 일부 지지자들은 하층계급의 개념을 그들의 분석에 끌어들이기도 한다. 하층계급(underclass)은 독점 패러다임의 담론에도 신빈곤, 불평등에 대한 강조와 함께 널리 차용된다(Silver, 1994).

2) 르비타스의 패러다임 분류

르비타스(2006)는 사회통합과 사회연대에 대한 뒤르껭의 논의를 근간으로 사회적 배제 담론을 도덕적 하층계급 담론(Moral Underclass

Discourse), 사회통합담론(Social Integration Discourse), 재분배 담론(Redistribution Discourse)으로 유형화한다.

(1) 도덕적 하층계급 담론

도덕적 하층계급 담론은 빈곤의 원인을 도덕적, 문화적 특성으로부터 찾는 신보수주의의 빈곤관에 기초한다. 따라서 사회복지 급여는 빈곤층의 의존적 성향을 부추겨 사회복지 급여에 대한 빈곤층의 열망을 확대한다고 주장한다. 또한 사회복지는 게으름, 노동윤리의 약화 등 빈곤층에서 관찰되는 집단적 문화를 창출한다고 비판한다. 가족, 민족, 도덕 등을 강조하는 신보수주의는 복지급여가 한부모가정 등 비전통적 가족의 존립을 지원하고, 결혼에 대한 사회적 기대를 약화함으로써 취약계층을 확대한다고 설명한다(Levitas, 2006). 따라서 도덕적 하층계급 담론은 빈곤에 대한 정책 방안으로 시민권 자격의 강화와 시민적 권리의 축소를 제안한다(한상진, 2014).

도덕적 하층계급 담론이 지닌 강점은 낮은 계급지위에 속한 하층민은 계급이동의 사다리가 절대적으로 부재한 하층계급 문제의 본질을 효과적으로 드러낸다는 점에 있다(Adonis & Pollard, 1997; Levitas, 2006 재인용). 반면 개념적 모호성, 경험적 증거의 부족, 처벌중심의 정책 등은 도덕적 하층계급 담론의 한계로 지적된다(Levitas, 2006).

르비타스는 사회적 배제에 대한 도덕적 하층계급 담론의 특징을 일곱 가지로 제시했다. 먼저 도덕적 하층계급은 주류집단과 문화적 단층을 갖는다고 본다. 둘째, 도덕적 하층계급 담론은 사회구조보다 빈곤계층의 행태에 집중하며, 셋째, 사회복지 급여는 복지 의존성을 높인다는 점에서 부정적으로 평가한다. 넷째, 다양한 유형의 사회불평등은 관심 밖에 두며, 다섯째, 게으른 남성 청년과 한부모 여성에 대해 성차별적이다. 여섯째, 비임금 노동은 인정하지 않고, 일곱째, 국가에 의존하는 것은 문제이지만 여성과 아동이 남성에게 경제적으로 의존하는 것은 문제로 보지 않는다(한상진, 2014).

(2) 사회통합담론

사회통합담론은 영국 노동당의 사회정책이념으로(강신욱 외, 2006) 유럽연합이 출간한 『유럽 사회정책』과 『성장, 경쟁, 고용』을 통해 비교적 잘 드러난다(Levitas, 2006). 사회통합담론은 유급노동의 사회통합 기능에 주목하여, 사회적 배제 또한 유급노동으로부터의 배제에 집중한다. 『유럽 사회정책』과 『성장, 경쟁, 고용』에서 사회적 배제는 빈곤과 등치화되고 노동은 유급노동만을 제한적으로 의미한다. 비임금노동은 단순노동으로 폄하되고, 노동시장의 양성 불평등성에 대한 쟁점은 무시되는 반면 유급노동은 사회통합의 수단으로 강조되고 사회적 배제를 교육과 고용을 통해 해결하고자 한다(강신욱 외, 2006). 연대는 사회복지 비용을 감소시키는 전략으로 강조되지만 연대에서 재분배의 쟁점은 탈색된다(한상진, 2014).

르비타스는 사회적 배제에 대한 사회통합담론의 특성을 일곱 가지로 제시했다. 첫째, 사회통합담론은 사회적 배제를 유급노동으로부터의 소외로 협소하게 정의한다. 둘째, 사회복지 급여의 증가는 빈곤감소 효과보다 복지의존계층을 확대한다고 판단한다. 셋째, 유급노동자 사이의 불평등에는 주의를 기울이지 않으며, 넷째, 생산수단을 소유한 집단과 노동자 사이의 불평등 또한 관심을 갖지 않는다. 다섯째, 노동시장에서 계급과 성별 불평등을 적절히 다루지 않고, 여섯째, 유급노동에 참여하지 않을 권리를 침해한다. 일곱째, 유급노동과 비지불노동의 성별분포를 고려하지 못함으로서 여성의 노동 총량을 증가시킨다(한상진, 2014).

(3) 재분배 담론

빈곤문제의 해법을 부의 배분이라고 주장하는 유럽 좌파의 담론으로(강신욱 외, 2006), 한상진(2014)은 재분배 담론의 이론적 근거를 마샬의 시민권 이념에서 찾는다. 시민권의 분화과정을 공민권, 정치권, 사회권으로 제시한 마샬의 모델은 시민권을 중심으로 사회적 배제와 포용의 문제를 분석한다.

르비타스는 사회적 배제에 대한 재분배 담론의 특성을 다음과 같이 제시한다. 먼저 사회적 배제의 주요 원인으로 빈곤을 주목한다. 둘째, 사회복지 급여의 증가를 빈곤 감소의 주요 수단으로 이해한다. 셋째, 비지불노동에 대한 가치부여를 인정한다. 넷째, 불평등을 사회적, 정치적, 문화적 영역으로 다각적으로 확장한다. 다섯째, 불평등이 야기되는 과정에 주목한다. 여섯째, 불평등의 해소, 자원과 권력의 재

〈표 1-2〉 르비타스의 MUD, SID, RED 특성 비교

	사회적 배제의 초점	급여수준 증가에 대한 관점	부불노동에 대한 입장	불평등에 대한 처리
MUD	주류로부터 문화적으로 배제된 복지의 존중	수급자의 의존을 강화시키므로 나쁜 것	부불노동 자체를 인정하지 않음	사회구조보다는 빈곤층 행태에 초점을 둠
SID	유급노동에 대한 참여 여부가 중요	빈곤을 감소시키는 대신 복지의 존층을 증가시킴	유급노동을 강조하기 때문에 부불노동이나 그 성별 불평등에는 관심이 없음	유급노동자 간, 자본가/노동자 간 불평등은 무시됨
RED	빈곤은 여전히 사회적 배제의 주요 원인임	빈곤의 감소를 가져옴	부불노동에 대한 가치부여가 가능하다고 봄	불평등을 낳는 과정에 초점을 맞춰 불평등 감소와 자원, 권력의 재분배를 지향

출처: 한상진(2014).

분배를 포괄한다(한상진, 2014). 르비타스가 제안한 사회적 배제에 대한 세 개의 담론별 특성은 〈표 1-2〉와 같이 정리된다.

3) 사회적 배제의 원인

과거 사회적 배제의 원인을 주로 경제적 요인으로 제한했던 반면 최근에는 다양한 요인들이 사회적 배제의 원인으로 주목된다. 개인의 인구사회학적 특성이라는 미시적 속성으로부터 권력분배의 부정의, 사회적 제도의 역기능에 주목하는 거시적 접근에 이르기까지 사회적 배제의 원인 또한 다양하게 설명되고 있다.

성별, 교육수준은 사회적 배제의 가능성과 밀접하게 연관되어 있다. 예컨대, 경제적으로 배제되어 있는 여성은 대체로 질병, 저학력, 기술부족 등의 이유로 비정규직, 불안정 고용, 저임금 등 근로빈곤에 처하게 되고, 노동, 교육, 건강차원에서 배제를 경험하게 된다(배미애, 2007; 이정은, 조미형, 2009 재인용). 가구주의 학력에 따라 사회적 배제 집단에 속할 확률을 고찰한 연구(이정은, 조미형, 2009)에서 대졸이상의 학력 여부는 배제 또는 비배제 집단에 속할 확률을 유의미하게 예측하는 것으로 나타나, 교육수준이 개인이 사회적 배제의 가능성을 의미 있게 예측하는 것으로 검증되었다(김안나, 2007; 노혜진, 김교성, 2008).

사회적 권력의 불균형과 사회적 권리의 제한은 사회적 배제의 구조적 원인으로 주목되었다. 조단(Jordan, 1997)은 사회전체의 권력 불균형을 사회적 배제의 원인으로 주장한다. 따라서 대인서비스의 부족, 제도적 참여의 제한이 개인이 심리적 배제와 가족 간의 관계로부터의 배제 등 주류계층으로부터의 단절과 빈곤을 야기한다고 설명한다. 한편 피어슨(2002)은 사회적 배제를 야기하는 주요 요소들로 빈곤과 저소득, 노동 시장에의 접근 결여, 사회적 지원과 네트워크의 취약성, 지방 또는 그린지역의 효과, 서비스로부터의 배제에 주목했다(윤인진 외, 2006 재인용).

블래밍스와 버프먼(Vleminckx & Berghman, 2001)은 사회적 배제가 발생하는 원인을 네 개의 제도적 문제로 설명한다. 먼저 민주주의 제도의 실패는 사회적 통합을 위협하여 사회적 배제를 확대한다. 둘째, 노동시장 제도의 실패는 경제적 통합을 저해한다. 경제적 통합의 실패는 개인의 사회적 가치를 부정하므로 인정의 실패로 연결되어 사회적 배제의 발생에 기여한다. 세 번째는 복지제도의 실패로 이는 사회적 연대 곧 사회적 통합을 어렵게 한다. 끝으로 가족과 공동체 제도의 실패로, 이는 사회적 지지의 제공자로서 일차 집단에 기대되는 역할이 부재하게 됨을 의미한다. 특히 가족과 공동체 제도의 실패는 대인적 통합을 위협한다.

제2절 사회적 배제의 실용적 이해

사회적 배제의 개념적 모호성이 주는 당혹스러움은 사회적 배제의 특성에 고스란히 드러난다. 정의적 다양성은 사회적 배제를 구성하는 차원의 다양성으로 연결되며, 하위차원의 부정형성은 사회적 배제의 측정을 다원화한다.

1. 사회적 배제의 특성과 차원

사회적 배제의 특성과 하위차원에 대한 이해는 사회적 배제 관점을 사회현상으로 해석하기 위해 우선되어야 한다.

1) 사회적 배제의 특성

사회적 배제는 장소와 시간에 상대적이며, 행위자의 능동성과 제도에 따라 다양한 방식으로 경험된다. 사회적 배제의 특성은 다음의 여섯 가지로 정리된다. 첫째, 사회적 배제는 다차원적 현상이다. 사회적 배제는 원인의 복합성, 가변성, 중복성으로 인해 다양한 영역에서 경험된다. 재화나 서비스의 경제적 차원을 포함해 사회참여, 정치권력 등 다양한 차원의 박탈과 결핍을 포괄하며 사회참여, 네트워크, 사회적 지지 등 정서적, 관계적, 도구적 영역까지 확장되고 있다(최재성 외, 2009).

둘째, 사회적 배제는 세계, 국가, 지방, 공동체, 개인단위에 적재되는 다층적 현상이다(Mayers, Bergman, & Salais, 2001). 배제가 발생하는 사회체계의 수준은 미시, 중시, 거시까지 확대된다. 사회적 배제가 경험되는 차원의 다양성과 사회체계의 중층성으로 인해 사회적 배제를 극복하고 통합을 촉진하는 정책은 문제에 대한 다층적 시각을 필요로 한다(강신욱 외, 2006).

셋째, 사회적 배제는 역동적 과정이다. 사회적 배제는 연속된 단계가 존재하므로 특정 시점에 국한해 관찰될 수 있는 정태적 결과가 아니다(Silver, 1994; 최혜지, 2012 재인용). 빈곤이 자원결핍의 상태를 의미하는 정적 개념인 것과 달리 사회적 배제는 흐름과 동학에 집중함으로써 빈곤에 대한 동태적 접근을 가능하게 한다. 즉 중요한 것은 "빈곤, 박탈, 궁핍 자체가 아니라 이것들이 인간의 자율성에 미치는 결과와 그 과정이라고 본다(Giddens, 2002; 윤인진, 이진복, 2006: 49 재인용)." 이에 따라 사회적 배제는 경제적 재분배에 고착되어온 전통적 사회정책에 수정을 요구하며, 인적자원의 개발, 적극적 노동시장 정책이 사회통합 정책으로 갖는 우선성을 강조한다(강신욱 외, 2006).

넷째, 사회적 배제 개념적 혼란의 한 축은 원인과 결과의 순환성에 있다. 사회적 배제의 다양한 차원은 복잡한 인과적 관계로 연결되어 있다(최혜지, 2012). 경제, 주거, 건강, 노동, 교육, 사회참여 등 한 차원의 배제는 다른 차원의 배제를 야기하는 원인인 동시에 결과라는 이중성을 갖는다(국가인권위원회, 2004; 최혜지, 2012 재인용). 피어슨(2002)은 빈곤과 더불어 차별, 낮은 교육수준, 열악한 생활환경은 사회적 배제의 원인이며, 이들 자원의 박탈과정을 배제로 개념화한다. 사회적 배제는 차원 사이의 관계가 복잡해 차원 간 인과관계의 방향은 시간과 공간에 따라 유동적이다(Levitas et al., 2007; 이정은, 조미형, 2009 재인용). 사회적 배제의 순환성으로 인해 사회적 배제는 특정차원이 원인이 되어 발생하는 현상으로, 또는 동일한 차원이 결과가 되는 현상으로도, 또는 이 현상이 발전되는 과정으로도 해석되는 개념적 혼란을 보인다(최혜지, 2012).

다섯째, 사회적 배제는 관계성에 주목한다. 사회체계 사이의 관계성에 집중함으로써 빈곤, 박탈에 대한 재분배적 패러다임의 한계를 극복하고자 한다. 개인 사이의, 개인과 조직 사이의, 개인과 권력구조 사이의 관계를 재구조화함으로써 사회적 통합을 지향해 간다(Room, 1999; 강신욱 외, 2006 재인용). 끝으로, 사회적 배제는 참여를 강조하는 사상적 진보 성향과 통제의 강화를 지향하는 보수적 성향을 모두 아우르는 정치적 유연성을 특징으로 한다(Levitas, 2006).

2) 사회적 배제의 하위차원

다차원성은 사회적 배제의 특성 중 하나이다. 배제가 경험되는 영역이 경제를 포함해 삶의 각 영역에서 다발적으로 발생함을 의미한다. 예컨대 로빈슨과 오펜하임(Robinson & Oppenheim, 1998)은 빈곤에 초점을 두어 사회적 배제의 영역을 소득, 실업, 건강으로 분류한다(Robinson & Oppenheim, 1998; 문진영, 2004 재인용). 이는 사회적 배제를 빈곤이나 저소득 등 경제에 초점을 두어 해석한 결과로 빈곤을 중심으로 사회적 배제를 조망하는 유럽연합의 사회적 배제의 하위차원에 대한 분류체계와 유사성이 높다(강신욱 외, 2005).

프랑스에서는 사회적 배제를 개인과 집단 간 연계부재, 개인과 집단 사이의 상호몰이해를 포괄하는 것으로 확장함으로써(김안나 외, 2008) 사회참여의 접근성 또한 사회적 배제의 일영역으로 포함했다. 엣킨슨과 동료들(Atkinson et al., 2002) 또한 사회적 배제의 구성요소로 재정, 교육, 고용, 건강, 주거, 사회참여에 주목했다는 점에서 사회적 배제에 대한 프랑스적 시각을 반영한다(최혜지, 2012).

브래드쇼와 동료들(Bradshaw et al., 2000)은 소득, 고용, 사회서비스, 사회적 관계의 네 차원으로 사회적 배제를 구체화했다. 사회적 배제의 영역으로 보편적으로 제기되어온 소득, 고용, 사회서비스 이외에 사회적 관계를 사회적 배제의 영역으로 인정했다는 점에서 주목할 만하다(최혜지, 2012). 강신욱 등(2005)은 엣킨슨의 작업에 기초해 사회적 배제를 경제, 실업, 근로, 주거, 교육, 건강, 가족 및 사회적 관계망, 사회적 참여의 여덟 개 영역으로 구분했다. 사회적 참여로부터 사회적 관계망을 분리해 사회적 배제의 독립적 차원으로 상정하고 있다는 점에서 브래드쇼 외와 유사성을 갖는다(최혜지, 2012).

발라와 라페이르(Bhalla & Lapeyre, 1997)는 사회적 배제의 차원을 경제적, 사회적, 정치적 차원으로 분류한다. 경제적 배제는 보편적으로 획득 가능한 재화와 서비스의 접근이 차단된 상태를, 정치적 배제는 인권박탈, 정치적 권리가 보장되지 못하거나 권리가 침해받는 상태를 뜻한다(강신욱 외, 2005). 사회적 차원은 의료와 교육을 포함한 사회서비스의 이용이 제한되거나, 노동시장 진입이 제한되고, 기타의 사회적 활동에 참여할 기회가 제한되는 상태를 의미한다. 발라와 라페이르(1997)의 제안은 정치적 차원을 사회적 배제의 일차원으로 포함하고 있다는 점에서 다른 학자들의 분류와 차이를 갖는다. 무엇보다 정치적 권리는 경제적 자원의 분배와 사회서비스의 접근권을 결정한다는 점에서 중요성을 갖는다.

버먼과 필립스(Berman & Phillips, 2000)는 사회적 배제를 세부 제도의 대상에서 제외된 상태로 소극적으로 정의한다. 그러나 사회적 배제가 발생하는 영역은 Beck의 사회적 질의 개념과 하위차원을 근거로 사회경제적 안정, 사회적 통합, 사회적 응집, 권력화로 구분한다. 사회경제적 안정은 기본적인 생존보장과 관련된 영역에 해당하며 물질적 안정, 주거안정, 고용안정, 건강 등이 포함된다. 사회적 통합은 구체적으로 노동시장에의 통합, 보건서비스의 통합, 교육서비스의 통합 등 주로 사회서비스 제도 내로의 편입을 의미한다. 사회적 응집은 경제적 응집, 사회적 지위의 응집, 정치적 응집, 이타적 행동 등으로 구성되고, 권력화는 사회문화적, 정치적, 경제적, 사회심리적 권력화로 세분화된다.

실버(1994)는 사회적 배제를 생계로부터의 배제, 고용으로부터의 배제, 소득으로부터의 배제, 교육과 문화적 자본으로부터의 배제, 사회서비스로부터의 배제, 가족과 사회로부터의 배제, 주류 민족으로부터의 배제 등으로 구체화했다. 민족적 배제는 실버만이 사회적 배제의 차원으로 주목했으며, 민족적 소수자로 주류 문화에 적응해야 하는 이주민의 삶을 이해하는 데 중요한 차원이다.

연세대 사회배제통합연구단은 사회적 배제를 사회적 교류, 생산활동, 정치적 관여, 소비활동으로 차원화했다. 사회적 교류는 개인이 가족이나 친구 그리고 지역사회 등과 어느 정도 융화되어 있는가를 의미하는 관계적 차원이다. 생산활동은 경제적으로 가치 있는 사회활동에 개인이 어느 정도 참여했는가를 의미하고, 정치적 활동은 지역사회, 국가, 기타 정치적 사안이나 의사결정에 대한 개인의 참여정도를 뜻한다. 소비활동은 재화, 사회서비스를 구매하거나 이용할 수 있는 능력과 관련된 차원이다(최재성 외, 2009).

이상에서 살펴본 바와 같이 사회적 배제의 차원은 빈곤에 대한 사회적 시각에 따라 차이를 보인다. 전반적으로 사회적 배제의 하위차원은 소득 또는 재정상태 등 경제적 배제, 근로 또는 실업 등의 고용배제, 건강 또는 교육 등 인적자원으로부터의 배제, 사회참여, 사회적 관계망 등의 사회적 참여로부터의 배제, 의사결정 구조로의 접근이 차단되는 정치권력으로부터의 배제, 주류사회에서 소외되는 민족적 배제를 포괄한다(최혜지, 2012).

2. 사회적 배제의 측정

사회적 배제의 차원성에 대한 시각은 측정방식으로 연결된다. 다양한 체계에 적재되는 사회적 배제의 다층적 특성에 따라 사회적 배제의 측정단위는 개인 또는 조직을 포괄한다.

1) 측정방법 및 원칙

사회적 배제를 실증하는 작업은 사회적 배제의 측정 지표를 개발하는 것으로부터 출발한다. 사회적 배제의 측정방법은 개별 배제현상을 중심으로 사회적 배제를 측정하는 쟁점 중심형과 주요한 사회적 행위로부터의 배제를 포괄하는 포괄형으로 구분된다(강신욱 외, 2005).

쟁점 중심형은 특정 배제집단이나 구체적 배제현상에 대한 이해가 우선되어야 하며 다른 쟁점에 대한 적용가능성이 낮다는 한계가 있다(최혜지, 2012). 반면 포괄형 측정지표는 배제의 다양한 차원을 포섭하는 공통지표의 개발이 가능하다는 강점을 갖는다(김교성, 노혜진, 2008). 포괄형 측정지표는 "사회적 배제를 사회의 주요한 행위에 참여하지 못하거나" 권리로부터 소외된 현상으로 해석하고 계량화한다(강신욱 외, 2005: 95). 따라서 사회적 배제가 이루어지는 영역을 세분화하고 영역별 적정지표를 제시한다(최혜지, 2012 재인용).

사회적 배제의 측정지표는 역동성, 다차원성, 다층성, 관계성 등 사회적 배제의 특성을 반영해야 한다(강신욱 외, 2005). 역동성을 포착하기 위해 빈곤, 박탈의 결과적 상태를 측정하는 것에서 벗어나 빈곤과 박탈의 상태에 이르는 과정과 역동이 측정지표에 반영될 필요가 있다.

사회적 배제의 다차원성은 배제의 측정이 다양한 영역에서 포괄적으로 이루어질 필요를 강조한다. 경제적 차원을 비롯해 사회적 차원, 정치 및 권력화 차원까지 불평등과 관련된 다양한 차원의 사회현상들이 지표에 담겨야 한다. 관계성의 특징은 사회적 배제 지표가 행위자 사이의 상호작용에 주목할 것을 요구한다. 사회적 행위자로서 개인과 개인, 개인과 조직, 개인과 제도 사이의 관계와 역동이 배제의 패러다임 내에 포함되어야 한다.

이와 더불어 사회적 배제를 측정하는 지표가 따라야 할 원칙은 다음의 세 가지로 제시된다(강신욱 외, 2005). 먼저 사회적 배제의 측정은 배제의 다양한 차원을 균형 있게 포괄해야 하며, 둘째, 측정 항목 사이의 일관성이 유지되고, 각 차원별 측정 항목의 비율이 유사하며, 셋째, 이해하기 쉬워야 한다.

2) 측정지표

사회적 배제의 계량화는 먼저 사회적 배제를 개념화하고, 측정지표를 통해 개념을 조작화하는 단계가 요구된다. 이때 사회적 배제의 측정단위가 개인인지 또는 집단이나 국가 등 집합체인지에 따라 측정지표가 상이해진다. 집합체를 단위로 사회적 배제를 측정한 대표적 지표는 로빈슨과 오펜하임(1998)의 지표이다. 로빈슨과 오펜하임은 사회

〈표 1-3〉 로빈슨과 오펜하임(1998)의 사회적 배제 지표

영역	지표
소득	1. 빈곤(평균 소득의 50% 이하의 가구)추이 2. 10분위 소득점유 추이 3. 인종집단별 5분위 소득점유 추이 4. 소득지원(공공부조) 수혜 기간
실업	1. 장기실직률(2년 이상) 추이 2. 실업, 비고용(non-employment), 비근로(workless) 가구 추이 3. 비근로 가구(workless households)의 인적구성 및 비율
교육	1. GCSE 평점 추이 2. 성별, 인종별, GCSE 평점별 취득 비율 3. 16세의 주요 소속별, GCSE 평점별 취득 비율 4. 근로연령에 있는 사람의 최고 교육자격 취득률 추이
건강	1. 사망률 2. 신생아 평균체중과 저체중 신생아 비율

출처: 문진영(2004).

〈표 1-4〉 강신욱의 사회적 배제 측정지표

사회적 배제 분류	구성요소	측정지표
경제	재정적 빈곤 물질적 결핍	빈곤율(연령/연령 내 성별) 빈곤율(종사상 지위/종사상 지위 내 성별) 빈곤율(가구유형) 빈곤율(주택소유상태) 소득배율 빈곤산포 이전소득 이전 빈곤율(성별) 노인빈곤율 아동빈곤율 교육수준별 빈곤율
실업	고용률 장기실업 일자리 없는 상태	(ILO 기준) 장기실업률(성별 포함): 경활인구 중 (ILO 기준) 장기실업비율(성별 포함): 실업자 중 (ILO 기준) 초장기실업비율(성별 포함): 경활인구 중 직업상실가구의 개인(비경활제외) 실업률(성별포함) 고용률(성별, 고령인구)
근로	근로빈곤	근로빈곤가구 비율 빈곤지속기간 상대적 저소득 격차(성별 추가) 성별 임금격차 저임금근로자의 조세부담률 산업재해율 근로빈곤가구의 사회·경제적 특성별 빈곤율
주거	취약한 물리적 조건 과밀주거 주거비부담 철거 노숙	최저주거기준(침실, 시설, 면적) 미달가구 전기/상하수도 미공급가구 방1개 거주가구 1인당 주거면적 공공임대주택 임대료 연체가구수 전세자금 대출금 연체자수 및 연체금액 강제철거 주택수 비닐하우스 거주가구수 쪽방 거주가구수 노숙자의 수
교육	낮은 교육의 질 학업중단	교육·훈련을 받지 않은 조기 탈락자 비율 연령구간별 중등교육 이하 교육성취자 비율 계층별 사교육비 비중 평생학습자 비율 무단결석 학생수
건강	낮은 수명 열악한 건강	출생시 기대수명(성별 추가) 급식아동 비율(결식아동 비율) 소득수준별 주관적 건강상태 5분위 배율(성별 추가)

가족 및 사회적 관계망	가족해체, 가족유대의 약화, 사회적 관계의 위축, 단절, 해체, 부재	노인 단독 가구수 및 증가율 소년소녀가정 가구수 및 증가율 한부모 가구수 및 증가율 연령별 자살률 가족생활만족도 사회적 연결망의 정도
사회적 참여	공공서비스로부터의 배제	성별, 연령별, 소득수준별 인터넷 이용률 대중교통 접근 용이성 공원 접근성 사회단체참여도 자원봉사참여율 지역문화행사 참여 및 만족도 지역별 범죄율

출처: 강신욱 외(2005).

적 배제를 소득, 실업, 교육, 건강으로 차원화하고 각 차원별 측정지표를 〈표 1-3〉과 같이 제시했다. 사망률, 빈곤율, 실직률 등 로빈슨과 오펜하임의 사회적 배제 지표는 지역사회나 국가 단위의 측정에 적용될 수 있다.

사회적 배제의 측정지표에 대한 대표적인 국내연구는 강신욱 외(2005)에 의해 이루어졌다. 해당 연구는 사회적 배제의 차원을 소득, 실업, 노동, 교육, 주거, 건강, 가족과 사회적 관계망, 사회참여의 여덟 차원으로 구분하고 각 차원의 세부 측정지표를 구체화했다. 세부지표는 근로빈곤 가구 수, 노숙자 수 등 주로 집합적 통계 자료에 해당하기 때문에 지역사회나 국가를 단위로 한 사회적 배제의 측정에 적절하다. 차원의 포괄성이 높고 세부 지표의 타당도가 높다는 점에서 학문적 유용성이 높다.

브래드쇼 외(2000)가 발전시킨 사회적 배제 지표는 개인을 단위로 측정이 가능한 대표적 측정 도구이다. 브래드쇼 외는 사회적 배제의 차원을 수입과 자원으로 대표되는 경제적 차원, 사회서비스를 포함한 사회적 차원, 사회적 참여와 활동을 포괄하는 사회적 관계 차원으로

〈표 1-5〉 브래드쇼의 사회적 배제 구성요소 및 배제비율

사회적 배제 분류	구성요소	측정지표
수입/자원	저소득	중위 소득의 60% 이하
	사회적 필수품의 결여	2~3개의 품목이 부족할 때
	주관적 빈곤	주관적으로 선정한 필수 생활비와 실제 수입을 비교
노동시장	실직 상태	퇴직과 학생을 제외한 실업상태
서비스	기본적인 서비스 접근의 결여(전기, 수도, 교통수단, 물품구매, 금융 서비스 등)	3개 이상의 기본적인 서비스를 받지 못할 경우
사회적 관계	사회적 활동에 비참여	사회적으로 필요한 활동 중 3개 이상을 하지 못할 경우
	소외	매일 접하는 가족이나 친구의 부재
	지원	조사에 제시된 가사 및 정서적 지원(7개 상당)에서 4가지 지원의 부재
	이탈	지난 3년간 모든 조직 활동에 참여하지 않음
		선거만 참여하고 모든 활동에 참여하지 않음
	사회적 활동의 제한 (confinement)	여러 개인적 여건상 사회활동을 할 수 없음
		어둠 등 공포로 인한 제한

출처: 문진영(2004).

〈표 1-6〉 사회통합배제연구단 사회적 배제 구성

사회적 배제 분류	구성요소
생산활동	경제적으로 사회적으로 가치 있는 활동에 대한 개인의 참여 정도
소비활동	재화나 사회서비스를 구매하거나 이용할 수 있는 능력
사회적 교류	개인이 가족이나 친구, 지역사회 등과 융화되어 있는 정도
정치적 활동	지역사회나 국가적 정치적 사안이나 의사결정에 대한 개인의 참여정도

출처: 최재성 외(2009).

구성했다. 〈표 1-5〉에 제시된 바와 같이 가족이나 친구의 부재, 지난 3년간의 조직 활동 참여 여부 등 브래드쇼 외가 사용한 사회적 배제

의 측정 지표는 개인을 측정단위로 하는 경우에 적용성이 높다.

연세대학교 사회복지연구소 사회통합배제연구단의 사회적 배제 측정도구는 생산활동, 소비활동, 사회적 교류, 정치적 활동의 차원을 아우르는 포괄형 도구로 개발되었다. 개인을 단위로 한 사회적 배제의 측정에 적절하고, 선행연구를 통해 신뢰도와 타당도가 반복적으로 검증되었다는 강점을 갖는다.

제3절 이주민의 배제된 삶의 이해

이주라는 생활사건은 개인이 경험한 바 없는 새로운 사회에의 적응과 통합이라는 과제를 남긴다. 이주민의 삶을 사회적 배제의 관점에서 살펴야 할 이유를 논의하고 이주민의 배제적 삶의 단상을 정리했다.

1. 이주민에 대한 사회적 배제 관점의 유용성

이주민 문제의 골자는 선주민보다 낮은 사회, 정치, 경제적 지위에 있다. 경제적 자원과 사회적 기회의 불평등은 이주민이 사회적 자원을 분배하는 의사결정체계로부터 소외된 결과이다. 이주민을 향한 편견과 왜곡된 고정관념은 경제적 자원과 사회적 기회의 부당한 분배를 정당화하는 이념으로 작동하여, 권리주체로서 이주민의 동등성을 부정한다. 이와 같은 구조화된 차별로 인해 이주민의 시민적 권리는 다양한 방식으로 제약되곤 한다.

이주민의 사회경제적 불평등과 사회적 차별이 소거된 이상적 상태는 사회적 통합으로 개념화된다. 사회통합은 다문화 시대 국가발전의 동력이며 지속가능한 사회구성의 기본과제이다. 대표적 사회약자인 이주민의 주류사회 내 편입은 사회통합의 중심과제이며 이민자의 사회적 포용은 다문화 시대 사회통합의 열쇠이다(Littlewood & Herkommer, 2000; 최혜지, 2012).

그런데 이주민에 대한 차별과 사회적 배제는 이주민 삶의 질을 저하하고 사회 구성원 간 불평등을 심화하여 사회안정과 통합을 위협하므로 이주민의 구조적 차별을 근절하고 자기발전의 동등한 기회가 보장되어야 한다(윤인진, 이진복, 2006). 이와 같이 원인으로서의 사회적 차별과 결과로서의 불평등, 그리고 지향하는 이상으로서 사회적 통합을 관통하는 주제는 사회적 배제이다. 즉, 사회적 배제는 민족적 소수자의 불리한 처지의 주요 원인이며 기제이고 또한 결과이다(윤인진, 이진복, 2006).

사회적 배제의 다차원적 특성은 이주민의 문제를 경제적 요소로 축소해 고찰하는 오류를 극복하게 한다. 사회적 배제는 이주민의 불평등을 사회, 문화, 정치 등 삶의 다양한 차원에서 포괄적으로 조명하는 강점을 갖는다. 또한 사회적 배제는 개인이 사회적으로 배제되는 경로에 집중함으로써 이주민의 사회통합을 저해하는 사회구조적 요인들을 파악하게 한다. 이와 같이 이주민이 경험하는 삶을 사회적 배제의 관점으로 조명함으로써 이주민의 불평등을 주류사회로부터 격리되고 소외되는 다차원적 기제를 통해 설명할 수 있다(최혜지, 2012).

2. 이주민의 배제된 삶

삶의 터전을 우리나라로 변경한 이주민이 경험하는 사회적 배제는 경제, 고용, 건강, 사회 등 다양한 분야에서 복합적으로 이루어진다. 2011년과 2015년에 이루어진 결혼이주민실태조사 및 다문화가정실태조사(정해숙 외, 2016) 결과는 이주민이 경험하는 사회적 배제의 실태를 잘 보여준다.

결혼이민자의 경제적 여건은 한국인 선주민과 비교해 상대적으로 열악하다. 경제적 상태에 대한 주관적인 평가는 보통정도로 인식했으나 한국인 선주민과 비교한 자신의 경제적 상태에 대한 평가는 중간 이하로 평가했다(정기선 외, 2012).[1] 실제로 2011년 영주자격을 지닌 결혼이민여성의 기초생활수급률은 5.0%, 귀화한 결혼이민여성의 기초생활수급률은 7.0%로 한국인 선주민의 기초생활수급률 3.3%보다 높았다. 2015년 결혼이민자의 기초생활수급률은 5.0%로 지난 4년간 변화가 없었으며, 특히 부부가 모두 외국 출신인 경우 기초생활수급률은 5.4%로 증가했다(정해숙 외, 2016).

결혼이민자 가구의 월평균 소득은 300만 원으로 한국 가구 평균 월소득 384만 원보다 상대적으로 낮았다(정기선 외, 2012).[2] 소득 구

1) 결혼이주민의 실태를 조사한 가장 최근 연구인 김은정 외(2017)에 의하면, 주관적인 경제생활수준 인식에 대해서 보통이라고 응답한 비율이 66.8%로 가장 높았고, 나쁘다는 응답비율이 24.4%, 좋다는 응답비율이 8.8%였다.

2) 김은정 외(2017)에 의하면, 개인소득 수준에 대해 소득이 없다는 응답 비율이 59.8%로 가장 높았고, 100만 원 이상 150만 원 미만이 12.4%, 50만 원 이상 100만 원 미만이 12.1% 순으로 나타났다. 2017년 이민자의 체류와 고용실태를 조사한 통계청・법무부(2017)에 의하면 결혼이민의 체류자격을 지닌 외국인 임금근로자의 월평균 임금수준의 경우 100만 원 이상 200만 원 미만이 52.0%, 200만 원 이상 300만 원 미만이 21.9%, 100만 원 미만이 13.5%, 300만 원 이상이 12.6%에 달했다.

간별 분포는 200만 원 이상에서 300만 원 미만이 30%로 가장 높은 구성비를 보였으며 100만 원 미만도 23%로 높은 구성비를 보였다(정해숙 외, 2016). 결혼이민 가구 내에서도 부부의 법적 지위 및 출신에 따라 가구유형이 다양화되고 하위 유형별로 경제적 배제의 수준의 차이가 확대되는 것으로 확인되었다.

2011년 결혼이민자의 취업률은 62.4%로 한국인의 취업률 57.4%보다 높았으며(정기선 외, 2012),[3] 2015년 결혼이민자의 취업률 또한 64%로 우리나라 전체 취업률 60%에 비해 상대적으로 높았다(정해숙 외, 2016). 2011년부터 2015년 사이 결혼이민자의 취업률은 증가했으며 우리나라 전체 고용률 또한 증가해 결혼이민자의 취업률과 전체 취업률 사이의 격차는 감소했다.

취업 직종별로는 서비스직과 단순노무직이 높았으며 두 직종에 종사하는 결혼이민 취업자의 비율은 50% 이상을 차지했다. 우리나라 전체 취업자의 취업직종 구성비와 비교하면 단순노무직(29.0% 대 13.4%), 서비스직(18.7% 대 10.5%)에 종사하는 구성비는 결혼이민자가 상대적으로 높고 전문가 관련 종사자(12.2% 대 19.8%)와 사무종사자(4.6% 대 16.8%)는 결혼이민자의 구성비가 상대적으로 낮았다(정해숙 외, 2016). 이는 결혼이민자는 한국인 선주민보다 전문성이 높지 않은 직종에 종사할 가능성이 높음을 시사한다.

취업형태는 2015년 상용근로자가 35%, 임시근로자와 일용근로자가 50%를 이루었다(정해숙 외, 2016). 이는 결혼이민자는 취업률은 높은 반면 일자리의 질이나 취업의 안정성은 취약한 상태임을 의미한다. 취업자의 경우 산업재해보상보험과 고용보험가입률은 각각 49.0%와

---

3) 김은정 외(2017)에서는 응답자 중 현재 직업이 있는 결혼이민자가 29.3%를 차지하고 있다.

36%, 국민연금 가입률은 약 10.2%, 건강보험 가입률은 약 92.8%로 건강보험을 제외한 기타 사회보험 가입률이 낮았다(통계청, 2017).

결혼이민자의 62.1%는 자신의 건강상태를 5점 만점에 3.73 정도로 비교적 긍정적으로 평가하여, 한국인이 주관적으로 평가한 건상상태(3.42)보다 상대적으로 높았다(정해숙 외, 2016)[4]. 결혼이민자의 36%는 지난 1년 동안 우울감을 경험했으며, 7.4%는 매우 자주 우울감을 느끼는 정도로 정신건강이 취약했다(정해숙 외, 2016). 정신건강은 영주권자가 귀화자보다, 남성이 여성보다, 결혼이민자가 재외동포출신보다 상대적으로 양호했다. 베트남 출신 결혼이민자의 정신건강이 가장 낮은 수준을 보였으며 한국계 중국동포의 정신건강이 상대적으로 양호했다(정기선 외, 2012).

한국으로 이주한 후 약 50% 이상의 결혼이민자가 한국어 교육에 참여했으며 일자리교육 참여자는 23%, 부모교육은 22%로 한국어 교육 참여가 가장 높았다. 일자리 교육의 경우 남성 이민자는 43%, 여성은 21%가 참여해 성별 차이가 두드러졌다(정해숙 외, 2016). 자신이 주관적으로 평가한 한국어 능력은 보통보다 잘하는 정도가 주를 이루었으나 한국어 능력시험을 본 경험이 있는 결혼이민자는 전체 결혼이민자의 약 19%로 제한적이다. 한국어 능력은 교육수준이 높고 연령이 낮을수록 응시하는 비율은 높아지고 고급단계를 취득하는 비율은 40대가 상대적으로 높았다(정해숙 외, 2016).

한국 사회에 대한 소속감은 귀화자가 영주권자보다 높았으며, 연령이 높고 거주기간이 증가할수록 증가했다. 선주민은 한국 사회에 대

4) 2017년 조사에 의하면 결혼이민자들은 건강상태에 대해서 보통이라고 답한 비율이 56%로 가장 높았으며, 좋은 편이 38.5%, 나쁜 편이 5.4%인 것으로 나타나, 건강수준을 비교적 긍정적으로 인식하고 있었다(김은정 외, 2017).

한 전반적인 신뢰도가 10점 만점에 7점 정도에 그쳤으나 결혼이민자의 한국 사회에 대한 신뢰도는 9점으로 한국 사회에 대한 결혼이민자의 신뢰는 한국인 선주민보다 높았다(정기선 외, 2012).

결혼이민자의 40.7%는 사회적 차별을 경험했으며, 주로 직장이나 일터에서 높은 수준의 차별을 경험한 것으로 나타났다(정해숙 외, 2016).

제2장 민족과 계급

제2장 민족과 계급

민족과 계급은 뚜렷한 관계가 기대되거나 연계성을 예측할 수 있는 개념들은 아니었다. 그러나 언제부턴가 두 개념은 분리하기보다 함께 고려해야 하는, 간과하기엔 무게감 있는 관계를 드러내고 있다. 이 장은 우선 민족과 계급 각각을 좀 더 깊이 살펴보는 데 목적을 두었다.

제1절 민족

민족은 개인의 정체성을 드러내는 의미 있는 지표이다. 민족적 소속을 질문 받을 때 긴 시간을 고민하는 경우는 흔치 않다. 지문만큼이나 모두에게 명징해 보이는 민족, 그러나 그 개념과 구성요소는 다소 혼란스럽다.

1. 민족의 개념

개념은 시간과 공간에 조응해 지속적으로 변화한다. 민족 또한 현대적 의미로 사용되기까지 어의적 변천을 거듭했다.

1) 민족의 개념적 전개과정

민족의 어의적 기원에 대해서는 ethnos로부터 출발했다는 주장과 nation 또는 volk에서 유래되었다는 주장이 공존한다.

(1) ethnos

민족은 ethnicity를 번역한 것으로 이교도 또는 다신교를 뜻하는 그리스어 ethnos로부터 유래되었다. ethnos는 여호와로부터 선택받지 못한 비기독교인을 제한적으로 의미하던 것에서 점차 이방인을 지칭하는 보편적인 용어로 변화되었다. 특히 ethnos의 하위 개념인 genos가 혈연관계를 강조하는 혈족을 의미하는 반면 ethnos는 집단의 혈연성뿐만 아니라 문화적, 언어적, 역사적 공통성을 의미하는 용어로 변화되었다(김남식, 2001).

1274년 프랑스 리옹회의에서 ethnos는 공화국의 당파를 지칭하는 용어로 사용되어, 민족의 개념이 사회적으로 권위 있는 대표자 집단을 의미하는 것으로 전환되었음을 시사한다. 이는 민족의 의미가 특정한 장소나 혈족에 기초한 출신 공동체를 뜻하던 것으로부터 유사한 사회 문화적 견해 또는 목적을 공유한 목적 공동체로 변화했음을 보여준다(김남식, 2001).

16세기 영국에서 ethnos는 평민 또는 하층계급을 지칭하는 용어로 사용되었다. 평민의 지위가 상승함에 따라 13세기 권위 있는 대표자 집단을 의미하던 ethnos는 평민을 의미하는 것으로 변화되었다. 그린필드(Greenfield, 1992)가 민족은 상황에 따라 그 의미가 변화되었다고 주목한 바와 같이 ethnos는 초기 이방인을 의미하던 것에서 역사적, 문화적 공동체, 뒤이어 사회적 대표자 집단, 그리고 평민을 의미하는 개념으로 지속적으로 변화해 왔다(김남식, 2001). 그러나 ethnos에 담겨진 혈족, 문화, 역사적 유사성을 공유하는 집단이라는 요소는 민족의 현대적 의미에서도 강조되고 있다.

(2) nation과 volk

민족은 혈통, 출생을 뜻하는 라틴어 nation에서 유래되었다는 주장이다. nation은 민족, 국가로 번역되며 혈연에 기초한 공동체를 의미했으나(차기벽, 1990), 시대와 국가에 따라 그 의미가 조금씩 변화했다. 중세에 nation은 혈연관계로 연결된 특정지역의 씨족이나, 대학에서 출신지역별 학생들의 모임을 의미했다. 중세후기부터 근대초기에는 유럽 의회를 구성하는 고위계층을 이르는 용어로 사용되었으며, 특히 영국에서는 새로운 귀족계급으로 부상한 근대 신흥지주를 포함하는 개념으로 확대되었다. 프랑스에서는 프랑스 혁명이후 자유, 평등의 정치적 이념에 동조하는 합의 공동체를 의미하는 용어로 사용되었다(박찬승, 2011).

한편 일부는 독일어 volk로부터 민족의 어원을 찾기도 한다. volk는 민중, 국민의 의미를 지니고 있으나 시대에 따라 다양하게 사용되었다. 18세기 중반까지 사회하층계급이나 군대를 뜻했으나 18세기 말 헤르더에 의해서 언어적, 역사적 유사성을 지닌 문화 공동체를 뜻하는 용어로 사용되었다(박찬승, 2011).

2) 정의

홉스바움(Hopsbaum, 1994; 박찬승, 2011 재인용)이 주장한 바와 같이 민족을 정의하는 작업은 쉽지 않다. 무엇을 어원으로, 어떤 시각에서 접근하는가에 따라 민족의 정의는 차이를 보인다. 독일학자들은 민족의 어원을 volk로 보며 민족의 정의에서 생물학적 요인과 대를 이어 전수된 유·무형의 유산을 중시한다. 따라서 민족을 종족, 조상, 종교, 언어, 지리적 공간, 관습과 문화에 기초한 종족의 형태로 개념화하며 역사적, 사회적 공통가치를 지닌 민족의 유대성을 강조한다(박찬승, 2011).

르낭(Renan, 2002)은 nation의 개념을 근간으로 민족을 정의한 대표적 학자이다. 르낭은 민족을 개인들로 구성되었으며, 시간에 의해 견고해진, 개인의 헌신적인 정서로 채워진 하나의 심리·정신적 공동체이자 영혼으로 정의했다(Renan, 2002; 신행선, 2002 재인용). 르낭의 정의는 민족이 혈통에 기초해 종족, 언어, 종교, 지리 등을 중심으로 형성된 집단이라는 견해를 부정하고 민족의 심리·정신적 공동체성을 강조한다는 점에서 의의를 갖는다(박찬승, 2011).

스미스(Smith, 1987)는 민족을 고유한 영토를 소유하고 공유된 신화, 역사, 문화를 바탕으로 연대의식을 발전시킨 인간 공동체로 정의했다. 한편 엘러(Eller, 1999)는 민족마다의 고유한 성향은 공유된 신화, 가치, 상징을 기초로 발전되며 타 민족과의 차이를 인식함으로써 더욱 견고해진다고 주장한다.

3) 민족의 한국적 사용

박찬승(2011)에 의하면 민족의 한국어 어원은 같은 집단 또는 같은 종족을 의미하는 족류에서 찾을 수 있다. 『고려사』에 의하면, 족류는 고려시대에는 혈연 또는 혼인에 의해 형성된 친족이나 집단을 지칭하는 데 사용되었다. 조선시대 전기에서 중기 사이에 족류는 조선사람

전반을 포괄적으로 이르는 동족의 개념으로 진화되었다. 족류는 여진인, 일본인 등 이방 종족과 분리해 조선인만을 배타적으로 지칭함으로써 ethnic과 동일한 개념으로 변화되었다(박찬승, 2011).

조선시대에는 족류와 함께 동포가 사용되기 시작한다. 『조선왕조실록』에 동포는 형제나 자매 또는 왕의 은혜를 입은 백성을 언급하기 위해 여러 차례 등장한다(권용기, 1999). 조선시대 초기에 동포는 왕이 보살피고 자애를 베풀어야 할 애휼의 대상을 의미했으나 점차 한 국가를 구성하는 동질성이 높은 백성을 일컫는 것으로 전환되었다. 특히 박찬승(2011)은 족류가 나의 민족과 이방인 사이의 경계 긋기에 중심을 둔 개념인 반면 동포는 집단의 동질성을 강조하는 개념이라고 설명한다.

1890년대 후반부터 독립신문에 동포라는 용어가 자주 등장하며 '조선사람'이라는 의미로 사용되기 시작했다. 특히 독립신문의 "사농공상의 모든 동포들"이라는 표현에서 드러나는 바와 같이 동포는 수직적 신분관계를 벗어나 평등관계를 내포한 개념으로 사용되었다(박찬승, 2011).

1905년 이후 황성신문과 대한매일신보에 민족이라는 용어가 등장하기 시작했으며, 특히 황성신문은 이천만 민족이 모두 단군자손이라고 표현하며 우리민족의 단일성을 강조했다(박찬승, 2011).[1] 1910년 이후 민족이라는 용어가 지식인 사이에 널리 사용되었으며 1919년 3.1 운동을 계기로 일반 대중에게 확산되었다. 박찬승(2011)은 1920년 조선신문, 동아신문과 잡지 개벽의 창간이 민족의 대중적 사용에 기여했다고 평가한다(박찬승, 2011). 특히 이광수(1971)는 '조선민족론'에서

---

1) 한편 1908년 신채호는 독사시론에서 우리나라는 여섯 종족으로 구성되었다고 기술하며 민족이 아닌 종족이라는 용어를 사용하고 있다(박찬승, 2011).

우리민족은 "혈통적, 문화적으로 대단히 단일한 민족", 단일민족이라고 표현하고 있다(이광수, 1971; 박찬승, 2011: 59 재인용).

2. 민족의 구성요소

민족으로 분류되기 위해 한 집단이 충족해야 하는 조건이 무엇인가는 민족을 무엇으로 이해하는가에 따라 차이를 보인다. 민족을 이해하는 시각과 구성요소에 대한 견해는 닮은 듯하나 서로 적지 않게 빗겨나 있다.

1) 객관설

우선 객관설이다. 객관설은 민족의 구성요소로 혈연, 지연, 언어, 종교, 정치, 경제, 역사적 운명 등의 사실적 요소를 강조하며, 객관적 요소를 공유한 집단이 한 민족을 형성한다고 설명한다(박찬승, 2011). 두 집단이 접촉한 경우, 집단 사이에 종교적 통합이 이루어지고 한 집단이 고유한 언어를 상실해 언어적 통합마저 이루어질 때 역사적 산물로서 하나의 민족을 형성하게 된다는 견해는 민족에 대한 객관론적 시각을 반영한다(신행선, 2002). 량치차오(1905)는 민족의 특징으로 지리적 응집, 동일한 혈통, 유사한 신체적 조건, 공통의 언어와 문자, 동일 종교, 유사한 풍속과 생각 등 여덟 가지 조건을 제시해 민족에 대한 객관론적 입장을 정리한 바 있다(량치차오, 1905; 박찬승, 2011 재인용).

대한매일신보에 드러난 조선후기의 민족관은 객관론적 시각과 유사하다. 대한매일신보는 '민족과 국민의 구별'이라는 사설에서 량치차

오의 영향을 받아 하나의 혈통을 가지고 같은 지역에 거주하며 동일한 역사, 종교, 언어를 갖고 있으면 동일한 민족이라고 기술했다. 민족은 동일한 혈통, 역사, 거주지, 종교, 언어만으로 구성될 수 있으며 국민은 민족이 충족해야 하는 조건 외에 정신적, 행동적 유사성이 존재해야 한다고 설명한다(신행선, 2002).

2) 주관설

주관설은 민족이 객관적이거나 사실적 요소에 의해 결정된다는 객관설을 부정한다. 동일한 민족이라는 인식, 공유된 민족의식 및 민족정신 등 주관적이고 정서적인 요소가 민족을 이루는 핵심요소라고 강조한다(박찬승, 2011).

종종 민족은 혈통 또는 종족에 뿌리를 둔 것으로 생각되나 사실 근대 민족국가의 탄생은 종족과는 독립적으로 이루어졌다. 예를 들면 프랑스인은 켈트족, 이베리아족, 게르만족 등 다양한 민족으로 이루어졌으며, 독일 또한 게르만족, 켈트족, 슬라브족 등 복수의 민족이 혼재되어 있다. 언어 또한 민족 간의 경계를 명확히 가르지 못한다. 미국, 영국, 오스트레일리아 등 동일한 언어를 사용함에도 민족적 동질성이 없는 집단이 존재하며 동시에 스위스처럼 여러 개의 언어를 사용하는 집단이 하나의 민족을 형성하는 경우 또한 존재한다(신행선, 2002).

갤너(Gallner, 1983)는 관념, 기호, 행동, 의사소통 양식 등 문화를 공유하고, 서로 같은 민족이라는 상호이해가 존재하면 이들은 한 민족에 속한다고 보았다. 즉 민족은 출신지역, 언어, 혈연으로 대표되는 단순한 지표에 의해 구성되는 것이기보다 구성원이 동일한 집단이라는 소속감을 공유하고 동일 집단으로서의 의무와 권리를 인정하면 민족이 된다고 설명한다. 이처럼 주관설은 민족이란 유사한 특성이 아닌 공통의 멤버십에 대한 인식에 기초하며 신념, 충성 결속의 결과물로 조명한다(박찬승, 2011).

3) 절충설

절충설은 민족의 본질로서 객관적 요소나 주관적 요소 모두를 강조한다. 민족의 구성요소로서 객관적 요소와 주관적 요소가 분리될 수 없으며 서로 밀접하게 관련되어 있고 한 집단이 민족으로 분류되기 위해 두 가지 요소가 모두 필요하다고 본다(박찬승, 2011). 민족이 하나의 공동체가 되기 위해서는 첫째 언어, 종교적 공동체를 만드는 단계와, 둘째, 집단 구성원에게 경제, 사회, 정치적 공동의식을 형성하는 단계를 거치게 된다는 브라스(Brass, 1991)의 견해는 민족에 대한 절충설적 시각을 나타낸다.

제2절 계급

계급은 한때 사회현상을 분석하는 사유의 틀로 환영되었으나 이제는 사회적 쟁점을 설명하기 위해 계급의 렌즈를 꺼내는 것에 새삼스럽다는 반응이 지배적이다. 계급의 쓸모는 사라진 걸까? 그러나 현대인의 삶은 여전히 계급의 영향 아래 놓여 있다.

1. 계급의 개념적 전개와 특성

계급은 사회적 산물이다. 사회적 변화에 따라 계급은 분화되고 변형되어 왔다. 계급의 개념적 발전과정을 추적함으로써 현대적 계급의 특성을 밝히고자 한다.

1) 계급의 개념적 전개

사전적으로 계급은 사회적으로 동일한 조건을 공유하며, 공통의 이해관계와 행동 양식을 갖는 집단을 의미한다. 계급의 어의적 뿌리는 무엇에 대한 구분과 분류를 의미하는 라틴어 Classis에서 찾을 수 있다. 로마의 6대 왕 세르비우스가 로마시민을 가문, 나이, 자산에 근거해 제1계급부터 제5계급으로 분류하고 자산이 없는 프롤레타리아를 추가해 여섯 개의 Classis로 구분한 것이 계급의 원형으로 추정된다(이재유, 2009).

경제적 위치와 정치적 권력이 결합된 현대적 의미의 계급은 1771년 중농주의자를 향한 마브리(Mably, 1771)의 논쟁에서 처음 등장한다. 마브리는 계급이익과 계급갈등을 언급하며 경제적 의미가 강조된 현대적 의미로 계급을 사용한다(Mably, 1771; 이재유, 2009 재인용). 18세기까지 계급은 경제적 속성이 유사한 집단이나 사회적 지위와 동의어로 사용되었으며, 프랑스 혁명기에 바비우프가 프랑스 사회의 신분 간 적대감과 갈등을 언급하기 위해 계급을 적극적으로 사용하면서 프랑스 혁명 이후 전문적인 용어로 정착되었다(한상진, 1984 재인용).

마르크스, 베버, 뒤르껭 등 고전사회학자는 계급을 근대산업사회에 등장한 계층화 현상을 의미하는 용어로 사용했다. 이들 고전사회학자는 전산업사회에서 자본주의 사회로의 구조적 전환기에 나타난 특징적 사회현상을 분석하기 위해 계급에 주목했다(신행철 외, 2002).

베버(Weber, 1968)는 계급을 경제적 보상획득의 기회가 유사한 사람의 집합체로 정의하고 소유한 재화, 시장에서의 지위, 직업의 종류에 의해 계급이 결정된다고 주장한다. 플란자(Planza, 1973)는 계급이란 경제적 생산과정에서 행위자의 역할 또는 위치에 근거해 정의된 사회적 집합을 의미하며(한상진, 1984 재인용), 누가 어떤 계급에 속하는가는 경제적 생산과정에서 그가 차지한 위치에 의해 결정된다고 주장했다. 그러나 점차 경제적 위치가 계급결정의 충분조건은 아니라는 견해가 확대됨에 따라 계급은 노동의 사회적 분화가 생산한 구조적 결과이며, 정치적 관계를 내포한 노동의 사회적 분화체계 상의 위치라는 의미를 지니게 되었다(한상진, 1984).

현대적 의미에서 계급은 생산자본인 자산, 인적 자본인 기술과 교육에 의해 결정된 생활기회의 공통성이 높은 사람의 집합체로 개념화된다(Gerth & Mill, 1946; 정태환, 한상근, 1993 재인용). 특히 마르크스의 시각에서 계급은 착취를 집단적, 사회적으로 표현하는 것으로 착취관계가 사회구조에 어떻게 내재되어 있는가를 드러내는 사회구성원 사이의 관계이다(Croix, 2017).

2) 계급의 특성

베버(1968)는 무리의 사람이 하나의 계급으로 분류되기 위해서는 세 가지 조건이 필수적이라고 보았다. 먼저 한 계급에 속한 개인은 생활기회에 대한 인과적 요소를 공유해야 하며, 둘째, 이들 요소는 재화 또는 서비스의 구매나 수입과 기회 즉 경제적 이해에 근거해야 한다. 특히 이들 요소는 노동시장 내에서 나타나는 것이어야 한다고 설명했다.

파리스(Parijs, 1989)는 계급의 특성을 다음의 네 가지로 제시했다. 먼저 계급은 사회관계의 질적인 차이를 반영할 수 있어야 하고, 둘째, 계급은 경제적 불평등에 토대해야 한다. 셋째, 정치적 권력의 지배와 피지배 관계가 계급에 용해되어 있어야 하며, 넷째, 계급은 사회적 집단의식과 연대적 행동을 설명할 수 있어야 한다(Parijs, 1989; 신광영 외, 2003 재인용).

한상진(1984)은 사회적 구조로서 계급은 다음과 같은 특성을 갖는다고 설명한다. 우선 계급은 사회구조 내에서 가장 포괄적인 집단체계를 이룬다. 둘째, 계급에 대한 구분은 생물학적 특성에 근거하기보다 특권 또는 차별과 관련되어 있다. 셋째, 한 개인의 계급에 대한 멤버십은 비교적 영구적으로 지속된다. 특히 한상진은 비교적 영속적인 계급 멤버십이 계급사회의 필요조건을 이룬다고 강조한다.

크롬튼(Crompton, 1993)은 마르크스의 주장을 근간으로 계급의 특성을 다음과 같이 정리했다. 우선 계급은 여타의 사회적 지위와 마찬가지로 우월한 것과 열등한 것이 구분되는 수직적 서열이라는 특성을 갖는다. 계급은 특권과 차별을 기준으로 우월한 것과 열등한 것이 존재하며, 이를 인정할 때 계급구조는 계층적 층화와 동일해진다고 설명한다. 단 이때 특권과 차별은 부와 권력이라는 협의적 개념이 아닌 모든 유형의 특권과 차별을 포함하는 광의적 개념으로 이해되어야 한다. 둘째, 계급의 이익은 영속적인 특성이 있음을 강조한다. 마르크스의 주장에 의하면 계급의 이익을 둘러싼 갈등은 생산수단의 소유 형태에 의해 결정된 사회적 보상의 분배양식의 차이에서 비롯된다. 끝으로 계급은 계급의식을 특징으로 한다. 라이트(Wright, 1985)에 의하면 계급의식은 동일한 계급적 지위를 갖는 구성권이 공유하는, 계급에 적절한 효과를 지닌 모든 종류의 의식을 의미한다. 즉 계급공통의 이익과 계급의 적대관계에 대한 구성원의 인식을 의미하는 계급의식은 계급경험이 문화적 맥락에서 가치, 규범 등으로 구체화된 것이다(Thompson, 2015). 계급의식은 특정 계급의 정체성을 공유하게 되는 것뿐 아니라 계급 위계에서 자신이 속한 계급의 위치를 인식하고 계급 간 차이, 계급이익, 계급유대까지 인식하는 것으로 확대된다. 계급의식의 토대가 되는 계급경험은 계급의 물리적, 심리적, 관계적 일상으로 결정된 형식을 취할 수 있는 반면 계급의식은 지속적으로 변화하기 때문에 완결된 형식을 갖지 않는다(Thompson, 2015).

2. 고전적 계급모델

어떤 축 또는 차원을 중심으로 계급을 구분하는가에 따라 계급모델은 단일차원 또는 다차원 모델로 나누어 볼 수 있다. 단일차원 모델로서 마르크스의 계급모델, 다차원 모델로서 베버의 계급모델을 살펴보았다.

1) 마르크스의 계급모델

마르크스(Marx, 1959)는 산업사회의 사회구성은 생산수단과의 관계에 따라 부르주아와 프롤레타리아 계급으로 이루어져 있다고 주장한다. 부르주아는 생산수단의 소유와 독점을 통해 노동자의 생산물을 착취하는 지배 계급이며 프롤레타리아는 임금에 기초해 생계를 유지하는 노동자 계급이다(Marx, 1959). 자본의 생산은 프롤레타리아에 의해 이루어지지만 생산된 자본을 소유하고 통제하는 것은 부르주아이기 때문에 프롤레타리아는 피지배 계급의 위치에 놓이게 된다. 부르주아와 프롤레타리아는 갈등적 관계를 형성하고, 마르크스는 두 계급 사이의 갈등이 역사발전의 원동력이라고 주장한다(Marx, 1959).

마르크스는 계급의식과 계급행동의 가능성을 기준으로 계급을 즉자적 계급과 대자적 계급으로 구분한다. 즉자적 계급은 불평등 체계의 일부를 구성하는 사회적 계층일 뿐 계급적 성격은 약한 반면 대자적 계급은 계급의식을 공유하고, 사회변화를 위해 계급행동을 할 능력을 갖춘 계급이다. 즉자적 계급이 갈등의 대상을 인식하고 계급의식을 공유할 때 대자적 계급으로 전환된다(신행철 외, 2002).

2) 베버의 계급모델

베버는 계급구분의 차원성, 계급의식에 대한 견해에서 마르크스와 차이를 보인다. 우선, 경제적 차원만을 계급구분의 기준으로 선택한 마르크스와 달리 베버는 경제적 차원을 중심으로 한 사회적 계급과 사회적, 정치적 차원을 반영한 신분의 두 차원을 이용해 사회경제적 지위를 구분한다(Weber, 1968).

노동계급, 비소유 중간계급, 상층 소유계급으로 이루어진 사회계급은 시장에서의 위치에 의해 결정된다. 사회적으로 부여된 명예의 정도를 의미하는 신분은 사회계급에 의해 영향을 받지만 사회계급과의 연계성을 전제하지는 않는다(Weber, 1968). 베버의 모델은 사회계급과 신분을 대비시켜 계급유형을 세분화했으나 사회계급과 신분을 구조적으로 연결해 내지 못했다는 한계를 보인다(Giddens, 1984; 정기선, 1997 재인용).

경제적 차원에서의 계급구분은 마르크스의 견해와 다르지 않다. 반면 베버가 추가로 주목한 사회적 차원의 계급은 사회적 지위를 기준으로 분화된다. 사회적 지위 계급은 특정한 삶의 양식을 보이는 사람들로 구성되며 한 계급은 다른 계급과 삶의 양식에서의 차이를 인식한다. 동일한 사회적 지위에 속한 계급은 유사한 소비패턴, 동호회 멤버십, 거주지역을 통해 스스로의 차별성을 드러낸다. 특정한 삶의 양식을 유지하기 위해서 일정한 수준의 경제력이 요구되기 때문에 베버는 사회적 지위와 경제적 위치가 상당부분 중복적이라고 설명한다(Marger, 2003).

정치적 차원에서는 정치적 권력을 기준으로 집단을 층화한다. 정치적 권력은 개인이 공공의 행동에 영향력을 행사하는 권력의 획득을 목적으로 하는 집단 또는 조직으로서의 순위를 의미한다. 정치적 권력 집단은 정당을 비롯한 공식적 정치조직 외에 노동조합, 소비자 집단, 전문가 연합, 민족 집단 등이 포괄적으로 해당되며, 계급이나 지위집단의 이익을 대표한다(Gerth & Mill, 1946; 정태환, 한상근, 1993 재인용).

베버는 계급이 반드시 계급의식을 공유하는 것은 아니라고 주장하며 마르크스와 달리 계급형성의 필수 조건으로서 계급의식을 부인한다. 계급의식이 조직화되기 위해서는 다음의 다섯 가지 조건이 충족되어야 한다고 보았다. 우선 적대적 관계에 있는 계급이 누구인지 명확하고, 경쟁적인 경제관계에 있어야 하며, 둘째, 계급의 문제상황을 공유하는 사람들이 다수 존재하는 경우, 셋째, 의사소통과 집단의 조직화가 상대적으로 용이하며, 넷째, 계급 내에 지도자 또는 지도세력이 형성된 경우이다. 베버에 의하면 이들 조건이 충족되지 못하면 계급의식은 활성화되지 않고, 계급사이의 계급상황에 대한 단순한 공유가 이루어질 뿐이다. 억압받는 계급이 계급적 불평등에 별다른 문제 의식이 없는 한 계급갈등은 일어나지 않는다고 주장한다(Giddens, 1971; 신행철 외, 2002 재인용).

계급행동에 대한 견해에서도 베버는 마르크스와 차이를 보인다. 계급을 공동체 이익을 위한 투쟁적 행동의 주체로 인식한 마르크스와 달리 베버는 계급의 필연적 속성으로서 공동체성을 부인한다. 즉 연대적 행동이 계급을 중심으로 발생할 수도 있으나 계급형성이 계급행동으로 필연적으로 연계되는 것은 아니라고 본다(정태환, 한상근, 1993).

3. 현대사회의 계급구성

현대화 과정에서 계급은 수평적, 수직적으로 분화되어 왔다. 계급의 내적 상이성이 확대됨에 따라 동일 계급이 하위 계급들로 세분되고, 어느 계급과도 아귀가 맞지 않는 다양한 변이적 계급이 자본계급과 노동계급의 경계에 새로이 출현하고 있다.

1) 자본계급

자본계급은 생산수단을 소유하고 노동자가 창출한 잉여가치를 통제한다. 공동의 목적이나 공유된 의식을 매개로 결집된 집단이 아니며 생산수단의 소유여부라는 객관적 조건에 의해 형성된 집단이다(이재유, 2009). 노동자 덕분에 노동의 부담에서 해방된 자로 착취관계에서 노동자로부터 부를 착취해 내는 위치에 있다(Choonara, 2017).

초기자본주의 시기에 자본계급은 산업자본가와 금융자본가를 중심으로 구성되었다. 산업자본가는 잉여가치를 생산하는 노동자를 경영하여 자신의 이익을 집적하는 자본가로, 경쟁관계에 있는 다른 자본을 흡수해 가는 속성이 있다. 때문에 산업자본은 경쟁에서 승리한 소수 자본가에게 집중되고 산업자본가는 점차 감소하게 된다(이재유, 2009).

2) 중간계급

중간계급의 첫 번째 유형은 마르크스가 쁘띠 부르주아라고 명명한 독립적 소(小)소유자이다. 가족 노동력에 의존해 소규모로 독립된 사업장을 운영하는 쁘띠 부르주아는 자본가에 해당하지만 자신 또한 노동으로부터 자유롭지 못하다는 점에서 노동자적 성격을 동시에 갖는다(Choonara, 2017).

중간계급의 두 번째 유형은 자본의 소유와 자본의 경영이 분리되는 과정에서 출현한 관료집단으로 신중간계급으로 불린다. 시장에서 산업자본가 사이의 경쟁이 치열해지면서 산업자본가는 잉여가치 생산구조의 외부에서 자본투자에만 집중하고, 전문가를 고용해 자본을 경영하고 관리하게 한다(이재유, 2009). 신중간계급은 자본가에게 고용되어 임금을 받는다는 면에서 노동자적 성격을 갖지만 자본가의 이익을 위해 노동자를 통제하는 역할을 수행한다는 면에서 자본계급과 유사하다(Choonara, 2017).

중간계급은 자본가 계급과 노동자 계급 어느 계급에도 속하지 않으며 동시에 자본가 계급, 노동자 계급과 일정 정도 유사성을 갖는다(Choonara, 2017). 중간계급은 이와 같이 이중적 계급 정체성을 갖기 때문에 계급투쟁의 상황에서 두 계급 사이를 오가며 전략적으로 계급 소속을 선택할 것으로 예측된다.

3) 노동계급

노동계급은 생계를 위해 자본자에게 자신의 노동을 파는 사람으로 생산에 참여하는 노동자 자신과 노동자에게 생계를 의존하는 사람을 포함한다. 현대사회에서 노동계급은 가치생산에 직접 참여하지 않으나 서비스를 제공하고 임금에 의존하는 서비스 노동자로 확대되었다.

자본주의 착취관계에서 피착취자의 위치에 있는 노동계급은 자본가의 착취에 맞서 재화의 잉여가치에 대한 지분을 요구할 권리를 갖는다(Marx, 1843; 이진경, 2012 재인용). 노동계급은 동료 노동자와 '우리성(weness)'를 깨닫고 결속하게 되면 자본주의 구조의 변혁주체로서 계급적 행위를 발현하고 투쟁할 것으로 기대된다(Choonara, 2017).

한편 프롤레타리아트는 때론 노동자 계급과 동일한 집단으로, 때론 구별되어야 하는 용어로 변화되어 왔다. 프롤레타리아트를 학문적 개념으로 발전시킨 마르크스(1843)는 '헤겔 법철학 비판 서문'에서 프롤레타리아트를 노동자 계급에도 속하지 못한 비계급이란 의미로 사용한다.

초기저작에서 마르크스는 프롤레타리아트를 기존 신분질서의 해체 속에서 등장한 계급이 아닌 계급, 신분이 아닌 신분으로 언급한다(최혜지, 2018). 즉, 프롤레타리아트는 토지라는 생산수단으로부터 분리되어 세상을 떠돌거나 근근이 생계를 잇는, 어디에도 속하지 못한 부류의 사람을 지칭했다(Marx, 1843; 이진경, 2012 재인용).

산업혁명 이후에는 생존위협에 처한 공장 노동자, 기계의 등장으로 일자리를 상실한 노동자, 자신의 노동력으로 생존을 유지하는 노동계급을 뜻하는 용어로 사용되었다. 최근에는 수직적, 수평적 계급분화가 동시에 진행되면서 프롤레타리아트는 노동의 일상성이 보장된 정규직 노동자와 구별되어야 한다는 주장이 제기되고 있다(이진경, 2012).

한편, 노동계급은 사회의 구조적 실재로 이해되기도, 역사적 현상으로 설명되기도 한다. 특히 톰슨(2015)은 계급을 실재하는 사회적 구조로 이해하거나 범주로 규정하는 방식을 부정하고 노동계급을 인간 사이에서 발생하는 현상이자 흐름으로 설명한다.

4) 불안정한 계급(Precariat)

프레카리아트는 불안정하다는 의미의 형용사, 프레카리아스(precarious)와 노동계급을 의미하는 프롤레타리아트(proletariat)가 결합된 합성어로(Standing, 2014), 어의상 불안정한 노동자를 의미한다(Arnold & Bongiovi, 2013).

프롤레타리아트의 계급분화 과정에서 등장한 프레카리아트는 개념적, 실체적 모호성으로 인해 다양한 방식으로 정의된다. 우선, 프레카리아트를 비정규직 노동자와 동일한 집단으로 개념화하는 방식이다(이병훈, 윤정향, 2001; 정성진, 2013). 이 접근법은 비노동자와 노동자의 위치를 오가는 프레카리아트의 노동의 비일상성을 부각한다. 둘째, 프레카리아트를 무산자로 규정하는 방식이다. 이 정의는 프레카리아트를 비정규직 노동자는 물론 노동하지 않거나 노동하지 못하는 실업자까지로 확대한다. 셋째, 프레카리아트를 '착취당하고 수탈당하는 모든 사람'으로 확장하는 열린 정의이다(곽노완, 2013). 비정규직 노동자와 영세 자영업자, 실업자, 노숙인, 구직 단념자 모두를 프레카리아트로 포괄한다(곽노완, 2013; 이광일, 2013).

이 같은 개념적 모호성에도 불구하고 프레카리아트는 계급으로서 몇 가지 공통점을 갖는다. 첫째, 프레카리아트는 노동안정성이 낮고,

장기고용계약을 맺지 않는다는 점에서 프롤레타리아트와 차별화되는 집단이다. 둘째, 노동하는 자의 범위에 안정적으로 속해 있지 못하고(이진경, 2012), 불안정한 노동과 생계불안이 일상화된 집단이다(Standing, 2014). 즉 프레카리아트 정체성의 핵심요소는 노동계급의 규정성을 갖지 못한다는 데 있다. 셋째, 프레카리아트는 안정적이고 확정적인 신분과 임금을 확보하지 못하기 때문에 중간계급에도 해당하지 않는다.

프레카리아트는 계급의식이 확인되지 않고 계급투쟁의 대상을 규정하기 어렵다는 점에서 계급으로서 한계를 갖지만 주목된 한계가 프레카리아트의 계급성을 부정할 수 있다는 것과 동일한 의미는 아니다(최혜지, 2017). 마르크스적 관점에 의하면 프레카리아트는 대자적 계급이기보다는 형성 과정 중인 즉자적 계급으로 이해하는 것이 적절하다(Standing, 2014; 최혜지, 2017 재인용).

프레카리아트와 교환적으로 사용되는 하층계급(under class)은 지속적으로 빈곤한 상태에 머물러 있고 생산, 분배, 교환 과정 속에서 생계를 유지할 수 없는 사람을 의미하며, 마르크스가 19세기에 정의한 룸펜 프롤레타리아트와도 유사한 개념이다(Crompton, 1993).

4. 계급의 형성

계급이 어떻게 형성되는가에 대한 설명은 크게 구조적인 접근방식과 과정적인 접근방식으로 대표된다. 플란자(Planza, 1973)에 의하면 이 두 접근방식이 상호 배타적이기보다 인과적 논리로 연결되어 있다(신광영 외, 2003 재인용).

1) 구조적 접근

구조적 접근은 거시적 차원에서 계급형성의 조건을 밝히는 것을 목적으로 하며 계급구조와 계급경계를 중심으로 논의를 전개한다. 구조적 접근은 생산체계 내에서 개인이나 집단이 차지하는 위치에 의해 계급구조가 결정되고 계급으로서의 공동체 의식과 계급의 집합적 행동은 계급구조에 의해 결정된다고 설명한다.

그러나 자신의 노동으로부터 소외된 노동자는 현대 사회에서 점차 원자화, 파편화되고, 종종 노동계급의 이익과 병치될 수 없는 관념을 수용하는 모순적 계급의식을 보인다. 동일한 계급에 속한 개인은 계급으로서 유사한 공동체 의식과 계급행동을 보여야 함에도 현대 노동계급 사이에 다양한 편차가 관찰되며, 이를 적절히 설명하지 못한다는 점이 구조적 접근의 한계로 지적된다(신광영 외, 2003).

2) 과정적 접근

구조적 접근의 한계로부터 출발한 과정적 접근은 계급으로서 개인이나 집단의 경험을 미시적 차원에서 분석하여 무엇이 계급을 형성하는지 설명하고자 한다. 과정적 접근에 의하면 계급은 개인이나 집단의 인식과 행동을 통해 생성되거나 소멸되는 하나의 과정으로 존재한다. 계급형성은 행위자들이 공유한 일상적 경험, 지역사회경험, 노동과정의 경험에 의해 결정된 결과물이며, 계급의식과 계급행동의 차이는 계급경험의 차이에 의해 설명될 수 있다.

특히, 계급의식을 분석한 연구들은 노동자의 계급의식은 사회관계의 경험에 의해 결정된다고 설명한다. 이들 연구는 노동현장에서의 경험을 중심으로 계급의식을 고찰하는 생산과정중심적 접근과 공동체로서 가족이 공유하는 경제 및 기회에 기초해 설명하는 가족중심적 접근으로 구분된다(신광영 외, 2003). 생산과정중심적 접근은 생산현장의 경험을 강조한다는 점에서 외국인 노동자의 계급의식을, 가족중심적 접근은 생산현장에의 참여가 상대적으로 제한된 결혼이주여성과 이주민 자녀의 계급의식을 분석하는 데 유용한 틀을 제공한다.

(1) 생산과정 중심 계급형성론

생산과정 중심 계급형성론은 작업현장에서의 상호작용과 같은 노동자 사이의 미시적 과정이 계급형성의 주요 기제라고 설명한다. 뷰러웨이(Burawoy, 1985)에 의하면 노동자는 생산활동을 통해 사회적 관계를 경험하고 재생산하며, 이 경험을 통해 노동자로서의 현실을 이해하게 된다.

생산과정 중심 계급형성론은 다음의 두 가지를 전제한다. 우선 노동현장에서 형성되는 사회적 관계가 노동자의 계급의식과 계급형성을 결정하는 절대적 요소라고 전제한다. 또한 생산과정 중심 계급형성론은 노동계급 형성의 기본 단위를 개인으로 전제한다. 따라서 동일한 가족에 소속된 가족원의 경우에도 상이한 계급위치로 인해 발생하는 노동과정상의 경험적 차이는 차별적인 계급의식과 이해를 형성한다. 즉 생산과정 중심 계급형성론은 생산현장을 벗어난 사회적 관계가 노동자의 계급의식 형성에 미치는 영향은 고려하지 않는다(신광영 외, 2003).

(2) 가족중심적 계급형성론

가족중심적 계급형성론은 브르디외(1991)의 이론적 논지에 근거하고 있다. 계급의식형성의 주요기제를 생산현장에서의 사회적 관계로 제한한 생산과정 중심 계급형성론의 주장을 거부하고 계급형성과 계급재생산 기제로서 가족의 경험을 강조한다.

가족중심적 계급형성론에 의하면 계급은 개인의 경험적 대상을 제한하고, 경험의 속성을 결정짓기 때문에 가족 구성원은 가족이 속한 계급의 속성을 체득하고 내재화한다(Bourdieu, 1977; 신광영 외, 2003 재인용). 공유된 가족의 계급적 문화와 상징적 특성은 과거 경험과의 통합을 통해 구성원의 인식과 행위에 지속적으로 영향을 미친다. 즉, 가족은 구성원의 삶의 조건을 구조화함으로써 구성원의 계급적 정향을 결정하고, 교육을 통해 구성원 사이에 공유된 계급적 속성을 재생산한다(신광영 외, 2003).

제3장 민족의 계급화와 계급의 세대전이

제3장 민족의 계급화와 계급의 세대전이

계급에 민족적 요소를 끌어들이는 것은 경제결정론적 관점에서 계급을 이야기한 마르크스적 시각과는 거리가 있다. 그러나 마르크스 계급론을 향한 주된 비판의 하나가 인종, 성별 등 중요한 사회적 경계를 간과하고 있다는 점이다. 이 장에서는 민족에 스며있는 계급적 성격을 살펴보았다.

제1절 민족의 계급화

지위의 높고 낮음에 대한 구별이 인간의 본성으로까지 읽힐 만큼 계급의 역사는 인간사회의 역사와 다르지 않다. 변화하는 것은 계급 구분의 기준과 방식이며, 세계화의 새로운 질서 속에 민족은 계급구분의 주요한 축으로 부각되고 있다.

1. 계급으로서 민족 이해와 관점의 유용성

현대사회에서 계급은 민족을 배제한 채 논의될 수 없다. 민족계급화의 의미와 계급관점을 적용해 민족의 쟁점을 이해하는 것이 유용한 이유를 짚어본다.

1) 계급으로서 민족

계급은 재산이나 시장 접근성을 중심으로 형성되지만 민족이나 인종 등의 비시장적 요소와도 결부되어 있다. 민족은 사회의 권력구도 내에서 개인의 역할에 대한 표식이며, 민족의 표식에 따라 정치경제적 착취 관계 속에서 지위를 부여받는다(Rex, 1970).

민족을 계급으로 이해한다는 것은 민족이라는 귀속적 특성을 중심으로 개인의 사회적, 경제적, 정치적 자원에 대한 통제력이 결정된다는 것을 전제한다. 본질적으로 민족은 한 집단으로부터 다른 집단을 분류하는 기준일 뿐 집단과 집단 사이의 서열이나 우열을 가리는 잣대일 수 없다. 그러나 우리사회에서 한 민족은 다른 곳에서 이주해 온 타민족보다 사회적, 경제적, 정치적 자원에 대한 접근과 통제의 가능성이 상대적으로 높다. 이는 본질과 달리 민족이 사실상 개인의 사회적, 경제적, 정치적 권력을 결정하는 요인으로 작동하는 민족 계급화의 현실을 반영한다. 즉 사회적, 경제적, 정치적 자원을 생산하고 통제하는 권력이 민족을 기준으로 배분되는 사회적 불평등이 구조화되고 있다.

명확한 관계가 쉽게 드러나지 않는 민족과 계급은 자본주의 생산관계를 매개로 끈끈하게 연결되어 있다. 자본주의 사회에서 자본가는 생산자원을 소유하고 잉여가치에 대한 통제권을 지배한다. 자본가는 잉여가치의 증가를 통한 자본의 확대를 목적으로 하며 이때 저렴한 노동력은 잉여가치 증가의 주요 수단이다. 이주민과 민족적 소수자는 저렴한 노동력의 은유가 될 정도로 값싼 노동력의 공급원이 되어 왔다. 예컨대 미국 자본가의 번영이 흑인 노예의 노동력에, 영국 자본가의 성장이 아일랜드 이주 노동자의 노동력에 힘입었던 바와 같다.

따라서 경제적 권력을 지닌 자본가는 이주민과 민족적 소수자가 저렴한 노동력 제공자의 지위에 포박되는 덫을 제도화하려는 강한 의지를 갖는다. 자본가의 경제력과 결탁한 정치적 권위가 시민권과 같은 제도적 장치를 이용해 민족적 소수자에게 불평등한 경제구조를 합법화함으로써 민족적 소수자는 불평등을 구조화하는 경제구조의 일체계로 편입되고 하층계급의 주성원으로 전락하는 민족 계급화가 이루어진다. 즉 자본가는 생산관계에서의 절대 권력을 이용해 경제적 불평등을 구조화하고(Wright, 1985), 구조화된 경제적 불평등은 계급으로 고착된다(신광영 외, 2003).

한편 계급을 사회화 과정을 통해 구성된 문화집단으로 이해하는 홉스봄과 브르디외는 계급형성에서 일상적 경험의 중요성을 강조한다. 이에 근거해 문화적 공동체로서 민족이 공유하는 일상경험에 계급적 속성을 부여하여, 민족적 다수자는 소수자의 생활양식을 낮은 계급의 속성과 문화로 규정한다. 예를 들면 African American의 억양과 발음, 자녀양육과 교육방식 등은 낮은 계급의 특성으로 분류되고 African American이 Euroupean American보다 낮은 계급지위를 갖는 것에 정당성을 부여하는 근거로 악용된다. 결과적으로 민족적 소수자의 생활양식을 향한 편견과 고정관념 또한 민족과 계급지위 사이의 연계를 강화하는 민족 계급화를 야기한다.

2) 민족 계급 패러다임의 유용성

계급은 불평등 구조의 상징으로 민족에 기초한 사회경제적 차이를 설명하는 데 유용한 관점을 제공한다(신행철 외, 2002). 민족에 계급적 성격이 부여된 동기는 인종차별의 역사를 살펴봄으로써 효과적으로 설명할 수 있다.

인종, 인종차별주의는 새로운 사회조직 원리인 자본주의와 함께 등장했다. 노예의 값싼 인력을 이용해 번창한 자본가는 '모든 인간은 평등하다'는 지배가치를 거스르는 자신의 행위를 정당화해야 했다. 이윤을 포기하지 않고 평등의 지배가치를 준수할 수 있는 묘수는 노예를 인간과 다른 존재로 간주하는 것이었다(Olende, 2017).

이로 인해 흑인노예의 인간성은 부정되고 서양의 자본가인 백인보다 열등한 존재로 강등되었다. 흑인은 백인이 누리는 사회, 정치, 경제적 권리를 부여받지 못한 존재로 왜곡되었고 흑인을 향한 권리의 박탈과 차별이 정당화되었다. 노예와 자유민 사이에서 출생한 아동은 농장주가 소유하지 못한다는 이유로 혼합결혼을 금지하는 등 노예제도는 인종논리가 아닌 경제논리에 의해 탄생되었다(Olende, 2017). 마르크스(1976)가 노예제도를 '자본의 시초 축적'이라고 개념화한 바와 같이 자본주의 발아기에 자본가는 노예제도를 통해 산업생산에 투자할 자산을 형성할 수 있었다(Olende, 2017 재인용).

이후 인종차별은 민족차별로 진화하며 자본의 성장에 적극적으로 기여한다. 마르크스는 아일랜드 이주노동자와 영국 토착노동자 사이의 갈등을 예로 민족을 근거로도 차별이 이루어지며, 민족차별은 자본가의 이익을 증진하고 자본가는 민족차별을 조장한다고 강조했다.

"영국의 모든 공업과 상업 중심지에서 노동계급은 두 적대 진영, 즉 영국 프롤레타리아와 아일랜드 프롤레타리아로 나뉘어 있다. 평범한 영국 노동자는 아일랜드 노동자를 자신의 생활수준을 낮추는 경쟁자라고 생각해 증오한다. 영국 노동자는 아일랜드 노동자와 달리 자신은 지배민족의 일원이라고 여기고 그 결과 아일랜드를 억압하는 영국 귀족과 자본가의 꼭두각시가 된다. 이제 지배계급은 더 쉽게 노동계급을 통치한다(Marx, 1976: 24; Olende, 2017: 250-251 재인용)."

인종차별과 노동착취는 불평등의 다른 얼굴이다. 착취는 노동자가 생산한 잉여가치를 자본가가 독식하는 경제적 불평등을 말하며 차별은 사회적, 정치적, 경제적 기회와 자원을 지배집단에 유리하게 분배하는 사회적 불평등을 의미한다. 차별의 가해자인 지배집단은 생산관계에서 자본가 또는 자본가와 결탁한 정치권력이고 차별의 피해자인 피지배집단은 생산관계에서 주로 노동자에 해당한다.

착취와 차별은 별개의 현상으로 경험되지만 둘은 지배집단과 피지배집단 사이의 권력 불균형의 결과라는 점에서 닮아 있다. 착취와 차별 모두의 적대인 자본가와 정치적 권력집단은 착취와 차별을 도구로 계급구조를 공고히 하며, 이때 민족은 착취와 차별의 대상을 선별하는 기준으로 작동한다. 이는 다수민족과 소수민족, 토착민족과 이주민족의 관계가 계급의 패러다임을 통해 이해될 필요가 있음을 강조한다.

민족과 민족 사이의 관계를 계급이라는 프리즘으로 분석하는 것은 민족을 준거로 사회적 불평등이 존재하며, 불평등이 민족 사이의 힘의 불균형에 따른 사회적 관계의 산물이라는 두 가지 전제에 기초한다. 경제적 불평등은 사회적 지위와 권력의 원인이며 결과이기 때문에 사회적 불평등과 경제적 불평등을 같은 현상의 다른 얼굴로 이해해야 한다.

물론 모든 사회적 불평등이 계급현상으로 수렴되는 것은 아니다. 그러나 계급은 생산지위, 성별, 민족에 이르기까지 다양한 사회세력 사이의 불평등 관계를 설명하는 이론적 틀을 제시한다(한상진, 1984). 민족계급이라는 사회구조적 문제를 사회 구성원 사이의 관계적 산물로 접근함으로써 사회적 특권, 정치적 권위의 소재가 민족에 기초한 사회 구성원 간 상호작용의 결과임을 규명할 수 있다(한상진, 1984).

1970년대의 계급관점이 일국 차원에서 불평등을 설명하기 위한 도구였던 것과 달리 21세기의 계급관점은 전지구 차원에서 불평등을 분석하는 유용한 틀을 제공한다(신광영, 2004). 무엇보다, 세계화에 따른 불평등의 전지구적 확대로 계급 패러다임의 유용성이 재조명되고 있다. 구조화된 사회적 불평등과 세대에 거친 불평등의 재생산을 분석하는 도구로써 계급의 쓸모는 여전히 유효하다.

2. 민족 계급화의 기제

민족 사이의 관계가 계급으로 구조화되는 과정은 사회, 경제, 정치적 권력을 향한 사회구성원 사이의 갈등과 투쟁의 과정이다. 시민권, 편견과 고정관념 등의 상징적 이념은 투쟁의 과정에서 지배계급에 의해 동원되는 민족 계급화의 주요 기제이다.

1) 시민권

마샬(Marshall, 2013)은 시민권을 언론의 자유를 비롯한 사적 자유에 대한 권리, 선거권을 비롯한 정치적 활동에 대한 권리, 경제적 자원을 포함한 최소한의 인간다운 삶을 향유할 권리로 구분했다. 이를 각각

공민적 시민권, 정치적 시민권, 사회적 시민권으로 명명하고(Crompton, 1993), 시민권이 공민적 시민권으로부터 시작되어 정치적 시민권, 사회적 시민권의 순으로 확대된다는 진화론적 입장을 취하고 있다. 개인의 자유권을 핵심으로 하는 공민권은 사유재산에 대한 권리, 자유계약의 권리, 언론, 출판, 집회, 결사의 자유 등으로 대표된다. 18세기 공민권의 출현으로 근대 시민은 군주의 자의적 지배로부터 벗어나 지위의 자유를 확보하게 되었다(김윤태, 2013).

정치권은 공민권에 이어 두 번째 시민적 권리로 등장한다. 정치권은 정치행위의 주체가 될 수 있는 권리를 의미하며 선거권과 피선거권으로 집약된다. 세금납부 능력이 있는 시민에게 제한적으로 허용되었던 선거권이 19세기 초 모든 남성에게 부여되면서 정치권은 시민적 권리로 자리 잡는다(Marshall, 2013).

시민권의 사회적 요소인 사회권은 20세기에 등장한다. 사회보장에 대한 권리와 함께 경제적 안녕, 사회적 유산에 대한 공유, 문화적 삶을 영유할 권리를 포함하는 사회권은 최저임금의 보장, 최저생활 보장 등 사회복지를 보편적 권리로 제도화한다(Marshall, 2013). 이와 같이 사회권은 일정 수준의 생활조건을 개인의 경제력과 무관한 보편적 권리로 보장함으로써 시장 불평등을 완화하고 기회의 균등화와 사회적 평등을 확대하는 데 기여했다(Crompton, 1993).

국가와 시민 사이의 권리와 의무 관계를 규정하고 시민의 범위를 확정하는 시민권은 국민국가에서 시민의 권리를 보호하고 문화적 정체성을 유지하는 핵심제도이다(최현, 2008). 시민권과 계급체계의 전쟁이라는 마샬(Marshall, 2013)의 묘사가 시사하는 바와 같이 시민권은 국민국가 질서 속에서 계급사이의 불평등을 축소하기 위한 사회적 장치로 중요성을 갖는다.

그런데 국가의 경계를 넘은 초국적 이동이 증가하고 민족적 동질성이 민족적 다양성으로 대체됨에 따라 민족과 국민, 영토와 국민, 문화적 정체성과 법적 권리 사이에 불일치가 확대되었다. 이에 따라, 국민의 지위에 부여된 시민적 권리는 민족적 배경이 다른 이주민이나 동일한 문화적 정체성을 공유하지만 법적으로 시민의 지위를 갖지 못한 개인을 시민적 권리로부터 배제하는 이중성을 갖게 되었다(최혜지, 2016). 지배집단의 민족적 배경을 지닌 개인은 시민으로서 공민적, 정치적, 사회적 권리를 향유할 권리를 갖는 반면 지배집단과 민족적 배경을 공유하지 못한 개인의 시민적 권리는 제한되었다. 즉, 시민권 탄생의 정치사회적 구조인 국민국가가 한계에 이르면서 시민권은 오히려 자국민과 이민자의 구별, 즉 민족을 계급화하는 기제로 작동하고 있다(최혜지, 2016).

계급불평등을 견제하고자 했던 시민권이 오히려 민족적 소수자의 권리를 박탈하는 기제로 작동함에 따라 계급투쟁의 산물이라는 본래의 의의를 상실하게 되었다. 동시에 사회권의 실현으로 계급불평등을 극복하려 한 복지국가의 성숙이 계급불평등을 확대재생산하는 모순에 직면하고 있다(최혜지, 2016).

2) 상징적 이데올로기

(1) 고정관념

리프만(Lippmann, 1922)에 의해 처음 소개된 고정관념은 개인적인 경험을 통해 획득되지 않았으나 무언가에 대해 머릿속에 떠오르는 이미지를 의미한다(Lippmann, 1922; Marger, 2003 재인용). 특히 민족에 대한 고정관념은 한 민족의 속사(shorthand depiction)를 구성하기 위해 외부자가 선택한 그 민족만의 두드러진 행동특성을 뜻한다(Shibutani & Kwan, 1965).

고정관념은 근거 없는 신념을 형성하고 편견을 공유한 사람끼리의 결속을 강화한다(Ehrlich, 1973). 따라서 민족에 대한 고정관념은 쉽게 제거되지 않으며, 편견의 부정적 신념을 지지하는 근거가 된다. 복잡한 일상에서 우연히 마주하는 모든 사람을 일일이 이해하기 어려울 때, 고정관념은 민족에 기초해 개인을 일반화하고 판단하는 준거가 된다.

고정관념은 변화저항성이 높다는 특징을 갖는다. 고정관념은 지나치게 단순화되고 과장된 신념으로, 간접적으로 획득되었기 때문에 합리적 일반화와 다르며 쉽게 변화하지 않는다(Pettigrew, 1980). 높은 변화저항성으로 인해 고정관념의 타당성을 논박하는 사례가 풍부하고 적절한 경우에도 고정관념은 지속된다.

각 민족에 부여된 특성은 대중적 신념으로부터 형성되고, 선택적 사고과정을 통해 사회화된다. 고정관념과 일치하는 사례를 통해 고정관념은 강화되고 고정관념에 어긋나는 사례는 간과하거나 무시된다(Marger, 2003). 특정 민족을 관찰하는 외부자는 선인지된 이미지 즉 고정관념을 근거로 민족에 속한 내부자의 행동을 해석하는 경향을 보인다(Simpson & Yinger, 1972).

(2) 편견

특정 집단을 향한 임의적 신념이나 느낌을 뜻하는 편견은 고정관념에 기초한 판단으로 비호의적이고 엄격하다. 베리와 티스러(Berry & Tischler, 1978)에 의하면 편견은 판단보다 정서 또는 감정과 유사하며, 실재성에 대한 검증을 생략한 채 집단 또는 계급 구성원에게 여과 없이 일반화된다는 점에서 위험하다(Mason, 1970).

민족에 대한 편견은 특히 다음과 같은 특징을 갖는다(Marger, 2003). 우선 민족적 편견은 집단적이거나 일반화된 사고이다. 개인은 그가 지닌 속성에 의해 판단되지 않고 민족적 소속에 기초해 판단된다. 편견이 담긴 태도는 특정 개인을 향하지만, 편견이 담긴 태도를 유발한 것은 그가 속한 민족과 민족의 특성이다.

둘째, 민족적 편견은 완고하다. 편견은 생각의 오류가 아니며 수정의 대상도 아니기 때문에 새로운 정보와 지식을 접한 후에도 바뀌지 않는다. 인간은 특정한 신념에 정서적 애착을 형성하고, 그 신념은 오류 가능성을 이유로 폐기되지 않는데, 민족적 편견이 그와 같은 신념이다.

셋째, 민족적 편견은 일반적으로 부정적인 내용으로 구성된다. 편견의 대상이 되는 민족은 열등하거나 사회적으로 바람직하지 않은 특징들로 묘사된다. 자민족에 대해서는 지나칠 정도로 호의적인 이미지를 유지하는 반면 타민족에 대해서는 과장될 정도로 악의적인 이미지를 지속한다. 무엇보다 편견은 고정관념이라는 비적절하고 오류가 있는 집단 이미지에 기초한다(Marger, 2003).

고정관념과 편견은 이후 설명될 '상징'의 하나로, 피지배 계급의 상징체계를 구성하여 민족계급화의 중심기제로 기능한다. 지배적 위치에 있는 민족은 피지배 민족에 대한 고정관념과 편견을 창출해 내고, 이는 피지배계급의 열등함으로 치환되어 지배민족의 피지배민족을 향한 권력행사를 정당화한다.

3. 민족을 반영한 계급모델

민족과 계급 사이의 연계는 비교적 선명하다. 의외인 점은 계급을 설명하는 데 민족을 적극적으로 반영한 모델이 제한적이라는 데 있다. 렌스키(Lenski, 1966)는 민족을 계급분류의 한 축으로 승격시켰으며, 브르디외(1991)는 자신의 계급모델에서 민족을 상징자본의 영향요인으로 강조했다.

1) 렌스키 계급모델

계급은 경제, 사회적 위치뿐 아니라 인종과 민족에 의해 규정되기도 한다(Bourdieu, 1991). 렌스키(1966)는 계급분석의 혼란스러움을 해결하고 특히 민족계급의 이해라는 본서의 목적에 적합한 다차원적 계급모델을 제시했다. 렌스키 모델은 재산, 직업, 정치적 권력, 민족, 교육 등 주요 사회적 기준에 기초해 계급을 여러 개의 서열로 분류한 계급체계를 제시했다. 각 계급체계는 유사한 수준의 부, 정치적 권력, 민족성을 지닌 계급으로 서열화되어 있으며 이들 계급체계가 모여 렌스키가 '분배 체계(Distributive System)'라고 명명한 통합적 사회경제 구조를 이룬다.

〈그림 3-1〉에 묘사된 바와 같이 렌스키의 분배 체계는 정치적 계급, 경제적 계급, 직업적 계급, 그리고 민족적 계급의 네 차원으로 이루어졌다. 정치적 계급은 선거권이 없거나 정치적 무관심으로 선거권을 행사하지 않는 자, 선거권을 행사하는 자, 관료, 고위 정책결정권자의 순으로 서열화된다. 경제적 계급은 최하층계급, 빈곤계급, 노동자 계급, 중간계급, 중상계급, 상위계급으로 서열화되어 있다.

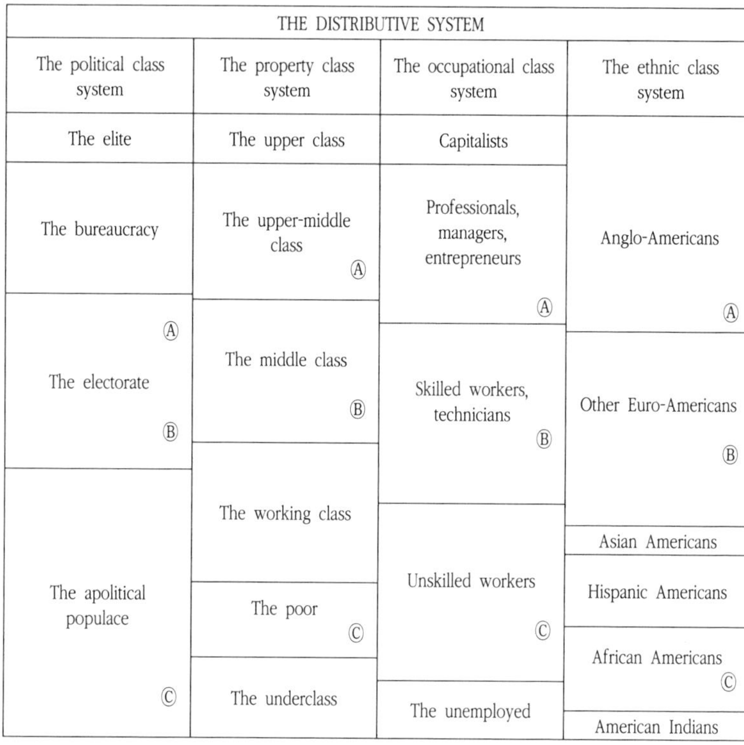

출처: Marger(2003).

〈그림 3-1〉 미국사회의 분배구조

직업적 계급은 실직자, 비숙련 노동자, 고숙련 노동자와 기술자, 전문가/경영자/기업가, 그리고 자산가 순으로 높은 계급을 이룬다. 민족적 계급은 미국의 예를 들면 인디언 토착민, 아프리카계 미국인, 남미계 미국인, 아시아계 미국인, 기타 유럽계 미국인, 영국계 미국인의 서열로 높은 계급을 차지한다.

렌스키(1966)의 모델은 두 가지 측면에서 민족계급을 이해하는 데 유용한 틀을 제공한다. 우선 렌스키의 모델은 민족과 경제, 사회, 정치적 계급과의 관계를 설명한다. 대부분의 다문화사회에서 개인의 민족적 서열은 경제, 사회, 정치적 계급과 명확한 상관관계를 보인다. 민족적 서열에서 상대적으로 높은 위치에 속한 개인은 경제, 사회, 정치적 계급 또한 상위에 해당하는 경향을 보인다.

예를 들면 민족적 계급이 상대적으로 낮은 인디언 토착민, 아프리카계 미국인, 남미계 미국인은 선거권이 없거나 선거권을 행사하지 않은 가장 낮은 정치적 계급에 해당하고, 경제적으로는 최하층 또는 하층에 속하며, 직업은 실직자이거나 비숙련 노동자에 속하는 경향이 높다. 이와 같이 렌스키의 모델은 개인의 사회경제적 계급을 이해하는 데 민족적 차원을 추가함으로써 계급을 민족과 다른 차원과의 관계 속에서 이해하게 하는 장점을 갖는다.

렌스키 모델의 또 다른 장점은 다양한 국가나 사회마다 사회경제적 계급의 결정에서 각각의 차원이 지닌 상대적 중요성을 파악할 수 있게 한다는 점이다. 예를 들면 유사한 다민족국가임에도 말레이시아나 멕시코에서 민족이 개인의 경제사회적 계급을 결정하는 데 미치는 영향력은 미국에서 민족이 미치는 영향력보다 상대적으로 높지 않다. 미국의 경우, 인디언 토착민의 예에서 확인되는 것과 같이 개인이 속한 민족의 계급서열은 그의 경제, 사회적 계급서열과 일치하는 경향이 강하다.

2) 브르디외의 계급모델

브르디외(1994b)의 계급이론은 생산관계를 다양한 사회교환의 하나로 이해한다는 점에서 베버의 이론과 유사하다. 베버는 사회계급과 신분을 서로 연관되어 있으나 독립된 차원으로 이원화하여 계급적 지위를 세분한다. 반면 브르디외는 경제적 차원과 성향으로 대변되는 신분적 지위를 상호연계해 계급을 탄생시켰다는 점에서 베버와 차이를 갖는다.

브르디외에게 계급은 경제적 공간에서의 생산관계만을 의미하지 않는다. 개인이 상징적 관계에 개입하면서 계급은 구조화되고, 계급은 개인이 생산한 행위의 형식(실천의 양태)으로 나타난다. 가시화된 계급인 행위의 생산은 아비투스에 의존한다. 아비투스는 경제, 문화, 사회적 자본에 의해 결정된 사회적 장(setting) 내에서 개인이 차지한 위치에 따라 구조화된다. 사회적 장에서 개인의 위치는 그가 지닌 자본의 총 규모, 개별 자본의 크기, 자본의 시간적 발전을 반영한다(Bourdieu, 1994a; 1994b).

브르디외(1994a)는 계급에 대한 사유에서 다음 두 가지 방식으로 민족을 계급과 연계시킨다. 먼저 사회계급이 민족을 비롯한 다양한 특성에 의해 규정된다고 강조한다. 생산관계를 넘어 성별, 나이, 교육수준, 인종이나 민족적 배경 등 다양한 특성 간의 관계구조에 의해 계급이 이루어진다고 설명한다(Bourdieu, 1989; 정기선, 1997 재인용). 둘째, 계급은 민족적 배경과 같은 귀속적 특성에 준거한 선택과 배제의 영향을 받는다고 강조한다(Bourdieu, 1989; 정기선, 1997 재인용). 계급형성과 재생산을 설명하기 위해 브르디외가 사용한 상징, 아비투스, 사회적 장 등 주요 개념은 제2절에서 자세히 살펴보았다.

제2절 계급의 세대전이

계급지위는 선대에서 후대로 대물림된다. 계급이동의 사다리가 사라진 우리사회에서 세대를 거듭해 반복되는 동질적 계급경험은 계급의식을 재생산하고 계급의 세대전이가 확대될 것임을 시사한다. 상징을 통해 계급재생산을 설명한 브르디외(1994a)의 이론은 세대에 거친 민족 사이의 불평등 구조를 통찰하게 한다.

1. 브르디외의 계급재생산 이론

상징폭력과 문화를 통해 사회구조가 재생산된다는 브르디외(1994b)의 논지는 계급지위의 재생산에도 적용된다. 계급재생산에 대한 브르디외의 논거는 독창적 개념들에 기초하고 있다.

1) 브르디외 이론의 주요 개념

(1) 상징

계급을 문화의 프리즘을 통해 조망하는 작업은 브르디외로부터 출발했다. 브르디외는 언어, 취향으로 실재하는 상징을 계급관계, 권력관계를 재생산하는 도구로 주목하고, 세대 간 계급재생산은 아비투스와 상징자본을 매개로 이루어진다고 설명한다. 계급에 따라 불평등하게 분배되어 있는 상징자본은 교육제도의 상징폭력을 통해 학습능력의 차이로 발현되어 학업성취가 계급에 종속되는 결과를 낳는다(Bourdieu, 1991).

상징을 이용한 지배는 피지배자가 수동적으로 복종하거나 자발적으로 선택하는 의식의 과정을 전제로 하지 않는다. 상징에 대한 인정 또는 동의의 의지와 무관하게 상징체계는 마음의 습속 즉 아비투스가 되어 피지배자를 지배구조에 종속시킨다(Bourdieu, 1991). 상징적 지배의 재생산은 표준화 된 상징으로부터 배제된 행위자들이 자신의 집단에서 통용되는 상징을 표준화된 상징과 비교해 열등하다는 사회적 기준을 선택하면서 가능해진다(Bourdieu, 1991).

상징을 통한 지배를 브르디외는 '상징폭력'이라는 자극적인 용어로 표현한다. 상징폭력은 사회구성원이 합의한 도덕적 덕목이나 규범을 통해 행사되기 때문에 폭력을 당하는 대상조차 폭력으로 인식하지 못한다(Bourdieu, 1991). 이처럼 상징은 은밀한 지배구조를 생산하고 유지시키는 효과적 도구이기 때문에 상징폭력은 제도 내에 흡수되어 있다. 특히 교육제도는 덕목과 규범으로 가장된 상징폭력을 아동이 존중하고 복종하게 함으로써 기존의 지배구조를 유지하고 재생산한다(Bourdieu, & Passeron, 2000).

상징권력은 전문적 권위, 경제적 자본, 정치적 힘과 같은 권력이 권력과 무관한 가치, 이념, 질서 등으로 가장되고 정당화되었을 때 발생한다. 상징권력은 상징 자체가 지닌 영향력에 의해 발휘되는 것이 아니라 상징권력을 행사하는 자와 복종하는 자 사이의 관계에 의해 정의된다.

상징은 지배계급의 이익을 보호하려는 목적으로 생산된다. 표면적으로는 사회통합이 상징의 기능으로 강조되지만 지배계급과 피지배계급을 구분하고, 분리하는 것이 상징에 부여된 참 목적이다. 지배계급은 상징이 갖는 구별짓기의 기능을 은폐하고 소통의 기능을 부각시키려 한다. 때문에 상징은 소통의 도구이며 동시에 구별짓기의 도구로서 양면성을 갖는다. 상징에 의해 지배문화로부터 구별된 기타의 문화는 지배문화와의 상이성을 기준으로 평가되고 상징을 통한 구별짓기는 정당화된다(Bourdieu, 1991).

이주민에 대한 이미지는 자기 이익을 보호하려는 선주민에 의해 구성된다. 다문화라는 언어와 이미지로 표상된 이주민의 상징은 사회통합을 목적하는 사회정책적 산물로 공감된다. 그러나 다문화는 선주민과 이주민의 상이성을 부각하고 두 집단 사이의 경계를 강조하는 데 목적이 있다. 다문화에 결합된 고정관념과 편견은 하나의 상징으로서 이주민을 향한 구별짓기와 차별을 정당화하고, 선주민과의 외형, 문화와의 유사성이 높을수록 긍정적인 문화로 수용된다.

(2) 아비투스

사회적 장에서 행위자의 위치에 따라 체화된 인식과 행동양식의 추상적 체계를 의미하는 아비투스는 장의 구조가 외형화된 것이며 동시에 장의 규범과 구조를 규정한다(Bourdieu, 1994a). 아비투스는 사회적 장 내에서 "개인의 위치가 갖는 내재적이고 관계적인 특징"을 통합적으로 표현하는 원리이며, 집단과 집단을 구별하는 행동의 생성원리이다(Bourdieu, 1994b).

개념적 정의를 통해 드러나는 바와 같이 아비투스는 다음의 세 가지 얼굴을 갖는다. 먼저 아비투스는 구조화된 구조이다. 아비투스는 선제하는 사회적 구조가 개인에게 내재화된 구조화된 구조이다. 선재하는 사회적 구조는 아비투스를 형성하는 사회적 조건이며, 이 구조가 개인에게 체화된 것이 아비투스이다. 때문에 아비투스는 구조화된 구조로서의 모습을 갖는다. 선재하는 사회적 구조가 체화되는 것은 조건화 과정과 교육과정을 통해서 이루어지며, 가족과 교육이 체화에 개입하는 대표적 사회 기관이다(Bourdieu, 1979; 정선기, 1997 재인용).

둘째, 아비투스는 구조화하는 구조이기도 하다. 아비투스는 구조화된 구조로서 결과적 상태이며 동시에 구조를 만들어내는 구조로서 원인적 상태이기도 하다. 아비투스는 행위자가 사회적 장 내에서의 권력구조에 기반해 체득한 성향체계이자, 사회적 장의 권력구조를 재생산하는 도구이다(Bourdieu, 1979; 정선기, 1997; 현택수, 1998 재인용).

셋째, 아비투스는 무의식적 행위의 틀이다. 아비투스는 개인의 인식, 해석, 평가를 관장하며 행위(실천)를 생산하는 무의식적 도식으로 행위자의 의식의 과정을 거치지 않고 행위자에게 일관된 행동을 산출해 낸다(Bourdieu, 1987; 정선기, 1997 재인용). 즉 행위자의 실천적 행위를 유도하고 성향적, 신념적 지향을 안내하는 각인된 인식의 나침반이다.

이와 같이 아비투스는 미처 깨닫지 못하는 사이에 주입되고 하나의 성향으로 내재화되기 때문에 '지식 없는 인식'으로 불리운다. 지속적인 주입을 통해 명시적인 강제가 없이도 사회적으로 기대되는 행동과 규범을 선택하고 사회적인 요구에 부합하게 판단하는 체화된 원칙이다.

아비투스의 특징 중 하나는 사회적 구조와 규범이 개인의 행동적 실천으로 재현될 수 있게 매개한다는 점이다(Bourdieu, 1991). 계급사회에서 특정한 계급에 속하기 위한 조건을 이루는 성향체계인 아비투스에 따라 계급에 속한 행위자는 삶의 방식, 행동양식, 취향 등을 선택한다.

특히 아비투스는 이항가능성의 특징을 갖는다. 특정한 사회적 장에서 형성된 아비투스가 다른 사회적 장에서도 실천행위를 생산해 낼 수 있다(Bourdieu, 1991). 예를 들면, 생산의 장에서 형성된 노동자로서의 아비투스는 문화적 장에서 행위자가 문화적 산물을 선택하고 소비하는 데 노동자 취향을 발현하도록 한다. 이로 인해 개인의 행위와 성찰은 노동자로서의 존재조건을 구성하는 구조를 벗어나지 못한다(Bourdieu, 1991).

아비투스는 사회화를 통해 후대에 전달되며 사회적 장의 문화와 규범으로 견고해진다. 실천행동은 사회적 장 내에서 특정 위치를 점한 행위자의 아비투스를 투영하며 행위자는 이를 통해 자신을 사회적 장의 다른 공간에 속한 개인과 구별 짓는다(Bourdieu, 1994b; 최혜지, 2015 재인용). 아비투스는 무의식적 과정을 통해 행위자의 행동을 구속하기 때문에 사회적 장 내에서 행위자의 위치와 실천행동 사이의 관계를 설명하는 데 유용한 이론적 단초를 제공한다(Bourdieu, 1994b; 최혜지, 2015 재인용).

사회적 공간에서 특정 위치를 차지하는 가족은 개인의 언어 즉 상징적 아비투스가 형성되는 곳이다. 가족의 계급적 지위는 상징적 아비투스를 결정하는 존재조건으로 이후 개인의 언어실천을 지배한다. 언어실천이 학교, 노동시장 등 다른 공간에서 받게 되는 가치 또한 결정한다. 단어의 선택, 억양, 문법적 정확성 등 개인의 언어행위에 내재되어 있는 상징적 아비투스는 행위자가 다양한 노동시장, 교육기관 등 다양한 사회공간에서 어떤 위치를 점하고, 어떤 가치로 평가될 것인지를 결정한다(Bourdieu, 1991).

사회재생산은 가치 또는 규범에 대한 사회적 합의에 의해서만 가능하다. 행위자의 입장에서 가치와 규범에 대한 합의는 충분히 의식적인 상태에서 이루어지는 것은 아니다. 그러나 가치와 규범이 아비투스로 구성된 경우 행위자는 가치와 규범을 자연스럽게 수용한다(Bourdieu, 1991).

(3) 사회적 장

사회적 장은 자본의 소유정도를 기준으로 위계적으로 배열된 구조화된 권력공간이다. 사회적 장에서 권력의 크기는 자본의 양에 의해 결정된 사회적 장의 위치에 비례한다. 이때 자본은 지배의 정당성을 확보하기 위해 사용하는 모든 것을 의미하며, 경제, 문화, 사회적 등 다양한 형태로 존재한다(Bourdieu, 1991).

모든 유형의 사회적 장은 하나의 공통된 속성을 갖는다. 사회적 장에서 특정 지위를 점하고 있는 선진입자들은 새로운 진입자들을 배제함으로써 경쟁을 피하고 선점된 지위를 유지하려 한다. 반면 사회적 장의 진입권을 확보하려는 신진입자는 자신이 유리한 지위를 획득하기 위해 사회적 장의 구조에 변혁을 가하려 한다. 사회적 장의 구조는 이 두 세력의 역동의 결과이다(Bourdieu, 1991).

한 민족이라는 동일한 민족구성원으로 이루어진 다양한 형태의 사회적 장에서 민족적 배경이 다른 이주민의 유입은 기존의 구조에 변화를 야기하는 역동을 구성해 낸다. 이주민은 새로운 사회적 장으로 진입하고 생존에 유리한 사회적 지위를 확보하기 위해 끊임없이 사회적 장의 기존 질서에 도전한다. 반면 선주민은 새로운 진입자와의 경쟁을 피하고 투쟁을 통해 확보한 현재의 지위를 지켜내기 위해 이주민의 진입을 차단하려 한다.

사회적 장으로의 진입과 방어, 지위를 건 싸움에서 선주민은 이주민을 대상으로 구성해 낸 이미지와 이데올로기 즉 상징을 무기화한다. 지배자의 관점에서 해석된 이민자의 언어, 가치체계 등은 근거 없이 폄하되고 편견과 부정적 고정관념으로 이미지화된다. 지배집단의 상징과 이주민을 향한 지배자의 왜곡된 이미지의 틀 내에서 이주민은 지배집단과의 상징적 교환과정에 참여하도록 강요되고 자신의 상징에 대해 지배집단에 유리한 선택을 하도록 압력을 받는다.

이주민이 지배집단에 의해 구성된 이주민을 향한 이미지적 상징을 수용하게 되면 상징적 지배의 순환이 작동되게 된다. 지배집단은 이주민을 향한 상징, 담론의 재생산을 통해 사회적 장의 구조와 상징적 지배를 존속하려 한다. 현재 우리사회에서 관찰되는 민족에 준거한한 계급구조는 사회적 장에서의 투쟁결과가 공간화된 사회경제적 자본의 분포상태이다. 동시에 미래에 계급구조에서 각 민족의 사회경제적 자본의 분포를 결정할 분배구조이기도 한다.

상징을 통해 계급 재생산이 가능한 것은 이데올로기를 생산하는 장과 계급투쟁의 장 사이의 구조적 상동성(相同性)에 있다. 담론의 생산을 독점하기 위한 투쟁은 자동적으로 사회, 경제, 정치적 계급투쟁을 생산해 낸다. 계급투쟁에서 지배적 위치에 있는 집단은 현재의 계급구조를 옹호하는 담론을 생산함으로써 피지배 계급이 지배 계급 중심의 사회, 경제, 정치적 권력의 배분 원칙을 수용하게 한다. 지배계급 중심의 분배구조와 이데올로기는 기왕의 계급구조를 견고히 하고 또 재생산한다(Bourdieu, 1991).

2) 계급재생산

토지로 대표되는 고전적 자본부터 인지자본에 이르기까지 생산수단은 사회발전에 따라 다양한 형태로 변형되어 왔다. 라이트는 자본 즉 생산수단을 물리적 재산인 직접재, 조직의 운영역량인 조직재, 전문적 지식이나 숙련기술인 기술재로 세분화했다. 생산수단을 상속한다는 것은 잉여가치의 전유와 통제에 대한 권력이 세대 간에 이전되고 세대를 넘어 유지된다는 것을 의미한다. 이때 생산수단의 상속가능성은 직접재 또는 조직재 등 생산수단의 형태에 따라 차이를 갖는다.

토지, 공장, 화폐 등의 물리적 생산수단은 직접적인 상속이 가능하다(Wright, 1985). 국가마다 조세를 통해 자본의 직접적 상속을 통제하는 기제를 작동하고 있으나 직접재의 세대이전을 통한 계급적 지위의 상속은 상대적으로 수월하다. 조직재와 기술재의 소유는 전문교육을 통해 이루어지기 때문에 교육과 훈련을 매개로 간접상속이 가능하다(Wright, 1985). 한국과 같이 가족자본력이 교육기회를 결정하는 사회에서 조직재와 기술재의 소유는 교육 투자력이 높은 부유층에 집중된다. 또한 조직재와 기술재를 소유한 부모는 자녀에게 해당 자본을 습득하는데 필요한 정보, 문화 등을 전수할 수 있기 때문에 자녀가 조직재와 기술재를 성공적으로 이전받을 수 있다(Bourdieu, 1984).

그런데 이와 같은 생산수단의 세대 간 이전만이 세대를 거듭한 계급의 복제와 순환을 설명하는 것은 아니다. 상징을 중심으로 경험되는 계급문화의 대물림은 계급에 대한 심리적 소속이 세대를 거쳐 유지되는 결정적 요인이다. 브르디외(1991)에 따르면 부모의 계급지위에 따라 형성된 가족의 계급문화는 사회화 과정을 통해 자녀에게 아비투스로 내재화된다. 자녀에게 아비투스로 체화된 가족의 계급문화는 아동의 문화(상징)자본을 결정하고 교육제도는 아동의 문화(상징)자본을 아동 개인의 역량과 교육적 성취로 전환시킨다(Bourdieu, 1984; 신광영, 2004 재인용).

교육적 성취는 곧 아동이 선택할 수 있는 직업의 범주를 결정하여 계급지위로 연계되는데 상대적으로 문화(상징)자본이 취약한 낮은 계급의 자녀는 우수한 교육적 성과를 이루고 좋은 직업을 구해 상위 계급으로 진입할 가능성이 낮다. 오히려 자녀의 취약한 문화(상징)자본은 낮은 교육적 성과와 취약한 일자리로 연계되어 부모가 속한 낮은 계급에 머무는 계급재생산을 반복하게 한다. 이때 계급의 생활경험은 계급의식으로 전환되고, 계급이동이 단절됨으로써 선대의 계급경험은 후대에 전이되어 세대 간 계급경험을 동질화하고 계급의식을 견고히 한다(신행철 외, 2002).

2. 계급재생산의 공간

교육이 계급에 미치는 영향을 분석한 연구의 결과는 첫째, 교육을 통한 계급세습이 지속되고 있으며 둘째, 가족배경이 학력성취에 미치는 영향이 감소하지 않았다는 점이다(신광영, 2004). 이는 계급재생산의 기구로서 교육기관과 가족의 우선성을 강조한다.

1) 교육공간의 계급재생산

교육공간은 상징체계와 일자리의 재생산을 매개로 계급 재생산에 관여한다. 계급사회에서 화자가 사용하는 악센트, 어휘의 풍부함, 문법적 정확성은 세련된 어법 또는 저속한 어법으로 구분되고, 화자의 사회적 지위를 구별한다. 화자의 상징자본이 풍족할수록 화자는 언어가 교환되는 사회적 장의 구조를 자신의 이해관계에 맞추어 최적화하고 구별짓기로부터의 혜택을 극대화한다(Bourdieu, 1991). 상징자본의 교류는 필연적으로 권력관계를 수반하기 때문에 상징자본의 크기는 곧 권력관계로 구조화된다(Bourdieu, 1991).

교육기관은 계급에 따라 불평등하게 분배된 상징자본이 교육성과의 차이로 전환되는 공간이다. 교육기관에서 교환되는 상징은 상대적으로 높은 계급의 상징을 표준으로 한다. 따라서 표준과 다른 상징체계에 익숙한 낮은 계급의 자녀는 상징을 도구로 전달되는 교육에서 상대적으로 불리한 위치에 놓이고, 이는 곧 열등한 교육성과로 나타난다(Bourdieu, 1991). 결과적으로 낮은 계급의 자녀들은 교육경쟁에서 도태될 가능성이 높아지고, 교육을 기초로 유입되는 경제활동에서도 경쟁력을 확보하기 어렵다. 이와 같은 일련의 흐름을 통해 부모세대의 계급적 지위는 자녀에게 이전될 가능성이 높고 교육 불평등은 이 흐름을 가능하게 하는 핵심역할을 수행한다.

교육제도 내에서 상징을 통한 계급구조의 생산과 재생산은 오인과 인식의 과정을 통해 가능해진다. 지배계급의 언어, 가치, 규범 즉 상징을 생산할 수 없는 계급의 구성원은 상징을 통한 지배, 즉 상징폭력을 지배가 아닌 것으로 오인하고 정당한 것으로 인식함으로써 상징을 통한 지배구조의 유지와 재생산에 가담하게 된다(Bourdieu, & Passeron, 2000).

학교를 비롯한 교육기관은 이와 같은 오인과 인식을 유도하는 주체이며, 일자리의 재생산을 통해 계급 재생산에 가담한다. 계급의 재생산은 첫째, 일자리의 재생산과 둘째, 누가, 어떻게, 어느 계급이 될 것인가의 상호연계된 두 측면으로 구성되어 있다. 일자리가 어떻게 재생산되는가에 따라 생산관계, 정치, 이념의 지배구조가 결정된다(한상진, 1984). 일자리는 교육, 훈련, 복종의 재생산 과정을 통해서 획득할 수 있지만 일자리의 배분은 근본적으로 일자리의 재생산에 의존하기 때문이다(한상진, 1984).

누가, 어떻게, 어느 계급을 차지할 것인가? 곧 인적 자본의 재생산은 일자리에 요구되는 역량을 교육하고 훈련시키며 일자리를 배분하는 과정을 통해 이루어진다. 교육기관은 훈련과 교육을 통해 인적 자본의 재생산을 담당하며, 특히 상위교육기관은 학생을 특정분야 전문인으로 배출함으로써 일자리의 배분을 주도한다.

2) 가족의 계급재생산

계급재생산은 계급지위를 부모세대에서 자녀세대로 전이될 수 있는 대상으로 이해한다(신행철 외, 2002). 계급을 개인에게 귀속된 속성이기보다 가족을 단위로 공유되고 세대에 거처 전수되는 것이라는 전제를 시사한다. 물론, 이는 계급의식은 생산조직을 통해 형성된다는 전통적 계급이론으로부터 탈각되어 있으나 가족이 상징, 규범, 문화가 사회화되는 일차적 공간으로 계급적 상징과 정체를 형성하는 사회적 공간임은 부인할 수 없다(신행철 외, 2002).

생산적 관계에 참여하지 않은 아동청소년에게도 계급 특성이 투영된 문화, 이념, 취향이 관찰되는 것은 계급이 사회적 관계를 통해서 구성될 수 있음을 시사하며, 특히 아동청소년 사회화를 담당하는 기구로서 가족이 갖는 중요성을 강조한다(Bourdieu, 1991; 신행철 외, 2002 재인용).

가족은 구성원 사이의 상호의존적 관계를 통해 개인이 심리적, 문화적, 사회적 정체를 형성하게 되는 토대이다. 가족 구성원 사이의 상호의존적 관계는 부부와 형제자매와 같은 단세대적 관계와 부모-자녀 사이의 세대적 관계를 포함한다(신광영, 조돈문, 1994).

가족은 가족원으로 이루어진 독립체계이며, 사회적 장에서 일정한 위치를 갖고 거시체계와 상호작용한다. 사회적 장에서 가족의 위치는 가족의 계급지위와 연결되어 있다. 가족의 취향, 문화, 이념 등은 사회적 장의 위치, 즉 계급과 분리되지 않으며 가족 구성원의 취향, 문화 등은 가족의 계급지위에 영향을 받는다.

가족의 상징체계는 사회적 장에서 가족이 차지하는 계급지위에 의해 결정된다. 자녀들은 가족문화의 사회화 과정을 통해 부모의 계급지위에 종속된 상징체계를 전수 받는다. 또한 가족이 지닌 상징자본은 교육에 대한 부모의 태도에 영향을 미치고, 교육기관에서 자녀의 학업성취를 결정한다. 계급재생산은 상징자본을 통해 이루어진다는 브르디외의 성찰은 자녀의 상징자본을 형성을 하고 이를 통해 계급을 재생산하는 공간으로 가족이 지닌 중요성을 강조한다.

제4장 이주민의 실태 및 이주민의 사회적 배제 연구방법

제4장 이주민의 실태 및 이주민의 사회적 배제 연구방법

제1절 이주민의 실태

이주민의 대표적인 유형은 외국인 노동자, 결혼이민자, 난민 등이다. 유형별 이주민 규모와 변화 동향에 대한 분석은 우리나라 이주민 집단의 특성과 다문화화에 대한 밑그림을 제공한다.

1. 외국인 거주자

행정자치통계에 의하면 2016년 우리나라에 거주하는 외국인 주민 수는 1,764,664명으로 전체 주민등록인구 51,696,216명의 3.4%를 차지했다. 외국인 주민 수는 2011년 처음 100만 명을 넘어섰으며 2011년 1,266,006명, 2012년 1,409,577명, 2013년 1,445,631명, 2014년 1,569,470명, 2015년 1,711,013명으로 매년 증가했다. 외국인 주민이 우리나라 전체 주민등록 인구에서 차지하는 비율 또한 2011년 2.5%부터 2016년 3.4%까지 증가했다.

외국인 주민의 국적별 수는 한국계 중국인이 2016년 490,000명으

〈표 4-1〉 2016년 주민등록인구별 외국인 주민 비율(단위: 명, %)

구 분	2011	2012	2013	2014	2015	2016
주민등록인구(명)	50,734,284	50,948,272	51,141,463	51,327,916	51,529,338	51,696,216
외국인 주민 수(명)	1,265,006	1,409,577	1,445,631	1,569,470	1,711,013	1,764,664
외국민 주민 비율	2.5	2.8	2.8	3.1	3.3	3.4

출처: 행정안전부(2018).

로 가장 많다. 비한국계 중국인이 201,764명, 베트남이 133,106명, 태국이 82,225명, 필리핀이 51,808명, 캄보디아가 44,358명, 인도네시아가 41,656명, 몽골이 26,120명, 미얀마가 21,327명, 일본이 17,988명, 대만이 15,337명, 말레이시아가 2,299명에 달한다. 전체 외국인 주민 수에서 각 국가별 주민 수가 차지하는 비율은 한국계 중국인이 34.66%, 중국인이 14.27%, 베트남이 9.42%의 순으로 높은 구성비를 보인다.

2011년부터 2016년 사이 주민 수의 증가가 가장 큰 외국인 주민의 출신국은 미얀마로 2011년 대비 2016년이 435% 증가했다. 캄보디아 출신 외국인 주민 또한 같은 기간 187%, 태국 출신 외국인 주민은 173% 증가한 것으로 나타났다.

유형별 외국인 수는 2016년 외국인 근로자가 541,673명으로 가장 많았으며, 외국국적동포가 235,926명, 외국인 주민 자녀가 191,459명, 결혼이민자가 159,501명으로 집계되었다. 외국인 수의 유형별 증감 추이는 외국국적동포가 2011년 대비 2016년 181%로 가장 높은 증가율을 보인다. 반면 결혼이민자는 같은 기간 2% 증가하는 데 그쳐 가장 낮은 증가율을 보였다.

외국인 주민의 유형별 구성비는 외국인 근로자가 2011년 43.71%에서 2016년 30.70%로 감소했다. 같은 기간 결혼이민자의 구성비

〈표 4-2〉 국적별 외국인 주민 증감추이(단위: 명, %)

구 분	2011(a)	2012	2013	2014	2015	2016(b)	증감률(b-a)
중국	208,761 (16.50)	211,458 (15.00)	221,957 (15.35)	235,566 (15.00)	259,166 (14.87)	201,764 (14.27)	3.35(-)
중국 (한국계)	488,100 (38.58)	570,158 (40.44)	553,517 (38.28)	608,089 (38.74)	694,256 (39.85)	490,000 (34.66)	0.39(+)
대만	24,093 (1.90)	24,915 (1.76)	25,068 (1.73)	25,443 (1.62)	25,505 (1.46)	15,337 (1.08)	36.34(-)
일본	35,076 (2.77)	38,560 (2.73)	41,808 (2.89)	42,731 (2.72)	41,855 (2.40)	17,988 (1.27)	48.72(-)
몽골	24,563 (1.94)	24,427 (1.73)	23,379 (1.61)	22,233 (1.41)	21,228 (1.21)	26,120 (1.85)	6.34(+)
베트남	139,285 (11.01)	162,254 (11.51)	176,988 (12.24)	185,470 (11.81)	199,950 (11.47)	133,106 (9.42)	4.44(-)
필리핀	58,426 (4.61)	59,735 (4.23)	57,148 (3.95)	64,785 (4.12)	70,610 (4.05)	51,808 (3.66)	11.33(-)
태국	30,039 (2.37)	28,733 (2.03)	24,462 (1.69)	29,413 (1.87)	30,195 (1.73)	82,225 (5.82)	173.73(+)
인도네시아	28,207 (2.22)	30,394 (2.15)	30,741 (2.12)	34,195 (2.17)	39,750 (2.28)	41,656 (2.95)	47.68(+)
캄보디아	15,464 (1.22)	22,229 (1.57)	30,473 (2.10)	39,050 (2.48)	45,560 (2.61)	44,358 (3.14)	186.85(+)
미얀마	3,983 (0.31)	5,792 (0.41)	8,473 (0.58)	11,716 (0.74)	14,917 (0.85)	21,327 (1.51)	435.45(+)
말레이시아	1,169 (0.09)	1,277 (0.09)	1,435 (0.09)	1,737 (0.11)	2,240 (0.12)	2,299 (0.16)	96.66(+)

출처: 행정안전부(2017).

또한 11.19%에서 9.04%로, 외국인 주민 자녀는 11.94%에서 10.85%로 감소했다. 외국국적동포의 구성비만이 6.62%에서 13.37%로 증가했다. 이는 2011년부터 2016년 사이 외국인 주민의 증가가 주로 외국국적동포에 의해 주도되어 왔음을 의미한다.

2016년 지방자치단체 외국인 주민 현황자료를 통해 국적별 외국인 주민의 유형별 구성비를 살펴보면 중국 출신 외국인 주민은 외국

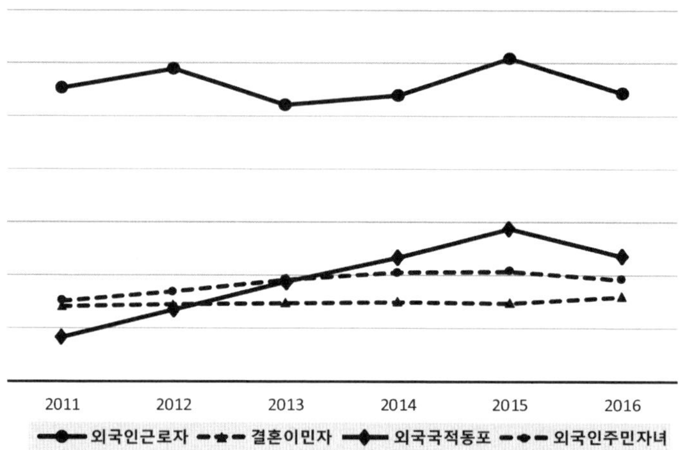

〈그림 4-1〉 외국인 주민 유형별 증감추이

〈표 4-3〉 외국인 주민 유형별 증감추이(단위: 명, %)

구 분	2011(a)	2012	2013	2014	2015	2016(b)	증감률(b-a)
외국인근로자	552,946 (43.71)	588,944 (41.78)	520,960 (36.03)	538,587 (34.31)	608,116 (34.91)	541,673 (30.70)	2.04(-)
결혼이민자	141,654 (11.19)	144,214 (10.23)	147,591 (10.20)	149,764 (9.54)	147,382 (8.46)	159,501 (9.04)	12.60(+)
외국국적동포	83,825 (6.62)	135,020 (9.57)	187,616 (12.97)	233,265 (14.86)	286,414 (16.44)	235,926 (13.37)	181.45(+)
외국인 주민 자녀	151,154 (11.94)	168,583 (11.95)	191,328 (13.23)	204,204 (13.01)	207,693 (11.92)	191,459 (10.85)	26.66(+)

출처: 행정안전부(2017).

주민 자녀(42.12%), 결혼이민자(35.82%), 외국인근로자(21.05%)의 순으로 높은 구성비를 보였다. 한국계 중국인은 외국인근로자(42.88%)와 외국국적동포(41.22%)의 구성비가 월등히 높아 이주의 목적이 주로 노동에 있음을 시사했다. 대만출신 외국인 주민은 외국주민 자녀

(57.79%)와 결혼이민자(37.56%)가 주를 이루었으며 일본 또한 외국인 주민 자녀(45.87%)와 결혼이민자(50.58%)를 중심으로 이루어졌다.

몽골출신의 외국인 주민은 주로 외국인근로자(59.28%)가 다수를 이루고, 외국주민 자녀와 결혼이민자는 각각 22.91%, 17.81%를 차지했다. 베트남 출신의 외국인 주민은 외국주민 자녀, 외국인근로자, 결혼이민자가 각각 39.30%, 32.69%, 28.01%로 유형별 구성비가 비교적 고르게 분포되어 있다. 필리핀 출신의 외국인 주민은 외국인근로자가 50.66%로 가장 높은 구성비를 보였으며, 외국주민 자녀가 32.43%, 결혼이민자가 16.91%로 나타났다.

태국 출신과 인도네시아 출신 외국인 주민은 외국인근로자의 구성비가 각각 82.61%, 96.76%로 한국으로 이주하는 이유가 주로 일자리와 생계중심인 것으로 나타났다. 캄보디아 역시 외국인근로자가 76.70%로 가장 높은 구성비를 보였으며, 외국주민 자녀와 결혼이민자가 각각 14.31%와 8.99%로 나타났다. 미얀마는 외국인근로자가 98.50%로 한국으로의 유입 사유가 절대적으로 일자리 때문임을 시사했다. 말레이시아 역시 외국인근로자가 41.71%로 가장 높았으나 외국인자녀와 결혼이민자의 구성비 또한 각각 28.91%, 29.38%로 높았다.

외국인근로자의 구성비가 가장 높은 국가는 미얀마, 인도네시아, 태국, 캄보디아, 몽골, 한국계 중국인 등의 순으로 나타났으며, 이들 국가는 한국으로의 이주가 일자리를 목적으로 한 생계형 이주임을 시사한다. 결혼이민자의 구성비가 높은 국가는 일본, 대만, 중국, 말레이시아, 베트남의 순으로 나타나, 이들 국가는 한국으로의 이주가 주로 결혼이민을 중심으로 이루어지고 있음을 시사한다. 외국인 주민 자녀의 구성비는 대만, 일본, 중국, 베트남, 필리핀의 순으로 높아, 결

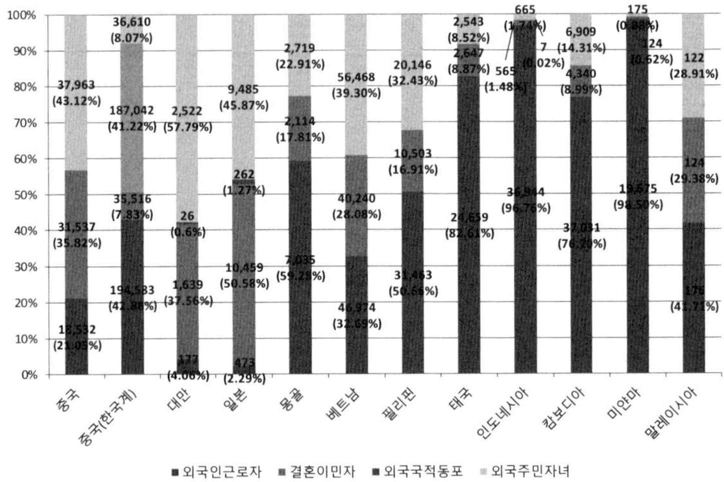

〈그림 4-2〉 국가별 이주유형별 구성비

혼이민자 구성비와 외국인 주민 자녀의 구성비는 강한 연관성을 보였다.

2. 결혼이민자와 자녀

우리나라에 거주하는 결혼이민자는 2017년 155,457명으로, 2016년 152,374명에서 2% 포인트 증가했다. 2010년 141,654명에서 지속적으로 증가해 왔으나 증가폭은 제한적이다.

2017년 전체 결혼이민자의 83.8%는 여성으로 나타났으며 남성은 16.2%에 불과했다. 국가별 결혼이민자의 성별 현황에 따르면, 결혼이민이 주로 여성을 중심으로 이루어지는 국가는 캄보디아, 태국, 필리핀, 베트남, 우즈베키스탄을 비롯해 대부분 동남아시아 국가들로 나타났다. 결혼이민이 주로 남성을 중심으로 이루어지는 국가는 캐나

〈표 4-4〉 연도별 결혼이민자 현황(단위: 명, %)

구 분	2010	2011	2012	2013	2014	2015	2016	2017
현황 (전년대비)	141,654 (113.2)	144,681 (102)	148,498 (102.6)	150,865 (101.6)	150,994 (100.1)	151,608 (100.4)	152,374 (100.5)	155,457 (102.0%)

출처: 출입국 외국인정책본부(2018).

〈표 4-5〉 국적 · 지역별 · 성별 결혼이민자 현황(단위: 명, %)

구 분	계	남 자	여 자	남자비율	여자비율	국적별비율
계	155,457	25,230	130,227	16.20	83.80	100.00
중국	57,644	12,116	45,528	48.00	35.00	37.10
베트남	42,205	1,762	40,443	7.00	31.10	27.10
일본	13,400	1,223	12,177	4.80	9.40	8.60
필리핀	11,783	368	11,415	1.50	8.80	7.60
캄보디아	4,459	119	4,340	0.50	3.30	2.90
태국	3,671	83	3,588	0.30	2.80	2.40
미국	3,471	2,597	874	10.30	0.70	2.20
몽골	2,396	130	2,266	0.50	1.70	1.50
우즈베키스탄	2,367	99	2,268	0.40	1.70	1.50
러시아(연방)	1,367	97	1,270	0.40	1.00	0.90
캐나다	1,345	1,127	218	4.50	0.20	0.90
(타이완)	1,072	81	991	0.30	0.80	0.70
네팔	974	161	813	0.60	0.60	0.60
기타	9,303	5,267	4,039	20.90	3.10	6.00

출처: 출입국 외국인정책본부(2018).

다, 미국에 불과했다. 결혼이민자의 국적별 구성비는 중국 출신이 37.1%로 가장 높았으며 베트남이 27.1%, 일본이 8.6%, 필리핀이 7.6%로 뒤를 이었다.

결혼이민자는 지속적인 증가세를 보이고 있으나 증가의 정도는 2012년 이후 주춤하다. 남성 중심의 결혼이민국가인 미국, 캐나다,

〈표 4-6〉 국적 · 지역별 · 연도별 결혼이민자 현황(단위: 명, %)

구 분	2011(a)	2012	2013	2014	2015	2016	2017(b)	증감률(b-a)
계	144,681	148,498	150,865	150,994	151,608	152,374	155,457	7.45(+)
중국	64,173	63,035	62,400	60,663	58,788	56,930	57,644	10.17(-)
베트남	37,516	39,352	39,854	39,725	40,847	41,803	42,205	12.50(+)
일본	11,162	11,746	12,220	12,603	12,861	13,110	13,400	20.05(+)
필리핀	8,367	9,611	10,383	11,052	11,367	11,606	11,783	40.83(+)
캄보디아	4,583	4,541	4,650	4,618	4,555	4,473	4,459	2.71(-)
태국	2,603	2,618	2,643	2,675	2,821	3,182	3,671	41.03(+)
미국	2,410	2,653	2,845	3,006	3,192	3,354	3,471	44.02(+)
몽골	2,393	2,395	2,368	2,394	2,384	2,381	2,396	0.13(+)
우즈베키스탄	1,840	2,017	2,141	2,219	2,244	2,302	2,367	28.64(+)
러시아	1,319	1,328	1,305	1,308	1,305	1,182	1,367	3.64(+)
캐나다	1,158	1,240	1,268	1,300	1,295	1,318	1,345	16.15(+)
네팔	840	1,027	1,112	1,138	1,081	1,032	1,072	27.62(+)
파키스탄	720	787	874	889	915	936	937	30.14(+)
기타	5,597	6,148	6,802	7,404	7,953	8,765	9,340	66.88(+)

출처: KOSIS(http://kosis.kr/statHtml/statHtml.do?orgId=111&tblId=DT_1B040A16&conn_path= I3 (2018.09.10.).

파키스탄은 2011년 이후 지속적인 증가세를 유지해 오고 있다. 여성 중심 결혼 이민국가 중에는 일본, 필리핀, 우즈베키스탄, 네팔만이 2010년 이후 꾸준한 증가세를 유지하고 있다. 그 외의 국가들은 2012년 또는 2013년을 기점으로 결혼이민자의 수가 감소하는 공통된 경향을 보인다.

2011년부터 2017년 사이 결혼이민자의 증가비율이 높은 국가는 미국, 태국, 필리핀, 파키스탄, 우즈베키스탄, 네팔 등으로 나타났다. 이들 국가는 주로 남성을 중심으로 결혼이민이 진행된 국가라는 공통점을 갖는다. 반면, 중국, 캄보디아의 결혼이민자는 같은 기간 오히려 감소한 것으로 나타났다.

행정안전부의 정의상 외국인 주민 자녀는 '한국국적을 가지지 않은 자 중 결혼이민자'와 '한국국적 취득자'의 자녀이다. 2016년 외국인 주민 자녀의 수는 201,333명으로 2011년 151,154명 대비 33.20%가 증가했다. 이는 동일 기간 결혼이민자 수가 5.32% 증가한 것과 비교하면 외국인 주민 자녀의 증가가 결혼이민자의 증가보다 약 6배 더 급속히 진행되고 있음을 의미한다. 외국인 주민 자녀의 연령대별 구성비는 2011년 6세 이하가 61.88%, 7세에서 12세가 24.86%, 만 13세 이상이 13.24%이었던 것에서 2016년 6세 이하는 56.38%, 7세에서 12세가 28.20%, 만 13세 이상이 15.43%로 변화했다. 2011년

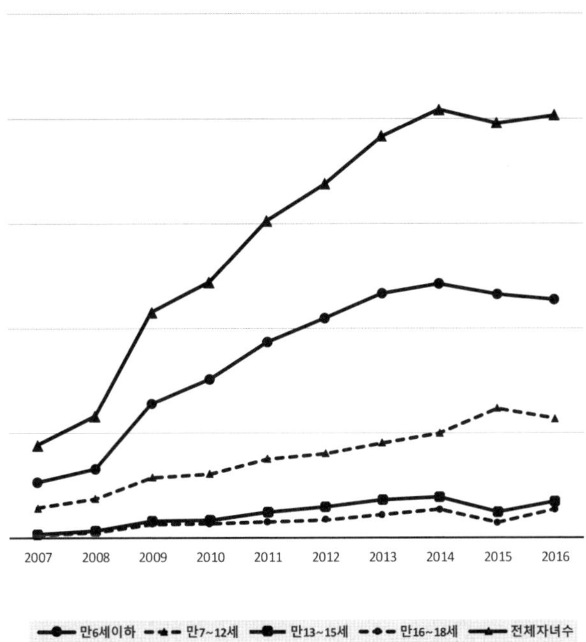

〈그림 4-3〉 다문화가족 자녀 연령별 현황

〈표 4-7〉 다문화가족 자녀 연령별 현황(단위: 명, %)

연도	연령별 현황					
	계	만 6세 이하	만 7~12세	만 13~15세	만 16~18세	증감률 (전년대비)
2016	201,333	113,506 (56.38)	56,768 (28.20)	17,453 (8.67)	13,606 (6.76)	1.91(+)
2015	197,550	116,068 (58.75)	61,625 (31.19)	12,567 (6.36)	7,290 (3.69)	3.26(-)
2014	204,204	121,310 (59.40)	49,929 (24.45)	19,499 (9.54)	13,466 (6.59)	6.72(+)
2013	191,328	116,696 (60.99)	45,156 (23.60)	18,395 (9.61)	11,081 (5.79)	13.49(+)
2012	168,583	104,694 (62.10)	40,235 (23.86)	15,038 (8.92)	8,616 (5.11)	11.53(+)
2011	151,154	93,537 (61.88)	37,590 (24.86)	12,392 (8.19)	7,635 (5.05)	23.96(+)

출처: 행정안전부(2017).

〈표 4-8〉 국적별 다문화가족 자녀 수(단위: 명, %)

국적별	2011	2012	2013	2014	2015	2016	증감률
합계	151,154	168,583	191,328	204,204	197,550	201,333	33.20(+)
중국 (한국계)	33,186 (21.95)	39,278 (23.29)	42,294 (22.10)	43,890 (21.49)	35,439 (17.94)	36,610 (18.18)	10.32(+)
중국	34,852 (23.05)	33,231 (19.71)	37,084 (19.38)	38,824 (19.01)	40,351 (20.43)	37,963 (18.86)	8.93(+)
베트남	34,256 (22.66)	41,238 (24.46)	49,458 (25.84)	54,737 (26.80)	57,464 (29.09)	56,468 (28.05)	64.84(+)
필리핀	13,937 (9.22)	15,820 (9.38)	18,020 (9.41)	19,568 (9.58)	19,918 (10.08)	20,146 (10.01)	44.55(+)
일본	14,510 (9.59)	16,237 (9.63)	17,806 (9.30)	18,185 (8.90)	7,773 (3.93)	9,485 (4.71)	34.63(-)
캄보디아	3,565 (2.35)	4,690 (2.78)	5,961 (3.11)	-	7,016 (3.55)	6,909 (3.43)	93.80(+)
몽골	2,250 (1.48)	2,468 (1.46)	2,802 (1.46)	2,952 (1.44)	2,771 (1.40)	2,719 (1.35)	20.84(+)
태국	2,082 (1.37)	2,427 (1.43)	2,663 (1.39)	2,767 (1.35)	2,254 (1.14)	2,543 (1.26)	22.14(+)
미국	1,207 (0.79)	1,422 (0.84)	1,697 (0.88)	1,855 (0.90)	6,140 (3.11)	5,874 (2.92)	386.66(+)
러시아	1,090 (0.72)	1,139 (0.67)	1,289 (0.67)	1,319 (0.64)	1,017 (0.51)	1,058 (0.53)	2.94(-)
대만	1,191 (1.26)	1,615 (0.95)	1,758 (0.91)	1,892 (0.92)	2,877 (1.46)	2,522 (1.25)	111.75(+)
기타	9,028 (5.97)	9,018 (5.34)	10,496 (5.48)	18,215 (8.92)	14,530 (7.36)	19,036 (9.45)	110.86(+)

출처: 행정안전부(2017).

과 비교해 2016년에는 7세에서 12세 사이의 자녀는 증가하고, 6세 이하와 만 13세 이상은 감소했다.

결혼이민자 부모의 출신국가별 외국인 주민 자녀의 수는 2016년을 기준으로 베트남이 56,468명으로 가장 많았다. 중국인 결혼이민자의 자녀가 37,963명, 한국계 중국인이 36,610명, 필리핀이 20,146명으로 만 명 이상의 높은 집단들로 나타났다. 가장 높은 증가율을 보인 결혼이민자 부모의 출신국가는 미국(386.66%), 대만(111.75%), 캄보디아(93.80%)의 순을 보였다.

3. 외국인 노동자

2017년 출입국·외국인정책본부의 출입국·외국인정책 통계연보에 의하면, 취업자격으로 국내에 체류 중인 외국인 근로자는 581,480명

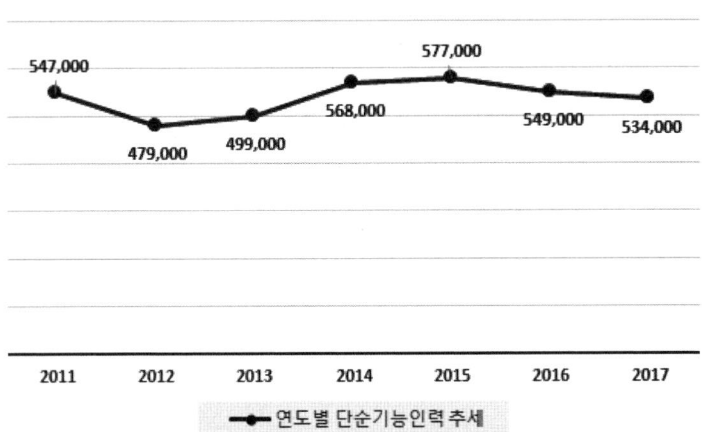

출처: 법무부(2018).

〈그림 4-4〉 연도별 단순기능인력 증감추이

〈표 4-9〉 2017년 취업자격 체류외국인 자격별 현황(단위: 명)

구 분		총체류자	합법체류자	불법체류자
전문 인력	계	581,480	521,243	60,237
	소계	47,404	42,193	5,211
	단기취업(C-4)	1,719	1,544	175
	교수(E-1)	2,427	2,421	6
	회화지도(E-2)	14,352	14,305	47
	연구(E-3)	3,214	3,209	5
	기술지도(E-4)	185	183	2
	전문직업(E-5)	597	588	9
	예술흥행(E-6)	3,704	1,883	1,821
	특정활동(E-7)	21,206	18,060	3,146
단순 기능	소계	534,076	479,050	55,026
	비전문취업(E-9)	279,127	232,509	46,618
	선원취업(E-10)	16,069	10,076	5,993
	방문취업(H-2)	238,880	236,465	2,415

출처: 법무부(2018).

에 이른다. 이 중 90%에 해당하는 521,243명만이 합법적 자격으로 국내에 체류하고 있으며 60,237명은 미등록 근로자로 분류된다. 국내 체류 외국인근로자의 8%인 45,685명은 교수, 연구, 기술지도, 전문직업, 예술 활동 등의 비자를 소유한 전문 인력이고, 92%에 해당하는 534,076명은 비전문취업, 선업취업, 방문취업에 해당하는 단순기능인이다. 전문 인력의 10.99%(5,211명), 단순기능인력의 10.30%(55,026명)는 미등록 상태로 국내에 체류하고 있는 것으로 추정된다.

단순기능직의 외국인노동자는 2011년 547,000명에서 2012년 479,000명으로 감소했으나 2015년 577,000명으로 증가했다 2016년부터 다시 감소해 549,000명, 2017년 534,000명에 이른다.

4. 난민

2007년 717명을 시작으로 우리나라 난민 신청자 수는 지속적으로 증가해 왔다. 2014년 2,896명이 신청해 전년대비 83.99%, 2015년은 5,711명이 신청해 전년대비 97.2%의 가파른 증가세를 보였다. 2016년 7,541명, 2017년 9,942명으로 증가폭이 다소 완화되었으나 증가세는 여전히 유지되고 있다. 2017년 12월까지 우리나라에 난민 지위를 신청한 누적 신청자 수는 32,733명에 이른다.

난민을 신청한 사유별 현황을 살펴보면, 종교적인 갈등이 8,193명(25.03%)으로 가장 높은 구성비를 보였다. 정치적인 문제로 인한 신

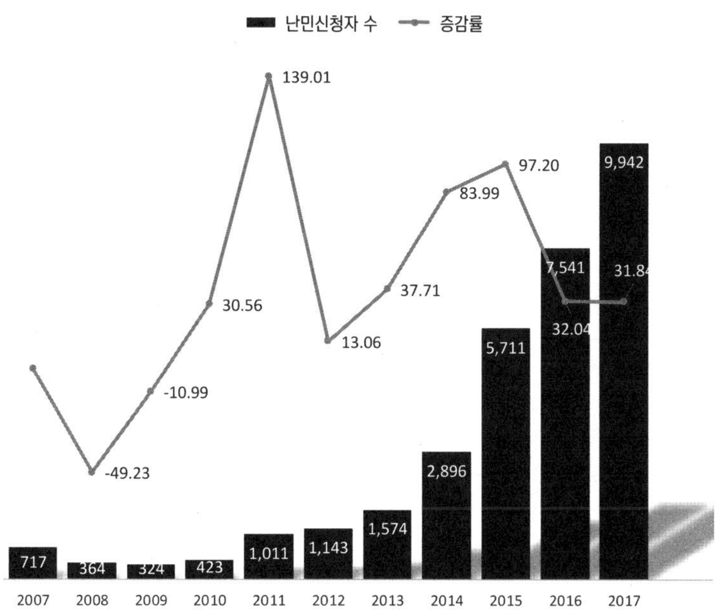

출처: 법무부(2018).

〈그림 4-5〉 연도별 난민신청자 증감추이

청자가 7,088명(21.65%)으로 두 번째로 높은 구성비를 보였으며, 특정집단 3,620명(11.06%), 인종 2,170명(6.63%)의 순으로 나타났다.

난민 신청자의 국적국별 현황은 파키스탄이 4,268명으로 가장 많고, 중국(3,639명), 이집트(3,244명), 나이지리아(1,831명), 카자흐스탄(1,810명)이 상대적으로 신청자 수가 많은 국가들에 해당했다.

난민지위심사가 종료된 19,424명 중 난민지위를 인정받은 사람은 792명으로 우리나라의 난민 인정률은 2.42%에 불과했다. 이는 세계 평균 난민 인정률 38%의 6%에 그치는 매우 낮은 수치로 우리나라

〈표 4-10〉 사유별 난민신청자 현황(단위: 명, %)

신청자 \ 구분	계	종교	정치	특정집단	인종	국적	가족결합	기타
총 누계	32,733 (100.00)	8,193 (25.03)	7,088 (21.65)	3,620 (11.06)	2,170 (6.63)	88 (0.27)	1,245 (3.80)	10,329 (31.56)
2017년 신청자	9,942 (100.00)	2,927 (29.44)	1,565 (15.74)	1,101 (11.07)	778 (7.83)	32 (0.32)	267 (2.69)	3,272 (32.91)

출처: 법무부(2018).

〈표 4-11〉 국가별 난민심사 현황(1994년~2017년)(단위: 명)

국적 \ 신청자	전체 신청자	인정자
합계	32,733	792
파키스탄	4,268	56
중국	3,639	8
이집트	3,244	15
나이지리아	1,831	4
카자흐스탄	1,810	3
기타	17,941	706

출처: 법무부(2018).

〈표 4-12〉 난민 신청 전체 현황(1994~2017년)(단위: 명, %)

신 청	심사 종료(19,424)				심사 대기
	인정	인도적 체류[1]	불인정	철회	
32,733	792	1,474	17,158	3,738	9,571
인정률	2.42	4.50	52.42	11.42	29.24

출처: 법무부(2018).

〈표 4-13〉 국적별 난민 인정자 현황(1994~2017년)(단위: 명)

합계/국적	미얀마	에티오피아	방글라데시	파키스탄	이란	기타
792	261	111	104	56	41	219

출처: 법무부(2018).

의 난민인정 관점이 폐쇄적임을 짐작케 한다. 인도적 체류지위를 부여 받은 자는 1,474명으로 난민신청자의 4.50%에 불과했다.

국적별 난민 인정자는 미얀마가 261명으로 가장 높았으며, 군부독재의 정치적 상황이 미얀마 국적자의 난민인정에 영향을 미친 결과이다. 뒤이어 에티오피아가 111명, 방글라데시가 104명, 파키스탄이 56명, 이란이 41명으로 나타났다.

제2절 이주민의 사회적 배제에 대한 연구방법

연구방법은 연구문제의 해답을 찾아가는 세부 설계도이다. 양적인 방법과 질적인 방법을 병행해 이주민의 사회적 배제에 대한 풍부하고

1) 난민협약상의 난민에 해당하지는 않으나 출신국 내 인권 상황 등을 고려하여 인도적 견지에서 상황이 호전될 때까지 체류 허가함.

깊이 있는 이해를 도모하고자 했다.

1. 연구디자인

이주민의 사회적 배제를 민족 계급화와 계급의 세대 간 전이를 중심으로 분석하는 본 연구는 문헌연구, 사회조사, 심층사례연구의 연구방법을 혼합적으로 사용했다. 문헌연구는 사회적 배제, 민족과 계급, 계급의 대물림을 설명하는 이론의 탐색과 선행연구의 분석을 목적으로 이루어졌다. 사회조사는 이주민의 사회적 배제와 계급지위의 실태를 분석하려는 목적으로 수행되었으며, 심층사례연구는 계급적 지위에 대한 인식과 계급 지위의 대물림에 대한 기제를 분석하려는 의도로 사용되었다.

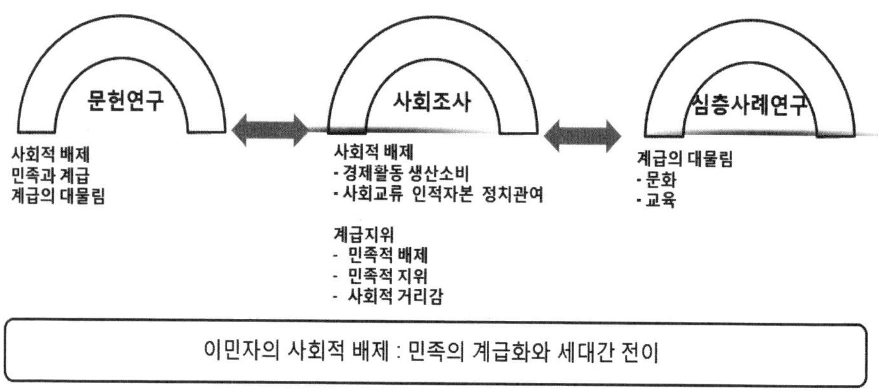

〈그림 4-6〉 연구방법론

2. 사회조사

1) 조사대상자

사회조사는 결혼이민자와 결혼이민자의 자녀를 대상으로 했다. 이주민의 유형에는 결혼이민자와 자녀 외에 외국인노동자, 난민 등이 포함되고, 외국인 노동자는 이주민 중 구성비가 가장 높은 유형에 해당한다. 그러나 우리나라의 현행법상 외국인노동자는 자녀를 포함한 가족동반 이주가 불가능해 부모세대와 자녀세대 간 계급의 대물림 현상을 분석하려는 본 연구에 연구 대상으로서 적합성이 낮다. 난민은 이주민 중 차지하는 구성비가 매우 낮고 접근상 어려움이 크기 때문에 사회조사는 결혼이민자와 자녀만을 대상으로 했다.

결혼이민자 122명과 결혼이민자의 자녀 98명으로부터 자료를 수집했으며 이 중 결혼이민자 부모와 자녀세대가 하나의 단위로 묶인 경우는 98사례에 달했다. 결혼이민자 중 34명은 자녀가 조사에 참여하지 않아 결혼이민자의 사회적 배제 실태 분석에만 포함되고 계급지위의 대물림 분석에서는 제외되었다.

조사에 참여한 결혼이민자 122명 중 남성은 5.5%에 불과했으며 여성이 94.5%로 다수를 차지했다. 연령대별 분포는 20대가 24.0%, 30대가 37.2%, 40대가 34.7%, 50대 이상이 4.1%로 나타났으며 평균 연령은 37세이다. 고졸 이하의 학력자는 59.2%, 대졸 이상의 학력자는 40.8%에 달했다. 거주기간은 5년 미만이 4.1%에 불과했으며, 10년 미만이 23.8%, 15년 미만이 30.3%, 20년 미만이 25.4%, 20년 이상이 16.4%를 차지했다. 직업이 있는 결혼이민자는 58.2%, 직업이 없는 결혼이민자는 41.8%로 나타났다. 월평균 소득은 100만 원 미만이 7.8%, 200만 원 미만이 32.8%, 300만 원 미만이 39.7%,

〈표 4-14〉 결혼이민자 범주별 빈도분석표

범주		N(명)	%
성별	남자	5	5.5
	여자	86	94.5
	합계	91	100.0
연령	20대	29	24.0
	30대	45	37.2
	40대	42	34.7
	50대 이상	5	4.1
	합계	121	100.0
교육수준	고졸이하	71	59.2
	대졸이상	49	40.8
	합계	120	100.0
거주기간	5년 미만	5	4.1
	10년 미만	29	23.8
	15년 미만	37	30.3
	20년 미만	31	25.4
	20년 이상	20	16.4
	합계	122	100.0
직업유무	유	71	58.2
	무	51	41.8
	합계	122	100.0
월평균 소득	100만 원 미만	9	7.8
	100만 원~200만 원 미만	38	32.8
	200만 원~300만 원 미만	46	39.7
	300만 원 이상	23	19.8
	합계	116	100.0
경제적 수준	나쁨	77	64.2
	좋음	43	35.8
	합계	120	100.0
출신국가	일본	13	10.8
	중국	40	33.3
	베트남	24	20.0
	필리핀	22	18.3
	그 외 동남아시아	7	5.8
	러시아 및 중앙아시아	13	10.8
	기타	1	0.8
	합계	120	100.0

〈표 4-15〉 결혼이민자 자녀 범주별 빈도분석표

범주		N(명)	%
성별	남자	45	45.9
	여자	53	54.1
	합계	98	100.0
연령	저학년	44	71.0
	고학년	18	29.0
	합계	62	100.0
경제적 수준	나쁨	35	36.8
	좋음	60	63.2
	합계	95	100.0
어머니 국가	일본	19	19.4
	중국	45	45.9
	베트남	6	6.1
	필리핀	10	10.2
	그 외 동남아시아	10	10.2
	러시아 및 중앙아시아	7	7.1
	기타	1	1.0
	합계	98	100.0

300만 원 이상은 19.8%에 달했으며, 평균 월평균 소득은 207만 원으로 낮았다. 출신국가는 일본이 10.8%, 중국이 33.3%, 베트남이 20.0%, 필리핀이 18.3%, 캄보디아 등 그 외 동남아시아가 5.8%, 러시아 및 중앙아시아가 10.8%, 미국이 0.8%를 차지했다.

결혼이민자 자녀의 45.9%는 남자, 54.1%는 여자 아동으로 구성되었다. 연령은 10세 이하의 저학년이 71.0%, 11세 이상의 고학년이 29%를 차지했으며 평균 연령은 13세로 나타났다. 가족의 경제적 수준을 여유 있거나 매우 여유 있다고 답한 자녀는 63.2%, 여유 없거나 매우 여유 없다고 답한 자녀는 36.8%를 차지했다. 부모의 출신국가는 일본이 19.4%, 중국이 45.9%, 베트남이 6.1%, 필리핀이 10.2%, 그 외 동남아시아가 10.2%, 러시아 및 중앙아시아가 7.1%, 미국이 1.0%로 나타났다.

2) 표집 및 자료수집

결혼이민자 및 자녀에 대한 표집은 무작위와 편의표집을 혼합한 다단계 표집법으로 이루어졌다. 1단계에서 지역을 서울, 경기, 강원, 충청, 전라, 경상의 여섯 개 권역으로 구분하고 각 권역별로 다문화가족지원센터 리스트를 표본틀로 하여 두 곳의 다문화가족지원센터를 무작위로 표집했다. 1단계의 무작위 표집을 통해 선택된 다문화가족지원센터 센터장에게 조사 협조 가능성을 유선으로 타진하고 거절하는 경우 해당 권역의 다문화가족지원센터 리스트로부터 다시 하나의 지원센터를 무작위로 표집하여 권역별로 두 개, 총 12개의 다문화가족지원센터를 표집했다. 2단계에서는 표본에 속한 다문화가족지원센터별로 최소 10명의 결혼이민자와 그의 자녀를 센터 내 협조인력이 임의로 표집했다.

조사에 참여하기 위해 결혼이민자가 충족해야 하는 조건은 조사대상자 본인이 생물학적 부 또는 모인 초등학교 1학년 이상의 자녀를 두고 있는 결혼이민자로 제한했다. 질문지의 배포와 수거는 우편을 통해 이루어졌으며, 조사참여에 동의한 다문화가족지원센터에 센터별로 15부의 질문지를 우편으로 발송했다. 각 센터별로 센터장이 정한 내부 협조인력이 결혼이민자와 자녀에게 질문지를 전달하고 작성된 질문지를 수거했다. 질문지는 내부 협조인력의 도움을 받아 결혼이민자와 자녀가 자기보고 방식으로 작성했으며 수거된 질문지는 다시 우편을 통해 전달 받았다.

3) 조사도구 및 측정도구

조사는 구조화된 질문지를 도구로 하여 수행되었다. 결혼이민자를 위한 질문지는 한국어 외에 중국어, 일본어, 베트남어, 따갈로그어로 작성되었으며, 결혼이민자 자녀를 위한 질문지는 한국어로만 작성되었다.

생산활동으로부터의 배제, 소비활동으로부터의 배제, 사회적 교류로부터의 배제, 정치적 관여로부터의 배제는 연세대학교 사회통합배제연구소에서 개발한 사회적 배제 척도를 통해 측정했다. 사회적 배제 척도는 네 개 하위차원의 영역별로 6개의 문항으로 구성되었으며, 응답은 전혀 그렇지 않다에서 매우 그렇다의 리커트형 4점 척도로 측정했다. 높은 점수는 높은 수준의 사회적 배제를 의미하며, 총체적 사회적 배제는 네 개 하위차원의 점수를 합한 총 값을 의미한다.

민족적 배제에서 선주민으로부터의 배제는 '한국 사람들은 내가 한국 사람이 아니라고 생각한다', '한국 사람들은 내가 한국 사람이 되는 것을 싫어한다', '한국 사람들은 내가 법적으로 한국 사람인 것을 알고 있다'의 세 문항을 이용했다. 응답은 '전혀 그렇지 않다'에서 '매우 그렇다'의 리커트형 4점 척도로 측정했다. 높은 점수는 높은 수준의 민족적 배제를 의미한다. 민족적 지위는 한국인의 지위를 10으로 했을 때 출신 민족의 위치가 어디에 해당하는가를 표시하도록 했다. 응답은 최저 1점에서부터 최고 10점까지 선택할 수 있게 했다. 사회적 거리감은 전혀 거리감 없이 가까운 상태를 0, 가장 먼 상태를 10으로 했을 때 한국인 선주민과 본인 사이에 느껴지는 거리를 표시하게 했다.

〈표 4-16〉 분석틀 및 분석지표

차원	하위차원	세부지표		형식
사회적 배제	경제적 차원	주관적 재정상태		1문항 질문
		월평균 가구소득		1문항 질문
	생산 및 소비활동	생산활동	경제활동 참여	1문항 질문
			생산활동 교류	6문항 척도
		소비활동	월평균 가구지출	1문항 질문
			소비활동 교류	6문항 척도
	사회참여	사회적 교류		6문항 척도
		정치적 관여		6문항 척도
	인적자본	건강	주관적 건강상태	1문항 질문
			건강서비스 접근성	1문항 질문
		교육	직업교육참여 여부	1문항 질문
			한국어교육참여 여부	1문항 질문
			기타교육참여 여부	1문항 질문
	민족적 배제	선주민 배제		3문항 척도
		의사소통능력		1문항 질문
	총 사회적 배제	생산활동+소비활동+사회교류+정치적 관여		24문항 척도
민족적 계급	민족적 지위	한국인과 비교한 상대적 지위		1문항 질문
	사회적 거리감	한국인과의 사회적 거리		1문항 질문

점수가 높을수록 선주민과 느끼는 거리감이 크다는 것을 의미한다.

4) 분석의 틀

(1) 사회적 배제

결혼이민자와 자녀의 사회적 배제는 다섯 개의 하위 차원을 중심으로 조사했다. 경제적 차원은 주관적으로 인지한 재정상태와 월평균 가구소득을 지표로 분석했다. 생산활동과 소비활동으로부터의 배제는 경제활동 참여여부, 생산적 교류로부터의 배제 척도, 소비활동으로부터의 배제 척도를 이용해 분석했다. 사회참여로부터의 배제는 사회적 교류로부터의 배제 척도와 정치적 관여로부터의 배제 척도를 지표로 살펴보았다.

인적자본으로부터의 배제는 교육과 건강의 두 하위영역을 통해 살펴보았다. 교육은 한국 이주 이후 직업교육 참여여부와 한국어교육 참여여부를 지표로, 건강은 주관적으로 인지한 건강상태와 건겅서비스 접근성을 지표로 분석했다. 민족적 배제는 선주민으로부터 한국인의 정체성을 인정받는 정도와 한국어 의사소통 능력을 지표로 분석했다.

총체적 사회적 배제는 생산활동, 소비활동, 사회적 교류, 정치적 관여의 네 개 하위차원의 총합으로 조작화하여 분석했다. 특히 결혼이민자의 개인적 특성은 개인이 사회적 상황을 인식하고 선주민과의 관계를 지각 방식을 결정하므로(현경자 외, 2012; 김욱진 외, 2014) 사회적 배제를 결혼이민자의 연령, 교육수준, 한국사회 거주기간, 출신국가 등의 개인적 특성별로 분석했다.

(2) 민족 계급화

결혼이민자로 대표되는 이주민이 한국인 선주민과 권력의 소재와 사회경제적 서열을 드러내는 계급으로 단층을 형성하는지는 세 가지 분석을 통해 고찰했다. 먼저 결혼이민자와 한국인 선주민의 사회적 배제를 비교하여 이주민의 사회경제적 차원의 계급지위를 분석했다. 둘째, 결혼이민자가 선주민으로부터 한국인의 정체성을 인정받고 있는가를 의미하는 민족적 배제의 수준, 결혼이민자가 선주민과 비교한 출신 민족의 상대적 지위, 결혼이민자가 한국인 선주민으로부터 느끼는 사회적 거리감의 세 개 지표를 이용해 이주민과 선주민 사이에 계급적 단층이 존재하는지 분석했다. 셋째, 사회적 배제를 통해 본 이주민의 사회경제적 차원의 계급과 민족적 계급이 상호 연관되어 있는가를 '계급의 환원성'으로 개념화하여 살펴보았다.

(3) 계급의 세대전이

계급의 세대전이는 먼저, 결혼이민자의 사회적 배제와 자녀의 사회적 배제 사이의 상관관계 분석을 통해 사회경제적 차원에서 부모의 계급이 자녀에게 재생산되고 있는가를 분석했다. 둘째, 결혼이민자의 민족적 계급과 자녀의 민족적 계급 사이의 상관관계를 통해 부모의 민족적 서열이 자녀에 의해 복제되고 있는가를 살펴보았다. 셋째, 결혼이민자의 사회경제적 배제와 자녀의 민족적 계급 사이의 상관관계, 결혼이민자의 민족적 계급과 자녀의 사회경제적 배제의 상관관계를 분석해 부모의 한 영역에서의 계급이 자녀의 다른 영역에서의 계급으로 환원적으로 재생산되는가를 분석했다.

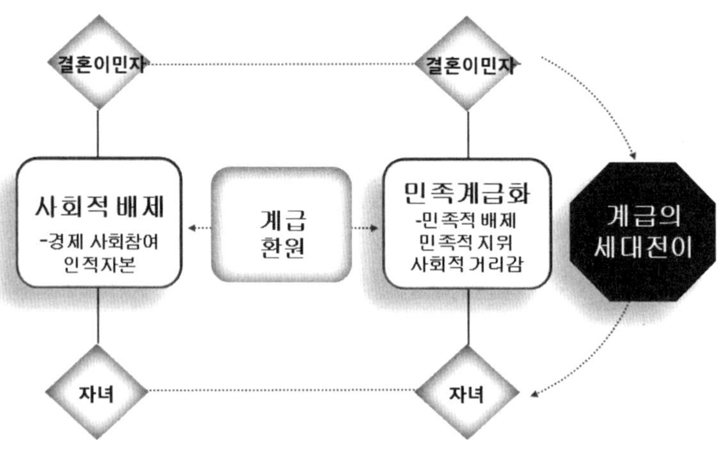

〈그림 4-7〉 분석 개념도

3. 심층사례 연구

사례연구는 결혼이민자와 자녀의 서사를 통해, 첫째, 민족 계급화에 대한 이주민의 인식과 둘째, 계급이 세대를 거쳐 재생산되는 양상과 세대전이의 문화적, 상징적 맥락을 분석하려는 목적으로 이루어졌다. 결혼이민자 8명과 자녀 8명으로 이루어진 8쌍의 모자를 대상으로 했다. 심층면접은 결혼이민자와 자녀를 분리해 1대1로 이루어졌으며 1인당 1회에 한해 진행했다. 회당 평균 면접진행시간은 90분 정도이다.

〈표 4-17〉 심층 사례연구 대상자

이름	1세대 부모			2세대 자녀	
	성별	연령대	거주기간	연령	성별
A	여	30대	14년	13	여
B	여	40대	18년	12	여
C	여	40대	15년	12	여
D	여	30대	12년	13	남
E	여	40대	17년	11	여
F	여	40대	20년	13	남
G	여	30대	10년	10	남
H	여	30대	12년	13	여

제5장 결혼이민자의 경제, 생산 및 소비활동, 사회참여로부터의 배제

제5장 결혼이민자의 경제, 생산 및 소비활동, 사회참여로부터의 배제

제1절 경제적 배제

사회적 배제는 삶의 여러 영역에서 발생하는 복합적 현상이다. 빈곤여부를 넘어 경제적 차원의 다양한 맥락에서 누군가는 경계 밖에 놓이는 배제의 상황을 경험한다. 주관적으로 인식하는 가구의 재정적 상태와 객관적인 가구 소득을 통해 결혼이민자가 경제적 맥락에서 경험하는 사회적 배제를 읽어내려 한다.

1. 주관적 재정상태를 통해 본 배제

결혼이민자가 주관적으로 인지한 재정상태는 비교적 취약했다. 재정상태를 매우 어렵거나, 어려운 편이라고 답한 비율이 66%, 여유 있거나, 매우 여유 있다는 비율은 34%로 재정적으로 어려움을 경험하는 결혼이민자의 비율이 약 두 배 정도 높았다.

연령대별로 살펴본 주관적 재정상태는 매우 어렵거나, 어려운 편이라는 부정적 평가가 20대, 30대, 40대, 50대 이상에서 각각 51.7%,

62.2%, 70.0%, 100%로 나타났다. 이는 연령대가 증가함에 따라 주관적으로 판단하는 재정상태가 매우 어렵거나, 어렵다고 인식하는 결혼이민자의 구성비가 증가하는 방향성을 보여준다. 연령대가 높아짐에 따라 가족규모가 증가하고 자녀교육과 부모부양에 대한 재정적 부담이 확대되기 때문에 재정상태에 대해 부정적으로 평가하는 경향이 높아지는 것으로 설명된다. 실제로 우리나라 일반가구의 가구소비는 가구주의 연령이 높아질수록 증가한다(통계청, 2016).

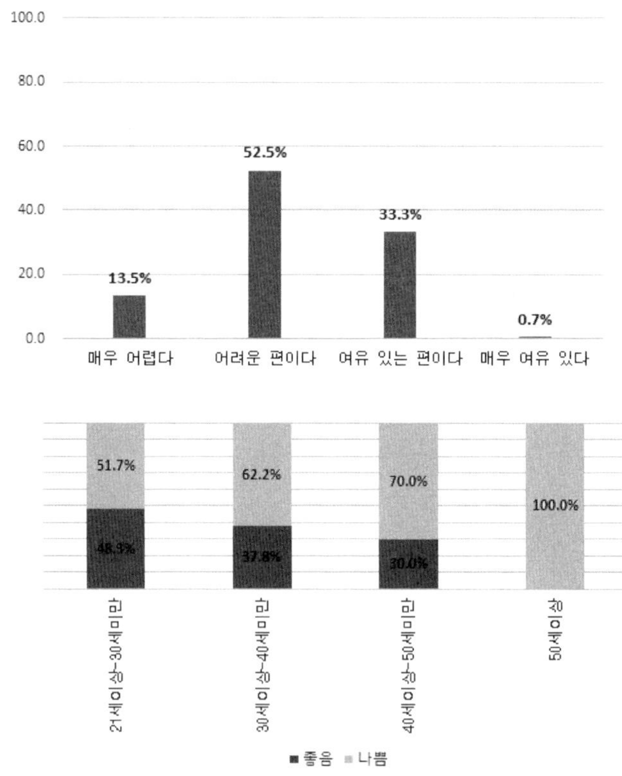

〈그림 5-1〉 주관적 재정상태

자녀교육과 부모부양 부담이 절정에 이르는 반면 본인 또는 배우자의 은퇴로 소득중단의 위험이 높은 50대 이상이 재정상태를 가장 부정적으로 평가한 이 연구의 결과는 결혼이민자가 주관적으로 인지하는 재정상태는 가족 발달 주기에 따른 가족의 과업에 의해 결정될 수 있음을 시사한다. 50대 결혼이민자가 가장 취약한 재정상태를 보인 결과는 선주민 일반 가구와 결혼이민자 가구가 가족주기에 따른 재정상태의 변화가 유사한 형태임을 증거한다. 그러나 실제 소득은

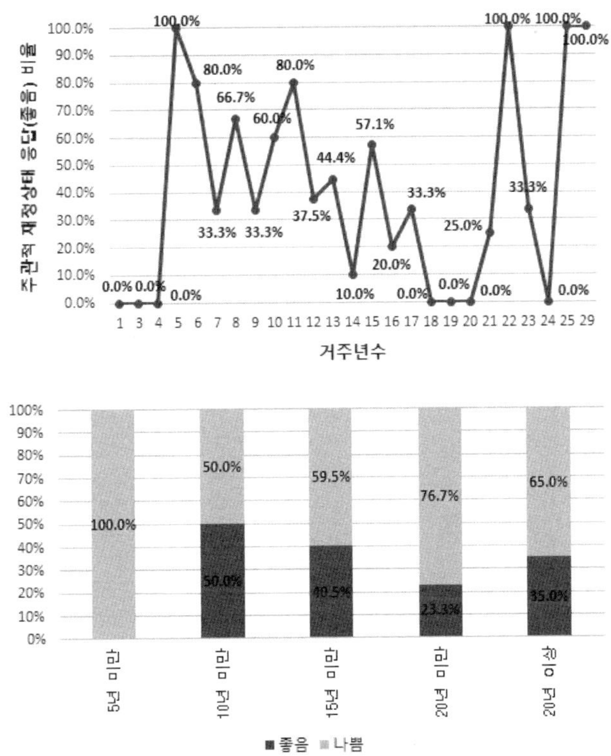

〈그림 5-2〉 거주년수 및 거주기간별 주관적 재정상태

선주민 일반 가구보다 결혼이민자 가구가 상대적으로 낮은 것으로 보고되었다(양인숙 외, 2010). 이를 고려하면 50대 이상의 결혼이민자 가구가 경험하는 재정적 어려움은 다른 집단에 비해 높을 것으로 추정된다.

거주년수에 따라 결혼이민자의 주관적 재정상태는 W와 유사한 형태를 보였다. 거주기간이 5년 미만인 초기 결혼이민자는 모두 재정상태를 매우 여유 없거나 여유 없는 편이라고 부정적으로 평가했다.

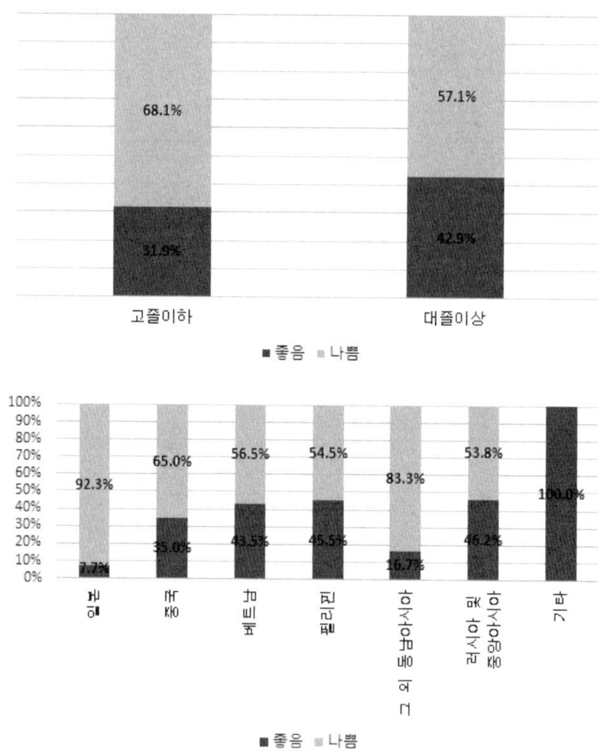

〈그림 5-3〉 교육수준 및 국가별 주관적 재정상태

10년 미만에서 재정상태를 긍정적으로 평가하는 결혼이민자의 구성비는 50%, 15년 미만, 20년 미만까지 각각 40.5%, 23.3%로 감소하다 20년 이상에서 다시 35.0%로 증가했다.

결혼이민자의 교육수준에 따라 주관적 재정상태는 의미 있는 차이를 보였다. 대졸 이상의 결혼이민자 중 재정상태를 긍정적으로 평가한 비율은 42.9%임에 반해 고졸 이하의 학력을 지닌 결혼 이민자는 31.9%만이 긍정적으로 평가했다. 결혼이민자의 교육수준은 배우자의 교육수준과 높은 상관성을 보이고, 배우자의 교육수준은 결혼이민 가구의 경제력을 유의미하게 설명한다는 연구결과(정기선 외, 2012)는 교육수준이 높은 결혼이민자 집단에서 주관적 재정상태에 대한 평가가 상대적으로 긍정적으로 나타난 이유를 설명한다.

러시아를 포함한 중앙아시아, 베트남, 필리핀 출신 결혼이민자는 주관적 재정상태를 여유 있다고 긍정적으로 판단한 비율이 40% 이상으로 상대적으로 높았다. 일본, 그 외 동남아시아, 중국 출신 결혼이민자는 주관적 재정상태를 여유 있다고 판단하는 비율이 각각 7.7%, 16.7%, 35.0%로 상대적으로 낮았다. 결혼이민자의 출신국가와 주관적으로 판단한 재정상태 사이에는 특별한 방향성이나 규칙성은 관찰되지 않았다.

2. 가구소득을 통해 본 배제

결혼이민자 가구의 월평균 소득은 평균 2,071,400원으로 우리나라 전체가구 평균소득 4,076,878원의 50.8%에 해당했다. 결혼이민자 가구의 중위소득은 2,000,000원으로 전체가구 중위소득 1,840,710의 108.65%에 해당해 비교적 양호했다.

20대 결혼이민자 가구의 월평균 소득은 1,672,400원, 30대는 2,229,300원, 40대는 2,221,100원, 50대 이상은 1,925,000원으로 나타났다. 우리나라 전체 가구의 중위소득보다 소득이 낮은 가구의 비율은 50대 이상이 75%로 가장 높았으며, 20대가 48.3%, 40대가 36.8%, 30대가 31.7%의 순으로 나타났다. 이는 주관적 재정상태에 대한 연령대별 차이가 가구의 실제 소득 차이와 연계되어 있음을 의미한다.

국민기초 생활보장 수급가구 비율은 결혼이민자 가구가 5.1%로 일반 가구의 수급률 2.6%보다 매우 높았다(정해숙 외, 2016). 선주민 가구와 비교한 결혼이민자 가구의 경제적 상태는 평균 가구소득은 매우 낮고, 중위소득은 상대적으로 양호하며, 기초생활 수급가구의 비율은 높았다. 이는 결혼이민자 가구 사이의 소득불평등은 매우 심각하며, 상대적으로 소득이 낮은 가구의 경제적 상태가 매우 취약한 상태임을 의미한다.

거주기간이 5년 미만인 결혼이민자 가구의 월평균 소득은 1,825,000원, 10년 미만은 2,051,900원, 15년 미만은 1,878,400원, 20년 미만은 2,084,000원, 20년 이상은 2,510,500원으로 20년 이상이 가장 높고 5년 미만이 가장 낮았다.

우리나라 전체 가구의 중위소득보다 소득수준이 낮은 가구의 구성비는 5년 미만이 50.5%로 가장 높은 반면 10년 미만은 29.6%로 가장

〈표 5-1〉 월평균 소득과 중위소득 (N=112)

범주	결혼이민자 평균(만 원)	전체 가구 평균(만 원)
월평균 소득	207.14	407.69
중위소득	200.00	184.07

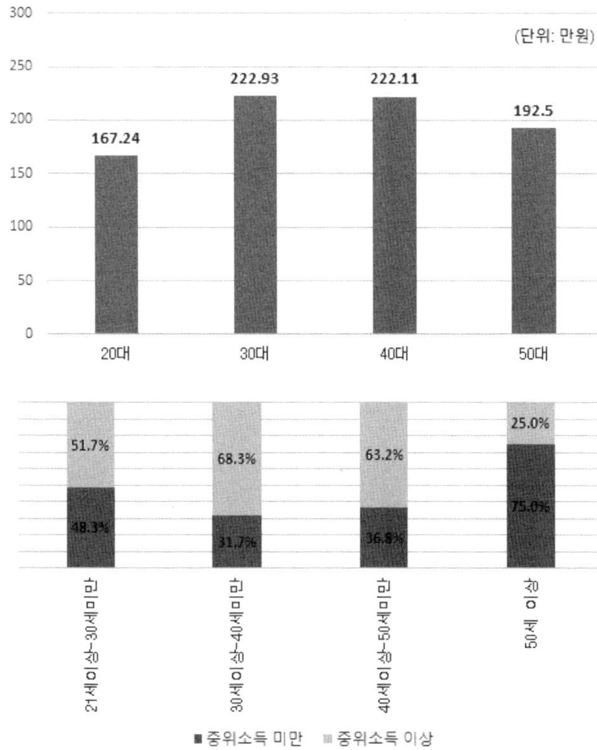

〈그림 5-4〉 연령대별 월평균 소득 및 중위소득 이하 가구의 구성비

낮았다. 거주기간이 20년 이상인 결혼이민자 가구는 월평균 소득이 가장 높은 반면 중위소득 이하인 가구의 비율 또한 42.1%로 높았다.

경제적 어려움은 결혼이민자가 이주 초기에 경험하는 주요 문제로 주목되어 왔다(장명선 외, 2009; 이혜림 외, 2014). 거주기간이 증가함에 따라 결혼이민자 가구의 경제적 수준은 배우자의 소득과 결혼이민자의 취업여부 및 취업직종에 따라 양극화되는 양상을 보인다(정해숙 외, 2016). 거주기간이 20년 이상인 결혼이민자를 중심으로, 취업하지 못

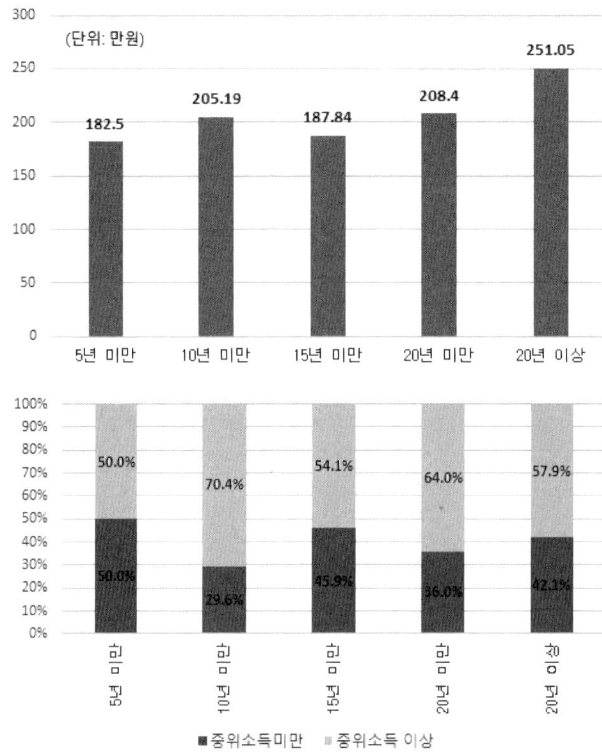

〈그림 5-5〉 거주기간별 월평균 소득 및 중위소득 이하 가구의 구성비

했거나 저소득 일자리에 머물고 있는 결혼이민자 가구와 이주 초기부터 경제적 안정을 기반으로 전문직종에 취업한 결혼이민자 가구 사이에 소득 격차가 지속적으로 확대되었을 가능성을 시사한다.

고졸 이하의 학력을 지닌 결혼이민자 가구는 평균 소득이 1,848,600원으로 대졸 이상의 학력을 지닌 결혼이민자 가구의 평균 소득 2,442,900원의 75.7%에 불과했다. 가구 소득이 우리나라 전체 가구의 중위소득 미만인 결혼이민자 가구의 구성비도 고졸 이하는

50%로 대졸 이상의 21.4%보다 상대적으로 높았다. 주관적으로 평가한 재정상태에서 드러난 바와 같이 결혼이민자의 교육수준은 가구소득과 밀접하게 연계되어 있음을 재확인했다.

학력에 따른 결혼이민자 가구의 소득차이는 결혼이민의 과정과 결혼이민자의 경제활동을 통해 설명할 수 있다. 종교단체나 상업적 중개업자를 통해 결혼이 진행되는 경우, 단기간에 결혼과정이 완료되기 때문에 한국인 배우자에게 외국인 배우자의 학력은 객관성이 높은 선택기준으로 작용한다. 높은 소득 등 결혼 경쟁력이 상대적으로 높은 한국인 배우자에게 이민 배우자의 교육적 배경은 배우자 선택의 중요기준이다(양순미, 2006; 장온정, 2009). 따라서 교육수준이 높은 결혼 이민자일수록 경제적 수준이 높은 한국인 배우자와 결혼할 가능성이 높다. 또한 결혼이민자의 취업 통계자료에 의하면 학력이 높을수록 전문직 및 기술직 등 임금이 높고 안정된 일자리에 취업할 가능성이 높다(정기선 외, 2012).

결혼이민자의 출신국가별 월평균 가구소득은 중국이 2,334,200원으로 가장 높았다. 일본이 2,177,800원, 필리핀이 2,100,000원으로 상대적으로 높은 가구 소득을 보인 반면 기타 동남아시아는 1,260,000원으로 가장 낮았다. 월평균 가구소득이 우리나라 전체 가구의 중위소득 미만인 가구의 구성비는 기타 동남아시아 국가가 80%, 베트남이 58.3%, 중국이 39.5%로 상대적으로 높았다. 일본, 필리핀, 러시아 및 중앙아시아는 동수치가 20%대로 상대적으로 낮았다. 일본 출신 결혼이민자 가구는 월평균 가구소득과 중위소득 미만의 가구구성비 등 경제적 상태에 대한 객관적 지표는 상대적으로 높은 반면 주관적으로 판단한 재정상태는 여유 없다고 인식하는 구성비가 높았다. 이는 주관적 재정상태는 한국에서의 실질적인 소득뿐만

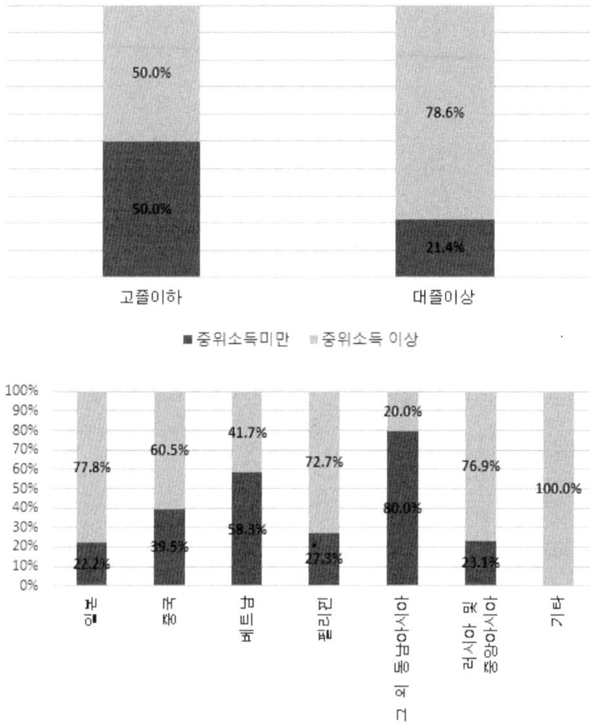

〈그림 5-6〉 교육수준 및 국가별 중위소득 이하 가구의 구성비

아니라 출신국가의 경제적 수준이 재정적 여유를 판단하는 기준으로 작동하고 있음을 시사한다.

제2절 생산 및 소비활동으로부터의 배제

생산활동과 소비활동은 경제적 상태의 원인이며 동시에 결과로써 중요성을 갖는다. 생산활동과 소비활동 사이에도 뚜렷한 연계가 존재하기 때문에 생산활동으로부터의 배제는 소비활동의 배제와 경제적 배제에 영향을 미치며 역의 관계도 성립한다.

1. 생산활동으로부터의 배제

생산적 활동의 상징인 경제활동 참여와 생산적 교류활동 척도를 통해 결혼이민자의 생산활동으로부터의 배제를 이해하고자 했다.

1) 경제활동 참여를 통해 본 배제

결혼이민자의 58.2%는 취업중인 것으로 나타났다. 결혼이민자의 다수가 여성임을 고려해 조사 당시 우리나라 여성 경제활동참여율 49.2%와 비교하면 결혼이민자의 경제활동 수준은 선주민과 다르지 않았다. 그러나 결혼이민자가 참여하는 경제활동의 영역과 접근 가능한 일자리의 질 등 결혼이민자의 고용의 질에 대한 고려가 동반될 필요가 있다.

결혼이민여성 취업실태에 의하면 결혼이민자 중 단순노무직 종사자는 29.0%, 서비스직 종사자는 18.7%로, 한국인 단순노무직 종사자와 서비스 종사자가 차지하는 비율 13.4%, 10.5%와 비교해 단순노무직과 서비스직 종사자의 구성비가 상대적으로 높았다. 반면 전문직

〈표 5-2〉 생산활동(취업여부) 빈도분석표

범주		N(명)	%
취업여부	취업	71	58.2
	미취업	51	41.8
	합계	122	100.0

종사자는 한국인의 19.8%와 비교해 결혼이민자는 12.2%로 낮아 결혼이민자의 일자리는 상대적으로 저임금의 불안정한 일자리에 집중되어 있는 것으로 확인되었다(정해숙 외, 2016).

특히 취업 중인 결혼이민자는 장시간 노동과 낮은 임금을 직장생활의 가장 큰 어려움으로 지적하고 있어(정기선 외, 2012) 선주민이 외면하는 저임금의 불안정한 일자리에 주로 취업해 있는 결혼이민자는 강도 높은 경제활동에도 불구하고 경제적 어려움에 처해 있음을 시사했다.

결혼이민자의 취업률은 연령이 높아짐에 따라 증가했다. 20대 결혼이민자의 취업률은 27.6%, 30대는 60.0%, 40대는 76.2%, 50대 이상은 80.0%로 높아졌다. 특히 결혼이민자의 취업률은 30대에서 급속한 증가를 보이는 점에 주목할 필요가 있다. 30대는 결혼, 출산, 육아가 집중되는 시기로 선주민의 경우 이 시기의 여성 취업률은 감소세를 보인다는 점에서 결혼이민자의 취업 궤적은 선주민과 차이를 보였다. 결혼이민자의 평균 초혼연령은 20대 초반으로 선주민 여성의 평균 초혼연령 29세보다 낮아 결혼, 출산, 육아기 또한 선주민 여성보다 이르기 때문이라는 설명이 가능하다.

선행연구에 의하면 결혼이민자의 경제활동을 저해하는 주요 요인 또한 출산과 자녀양육으로 나타나 선주민과 다르지 않았다. 또한 현

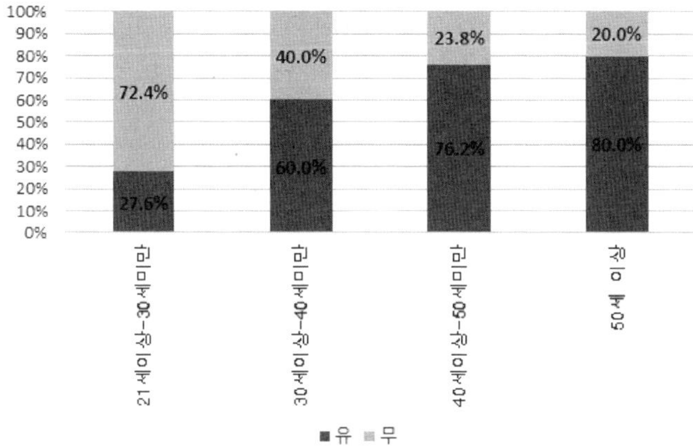

〈그림 5-7〉 연령대별 취업 여부

재 경제활동에 참여하지 않는 결혼이민자의 88%는 취업할 의사가 있으며, 취업의사가 있는 여성의 미취업 사유 또한 자녀 양육을 비롯한 가정문제가 주를 이루었다(김지경 외, 2003; 고혜원 외, 2010; 정기선 외, 2012; 김이선 외, 2014). 이와 같은 결과에 근거하면 결혼, 출산, 육아의 부담은 선주민과 다르지 않으나 경제적, 사회적 참여에 대한 강한 욕구로 육아에 대한 부담에도 불구하고 한국어와 한국문화 습득으로 취업준비가 일정 수준에 이른 30대에 적극적인 구직에 나서기 때문이라는 설명이 설득력을 갖는다.

거주기간에 비례해 결혼이민자의 취업률은 꾸준한 증가세를 보였다. 거주기간이 5년 미만인 결혼이민자의 취업률은 20.0%에 불과하나 거주기간이 10년, 15년, 20년, 20년 이상으로 증가함에 따라 31.0%, 54.1%, 77.4%, 85.0%까지 지속적으로 증가했다.

경제활동의 질을 결정하는 사회적 자본은 이민자의 정착지 거주기간이 증가함에 따라 견고해진다. 이주 초기의 결혼이민자는 언어적

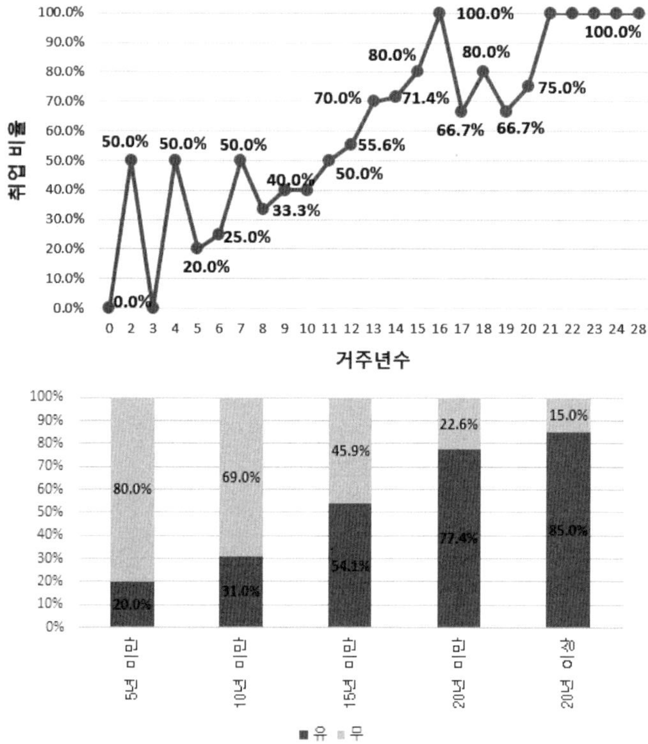

〈그림 5-8〉 거주년수 및 거주기간별 취업 여부

제한성이 크고 사회적 자본이 빈약해 취업 가능성이 높지 않다(양인숙 외, 2010; 이혜림 외, 2014). 따라서 거주기간이 증가함에 따라 한국어와 한국문화에 익숙해지고, 취업에 도움이 되는 사회적 관계망이 확대됨에 따라 취업률이 지속적으로 증가하는 것으로 해석된다.

고졸 이하 결혼이민자의 취업률은 53.5%로 대졸 이상 결혼이민자의 취업률 67.3%보다 의미 있게 낮았다. 취업률은 모든 연령대에서 대졸 이상 결혼이민자가 고졸 이하의 결혼이민자보다 높게 나타났다.

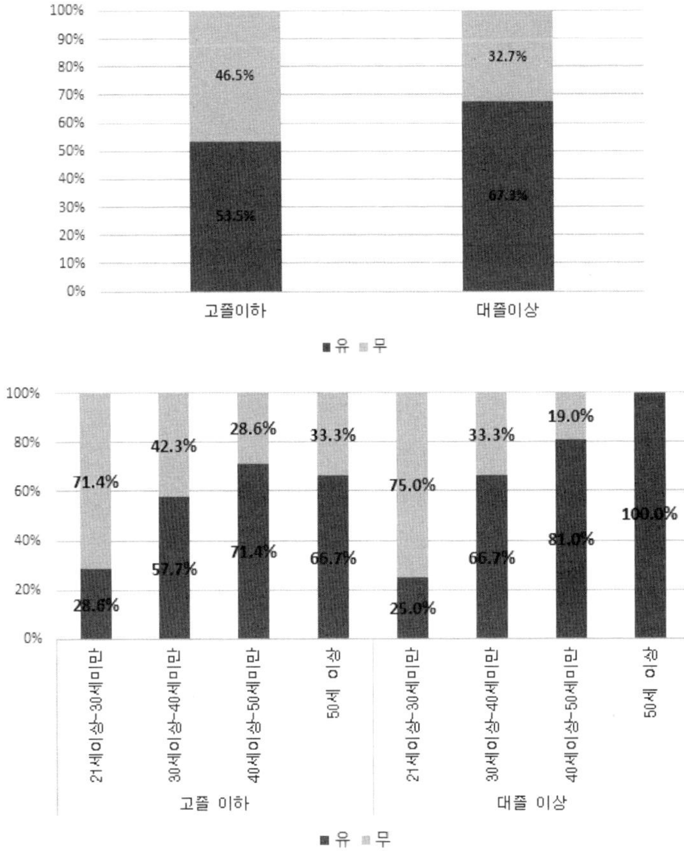

〈그림 5-9〉 교육수준 및 연령대별 취업 여부

또한 연령대가 높을수록 취업률이 증가하는 경향은 고졸 이하와 대졸 이상 집단 모두에서 동일하게 나타났다. 이는 고졸 이하 결혼이민자보다 대졸 이상 결혼이민자의 가구 소득이 높은 이유 중 하나가 대졸 이상 결혼이민자의 경우 경제활동에 참여하는 비율이 높기 때문임을 시사한다.

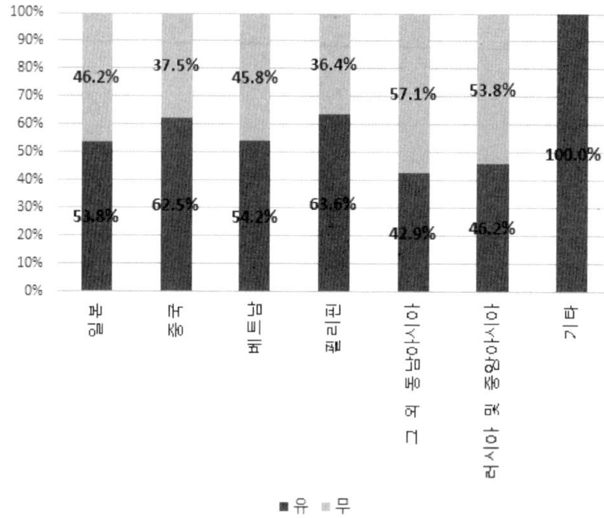

〈그림 5-10〉 국가별 취업 여부

취업률이 상대적으로 높은 국가는 중국과 필리핀으로 이들 국가 출신의 결혼이민자는 선주민의 취업률보다 높은 60% 이상으로 나타났다. 중국 결혼이민자에 포함된 한국계 중국 동포는 상대적으로 의사소통에 어려움이 없기 때문에 취업 가능성이 높다. 따라서 다른 국가 출신의 결혼이민자보다 단순노무직이나 서비스 업종으로의 흡수가 신속하게 이루어진다(정기선 외, 2012). 중국 출신 결혼이민자 구성의 이와 같은 특성이 중국 출신 결혼이민자의 높은 취업률로 연계된 것으로 해석된다.

또한 필리핀 결혼이민자의 경우 영어 사용자의 비율이 높고 영어라는 문화자본이 취업에 긍정적으로 작용해 높은 취업률로 연동되었을 것으로 풀이된다(정기선 외, 2012; 정해숙 외, 2016). 일본과 베트남은 취업률이 50%대로 중간 수준에 해당했으며, 기타 동남아시아 국가와 러시아 및 중앙아시아는 40%대 이하의 낮은 취업률을 보였다.

2) 생산적 교류를 통해 본 배제

생산활동으로부터의 배제 정도는 연령대가 높아짐에 따라 완만하게 감소하는 추세를 보였다. 이는 결혼이민자의 연령대가 높아질수록 주변 사람들과 경제적, 도구적 상호교류가 확대됨을 의미한다. 경제활동에 참여하는 것은 결혼이민자의 사회통합을 높이는 핵심 요소라는 주장과 함께(박능후, 2010), 연령대가 증가할수록 취업률이 증가하는 것으로 나타난 본 연구의 결과는 생산적 교류는 연령과 함께 증가하며, 취업이 생산적 교류의 주요 매개임을 시사한다.

거주기간이 증가할수록 생산활동으로부터 배제되는 정도는 지속적으로 감소했다. 한국에 거주한 기간이 오래된 결혼이민자일수록 취업률이 증가함에 따라 경제적 교류를 포함한 생산활동으로부터 배제되

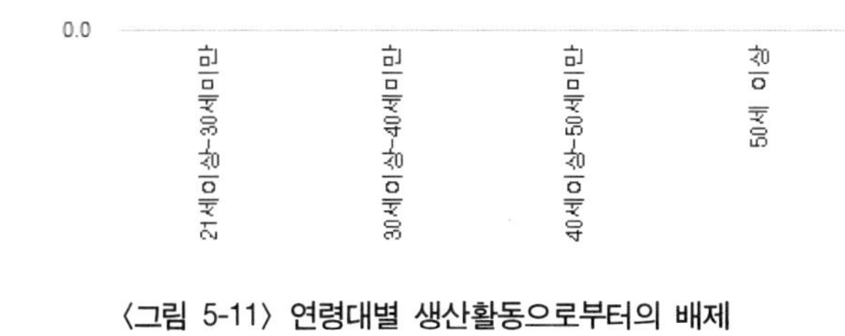

〈그림 5-11〉 연령대별 생산활동으로부터의 배제

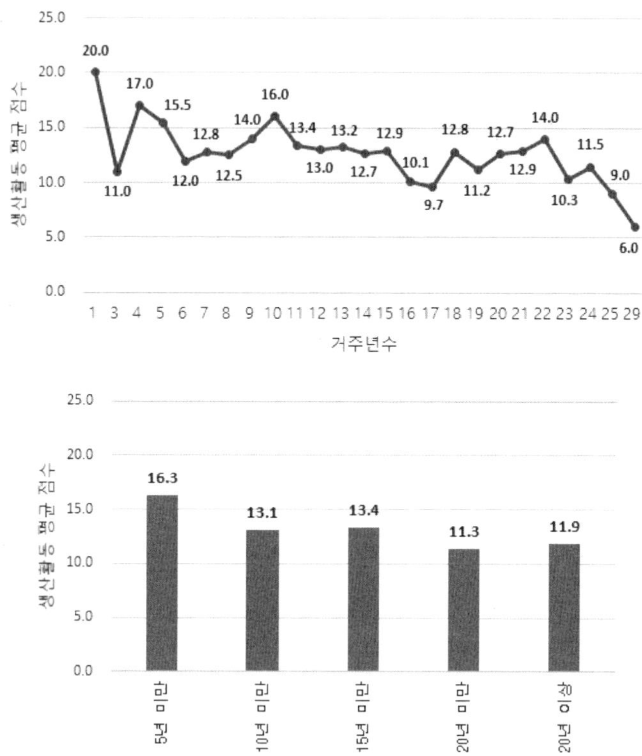

〈그림 5-12〉 거주년수 및 거주기간별 생산활동으로부터의 배제

는 정도는 감소했다. 거주기간이 증가할수록 언어적 장벽은 완화되며, 의사소통 역량은 결혼이민자 경제활동 참여의 핵심요인이라는 연구결과(김이선 외, 2008; 양인숙 외, 2010; 정해숙 외, 2016)는 거주기간이 증가함에 따라 생산활동으로부터의 배제가 감소하는 이유를 적절히 설명한다.

또한 거주기간이 증가함에 따라 결혼이민자의 생산활동으로부터 배제가 감소한다는 본 연구의 결과는 국내 거주기간이 15년 이상인

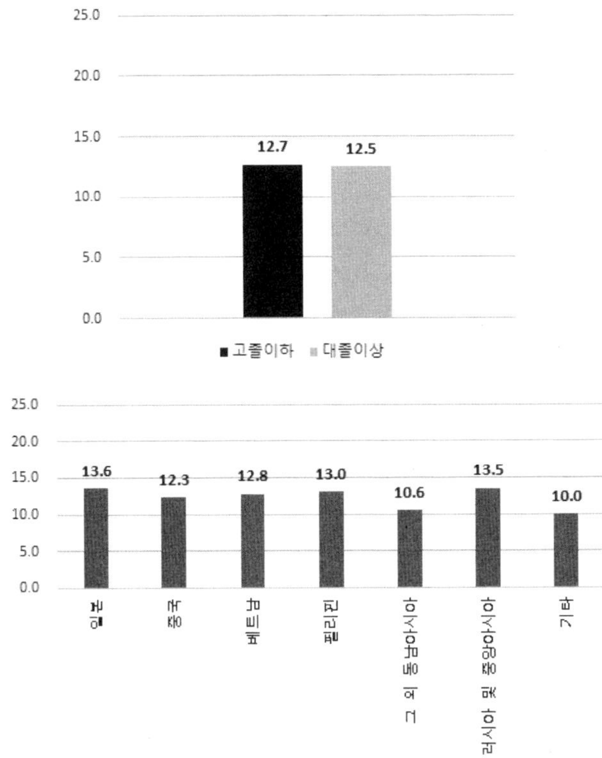

〈그림 5-13〉 교육수준 및 국가별 생산활동으로부터의 배제

결혼이민자는 거주기간이 15년 미만인 비교집단에 비해 직장으로부터 임금과 처우에서 차별을 받는다는 인식이 낮아진다는 연구결과(정해숙 외, 2016)와 맥을 같이한다.

생산활동으로부터의 배제는 교육수준에 따라 의미 있는 차이를 보이지 않았다. 결혼이민자의 출신국가에 따라서는 캄보디아를 포함한 기타 동남아시아 출신 이민자의 배제 수준이 상대적으로 낮고, 일본, 러시아 및 중앙아시아, 필리핀 출신 이민자의 배제 수준은 상대적으로 높게 나타났다. 기타 동남아시아 출신 이민자와 러시아 및 중앙아시아 출신 이민자는 취업률에서 다른 나라 출신 이민자보다 상대적으로 낮은 수준을 보인 공통점이 있음에도 생산활동으로부터의 배제는 매우 대조적인 양상을 보였다. 일본 출신 이민자의 낮은 취업률은 높은 수준의 생산적 활동으로부터 배제로 연계되어 나타났다.

2. 소비활동으로부터의 배제

결혼이민자의 소비역량을 말해주는 가구지출과 소비활동의 교류척도를 이용해 소비활동으로부터의 배제를 분석했다.

1) 가구지출을 통해 본 배제

월평균 가계지출을 통해 본 소비활동은 연령대가 증가할수록 높아졌다. 월평균 가계지출이 전국가구 평균가계지출의 50% 미만인 결혼이민가구의 비율은 20대가 72.4%, 30대가 57.6%, 40대가 59.1%로 나타났다. 분석결과는 20대 결혼이민자 가구의 지출수준이 다른 연령대의 결혼이민가구나 선주민 가구와 비교해 상대적으로 낮은 수준임을 의미한다. 20대 가구의 경우 가족규모가 상대적으로 작고 자녀 양육과 교육비에 대한 부담이 상대적으로 높지 않은 가구특성과 관련된 것으로 풀이된다.

평균 가구지출의 50% 미만인 결혼이민자 가구 비율은 거주기간이 증가할수록 감소했다. 5년 미만의 경우 80%의 결혼이민자 가구가 평균 가구지출의 50%에 미치지 못하는 지출수준을 보였으며 20년 이상 거주한 결혼이민자 가구는 동수치가 50.0%로 낮아졌다. 이는

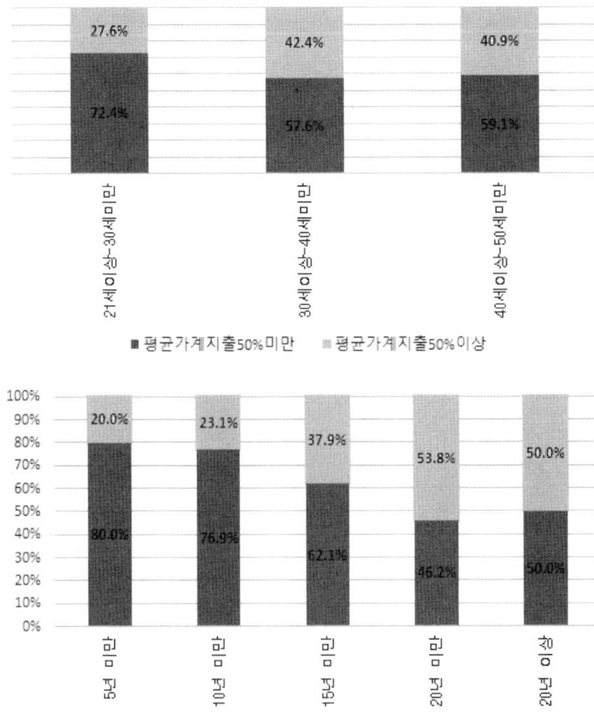

〈그림 5-14〉 연령대 및 거주기간별 소비활동으로부터의 배제

한국에 거주하는 기간이 늘어남에 따라 결혼이민자 가구의 지출수준은 점차 증가하지만 20년 이상 거주한 경우에도 결혼이민자 가구의 50%가 전체 가구지출의 절반에 미치지 못하는 등 20년의 기간으로도 극복할 수 없는 차이가 존재한다는 것을 시사했다.

고졸 이하 학력의 결혼이민자 중 월평균 가구 지출이 평균 가계지출의 50% 미만인 비율은 65.4%로 대졸 이상 학력 결혼이민자의 59.4%와 비교해 상대적으로 높았다. 결혼이민자의 낮은 학력은 낮은

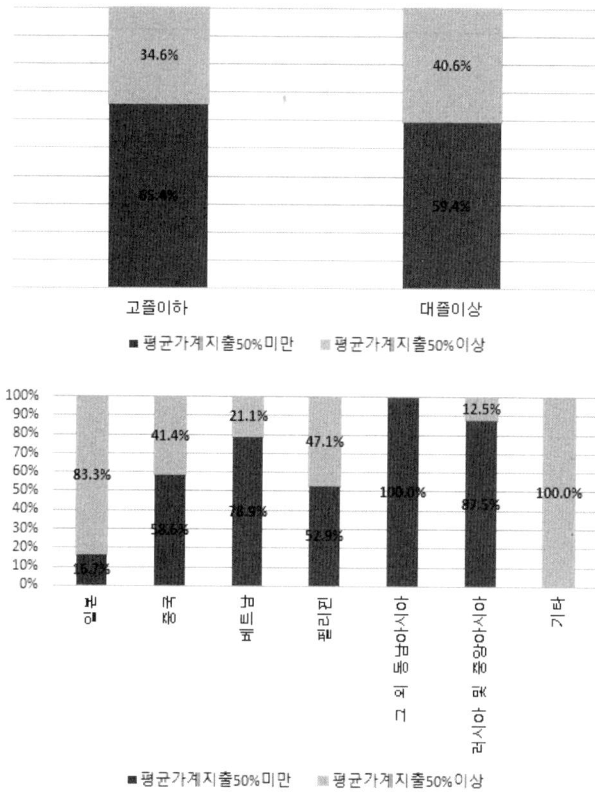

〈그림 5-15〉 교육수준 및 국가별 소비활동으로부터의 배제

월평균 소득에 이어 낮은 소비력과 연관성을 보였다.

일본 출신 결혼이민자의 경우, 월평균 가계 지출이 평균 가계 지출의 50% 이하인 가구 구성비가 가장 낮게 나타났다. 주관적으로 평가한 재정상태는 중국, 필리핀, 러시아 및 중앙아시아보다 낮았으나 가계 지출 수준은 가장 높았다. 그 외 동남아시아 출신 결혼이주민은 주관적 재정상태, 월평균 가구소득에 이어 월평균 가계 지출에서도 가장 취약한 수준을 보였다.

2) 소비활동의 교류를 통해 본 배제

소비적 교류를 통해 본 배제 수준은 연령대가 높아질수록 증가했다. 20대의 소비활동의 배제 정도가 가장 낮았으며, 50대 이상이 가장 높은 수준을 보였다. 생산활동의 배제수준이 연령대에 따라 감소하는 것과 대조되는 결과로, 연령대가 낮을수록 사회적 배제가 생산활동을 중심으로 이루어지고, 연령대가 높을수록 소비활동에서 사회적 배제가 확대됨을 의미한다.

연령대가 높을수록 경제활동에 참여하는 비율은 높으나, 가구소득이 중위소득 이하인 결혼이민자 가구의 구성비가 높고, 주관적으로 판단한 재정상태 또한 상대적으로 취약했다. 반면 연령대가 높을수록 생산적 활동의 상호교류는 활발해 생산활동으로부터의 배제는 낮았으나 소비활동으로부터의 배제는 높았다.

이와 같은 결과는 배우자의 소득을 포함한 연령대별 가구소득의 변화를 고찰함으로써 설명이 가능하다. 결혼이민자의 연령이 높을수록 배우자의 연령 또한 높아지며, 가구의 주 소득원인 배우자의 연령이 높을수록 은퇴할 가능성이 높다. 여성 결혼이민자는 연령이 증가할수록 경제활동 참가율 또한 증가하지만 여성 결혼이민자의 소득이 주 소득원인 남성 배우자의 소득을 보충하는 데 한계가 있기 때문에 연령대가 증가하면 결혼이민자 가구의 재정상태는 취약해질 수 있다.

반면 연령이 높을수록 자녀의 고등교육과 자립지원, 그리고 부모부양을 위한 소비규모는 상대적으로 증가하기 때문에 생산활동에 적극적으로 참여함에도 불구하고 주관적 재정상태는 여유가 없고 소비의

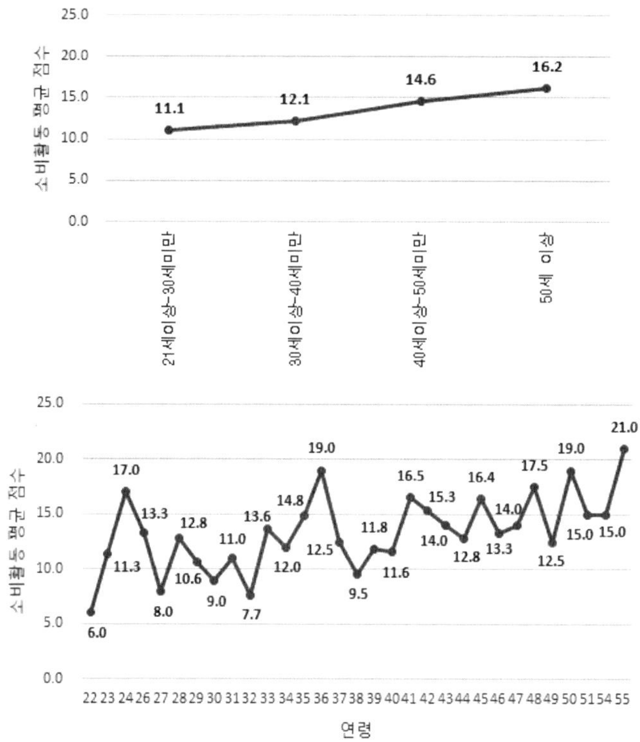

〈그림 5-16〉 연령대 및 연령별 소비활동으로부터의 배제

여력 또한 감소한다. 이는 생산과 소비로부터의 배제는 개인 단위에서 이루어지는 현상이지만 생산과 소비의 공동체인 가구 단위의 역학을 고려해 이해되어야 함을 시사한다.

소비활동의 배제는 거주년수에 따라 일정한 추세를 보이지 않았다. 5년 미만 거주한 결혼이민자의 배제정도가 가장 높았으며 거주기간이 10년 미만인 결혼이민자의 배제수준이 가장 낮았다.

소비활동으로부터의 배제는 고졸 이하의 결혼이민자에서 상대적으

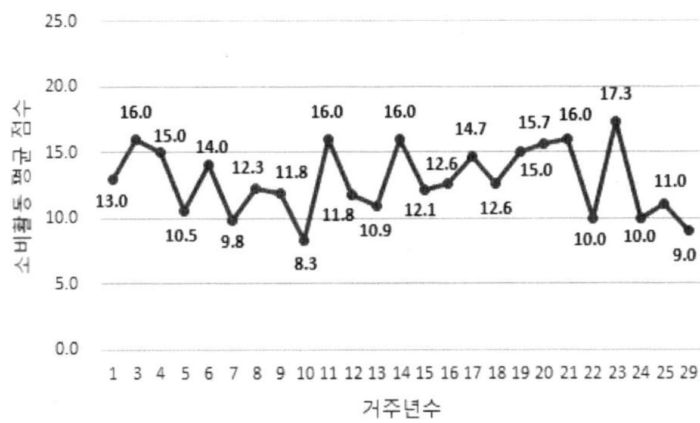

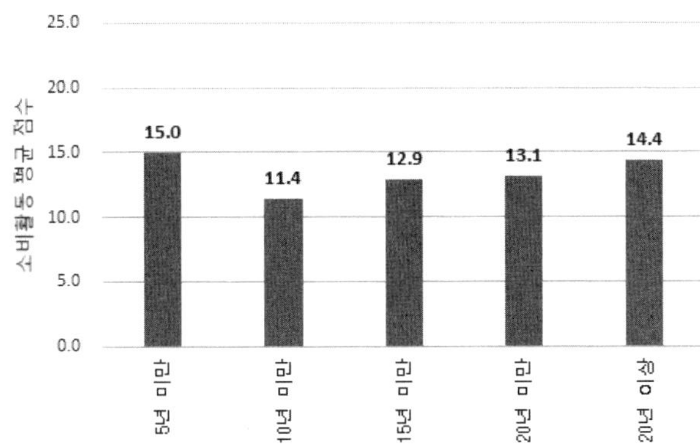

〈그림 5-17〉 거주년수 및 거주기간별 소비활동으로부터의 배제

로 높게 나타났다. 경제활동, 소득, 생산활동, 소비활동의 모든 차원에서 고졸 이하의 결혼이민자는 대졸 이상의 결혼이민자보다 상대적으로 높은 수준의 배제를 보였다.

러시아 및 중앙아시아, 필리핀, 중국 출신 결혼이민자는 소비활동으로부터 배제되는 정도가 상대적으로 낮았다. 이들 국가 출신의 결혼이민자는 경제활동, 소득, 생산활동으로부터의 배제 수준 또한 상대적으로 낮았다.

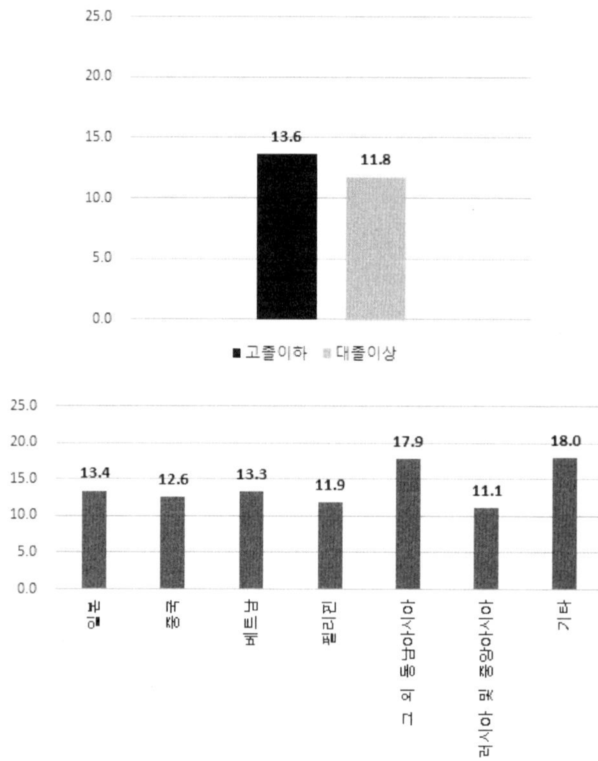

〈그림 5-18〉 교육수준 및 국가별 소비활동으로부터의 배제

그 외 동남아시아, 일본, 베트남 출신 결혼이민자는 상대적으로 높은 수준의 소비활동으로부터의 배제를 경험하는 것으로 나타났다. 이들 국가는 경제활동, 소득, 생산활동에서 배제되는 정도 또한 상대적으로 높았다. 이는 상대적으로 낮은 취업률을 보이고 가구의 소득수준이 낮고 다른 체계와 생산적 교류 또한 위축된 결혼이민자는 생활에 필요한 소비활동에서도 어려움을 경험하는 경제적 배제의 복합성을 시사한다.

제3절 사회참여로부터의 배제

사회참여는 자아의 외부에 존재하는 공식, 비공식적 체계와의 관계성을 의미한다. 사회적 교류의 측정도구와 정치적 관여의 측정도구를 통해 결혼이민자가 외부 체계와의 관계에 어느 정도 개입되거나 또는 고립되어 있는가를 살펴보았다.

1. 사회적 교류로부터의 배제

사회적 교류로부터 배제는 50대 이상에서 가장 낮게 나타났으며, 배제의 수준이 기타 연령대보다 유의미하게 낮았다. 50대의 결혼이민자가 이주할 당시 결혼이민자 집단의 규모가 작았으며 우리사회의 문화적 다양성은 상대적으로 낮았다. 이와 같은 사회적 환경은 결혼이민자의 한국사회 동화를 재촉하고 이로 인해 이주시기가 빨랐던 50대 이상의 고령 결혼이민자는 자발 또는 비자발적으로 사회적 상호작용에 적극적으로 참여하는 경향을 보인다.

거주기간이 증가할수록 사회적 교류로부터의 배제정도는 감소하는 추세를 보였다. 거주기간이 5년 미만인 결혼이민자가 사회적 교류로부터 가장 심각하게 배제되어 있으며, 20년 이상의 장기 거주 결혼이민자는 사회적 교류로부터의 배제 정도가 가장 낮게 나타났다. 이는 거주기간이 증가할수록 한국어와 한국문화에 익숙해지고 사회적 관계망이 확대됨에 따라 결혼이민자의 사회적 교류가 활발해짐을 시사한다.

결혼이민자의 사회적 통합은 취업을 통한 경제적 자립을 우선으로

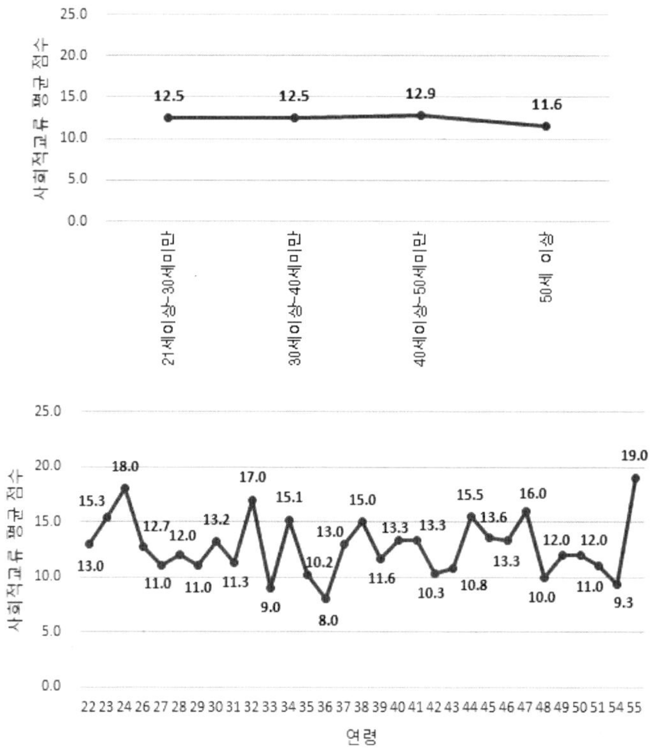

〈그림 5-19〉 연령대 및 연령별 사회적 교류로부터의 배제

한다는 주장(박능후 외, 2010; 양인숙 외 2010)에 근거하면, 5년 미만 초기 거주자에서 취업률은 가장 낮고 사회적 교류로부터의 배제는 가장 높으며, 20년 이상 장기 거주자에서 취업률은 가장 높고 사회적 교류로부터의 배제는 가장 낮게 나타난 본 연구의 결과는 결혼이민자의 사회적 교류로부터의 배제와 취업과의 연계를 재확인한다.

사회적 교류로부터의 배제는 대졸 이상의 결혼이민자에서 높게 나타났다. 대졸 이상의 고학력 결혼이민자가 고졸 이하의 결혼이민자보

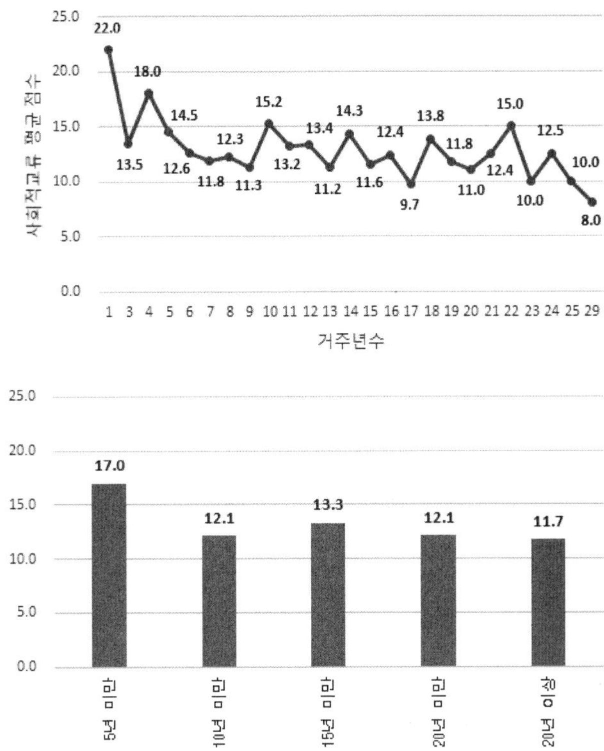

〈그림 5-20〉 거주년수 및 거주기간별 사회적 교류로부터의 배제

다 경제활동 참가율이 높다는 결과를 고려하면 경제활동은 결혼이민자의 사회적 관계망을 확대하는 긍정적 측면이 있으나 정작 사회적 교류에 필요한 시간을 제약해 사회적 교류를 축소할 가능성 또한 배제할 수 없음을 시사한다.

사회적 교류로부터의 배제는 출신국가에 따라 차이를 보였다. 필리핀 출신 결혼이민자의 배제 수준이 가장 높고, 베트남 출신 결혼이민자의 배제 정도가 가장 낮았다. 베트남 출신 결혼이민자는 그 규모가

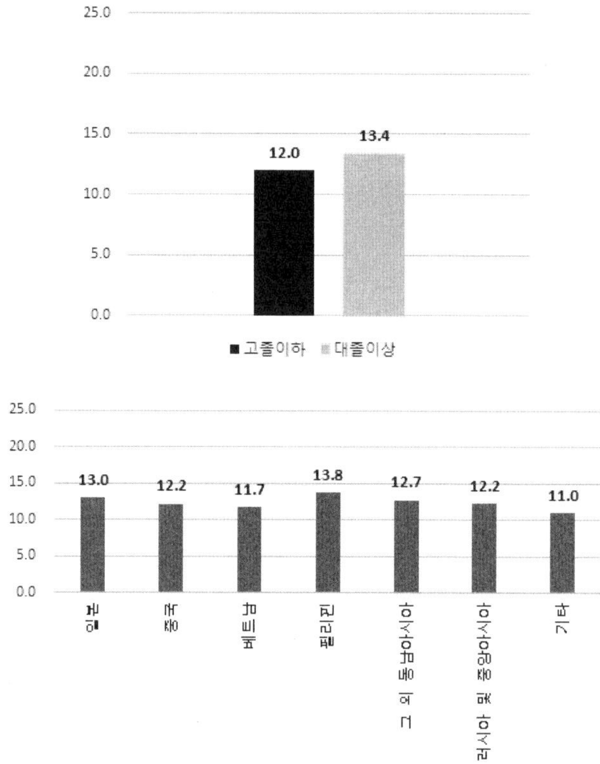

〈그림 5-21〉 교육수준 및 국가별 사회적 교류로부터의 배제

상대적으로 크고 공동체가 비교적 잘 발달되어 있다는 점이 사회적 교류로부터의 배제를 낮추는 데 긍정적으로 작용했을 수 있다. 이는, 같은 국가 출신의 결혼이민자 공동체가 결혼이민자에게 주요한 사회 공동체로서 기능하고 있음을 간접적으로 드러낸다.

2. 정치적 관여로부터의 배제

정치적 관여로부터 배제되는 정도는 연령이 증가함에 따라 감소하다 다시 증가하는 양상을 보였다. 30대와 40대에 정치적 관여로부터 배제되는 수준이 상대적으로 낮고 20대와 50대의 배제 수준은 높았다.

정치적 관여로부터의 배제는 거주기간에 따라 오르내림의 변동은 있으나 비교적 일정한 범위 내에서 큰 변화 없이 유지되었다. 거주기

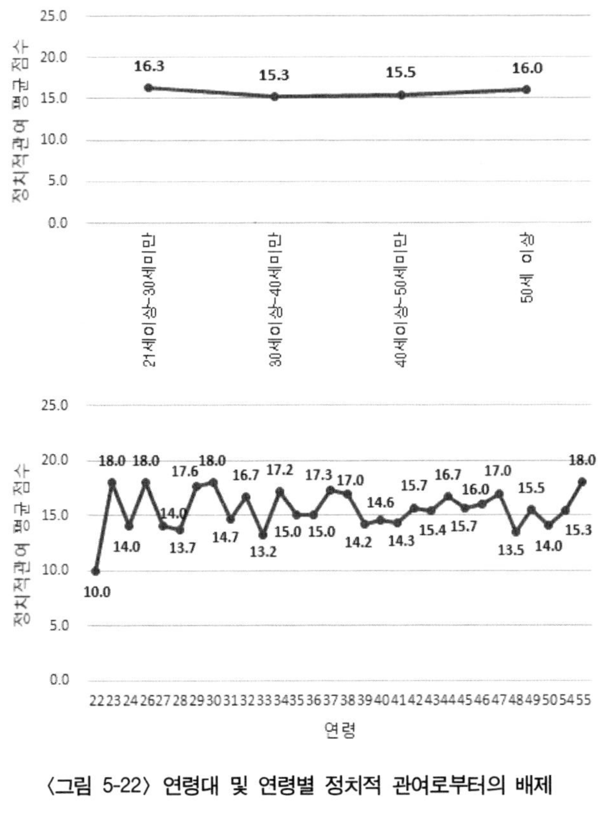

〈그림 5-22〉 연령대 및 연령별 정치적 관여로부터의 배제

간이 5년 미만인 이주초기 결혼이민자는 정치적 관여로부터 배제되는 정도가 거주기간이 5년 이상인 결혼이민자보다 유의미하게 높았다. 그러나 거주기간이 5년 이상에서 10년 미만인 결혼이민자 집단에서 정치적 관여로부터의 배제정도가 크게 감소한 이후 유사한 수준을 유지했다. 거주기간이 증가함에도 소속된 집단이나 마을 등 미시와 중시적 공동체 내에서의 정치적 관여가 이민초기 상태를 벗어나지 못한다는 분석결과는 결혼이민자가 오랜 거주기간에도 집단 소속감

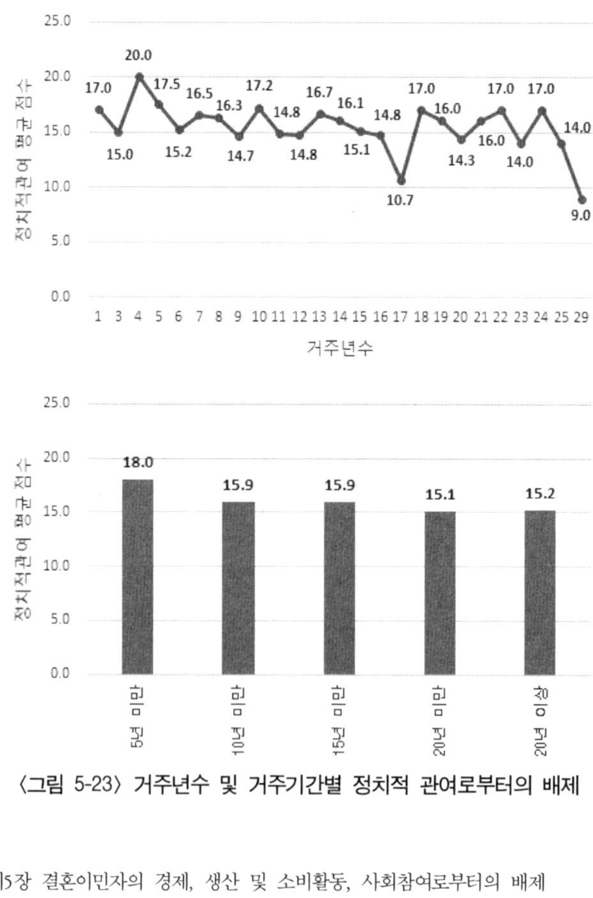

〈그림 5-23〉 거주년수 및 거주기간별 정치적 관여로부터의 배제

없이 마을이나 지역사회에서조차 주변인으로 위치 지워질 수 있다는 우려를 낳는다.

정치적 관여는 교육적 수준에 따라 차이가 없었다. 대졸 이상의 높은 교육적 배경조차 결혼이민자가 사회구성원으로 의미 있는 정치적 행위에 참여하는 데 긍정적으로 기능하지 못했다. 정치적 관여는 행위자로서 결혼이민자의 의지와 함께 결혼이민자를 구성원으로 인정하는 집단의 합의와 수용이 전제되어야 가능하다. 정치적 관여가 연

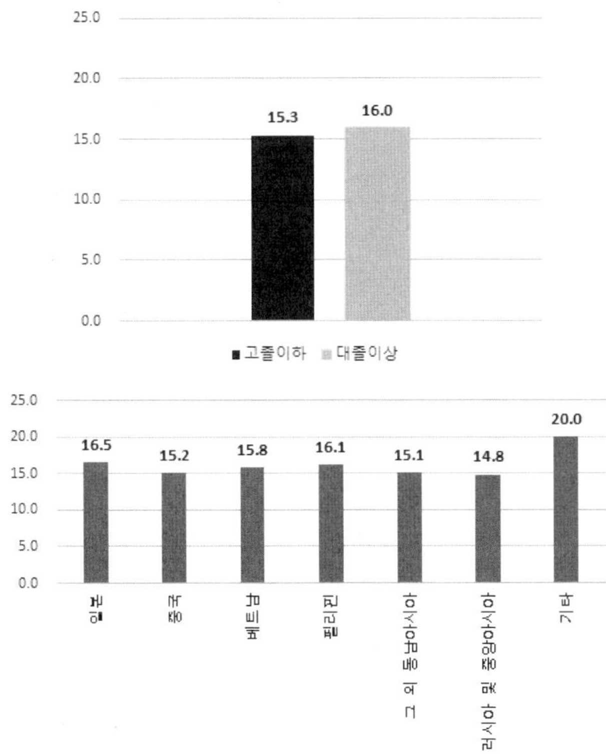

〈그림 5-24〉 교육수준 및 국가별 정치적 관여로부터의 배제

령, 거주기간, 교육수준 등에서 차이가 없다는 분석결과는 결혼이민자가 어떤 인구사회학적 배경을 지닌 개인인가와 무관하게 결혼이민자를 집단 구성원으로 수용하지 못하는 선주민의 문화적 역량의 한계로부터 기인한 것일 수 있다.

기타 국가, 일본, 필리핀 출신 결혼이민자의 정치적 관여로부터의 배제 정도가 상대적 높고, 중국, 베트남, 그 외 동남아시아, 러시아 및 중앙아시아 출신 결혼이민자는 정치적 관여로부터 배제된 정도가 상대적으로 낮았다.

제6장 결혼이민자의 인적 자본으로부터의 배제 및 총체적 사회적 배제

제6장 결혼이민자의 인적 자본으로부터의 배제 및 총체적 사회적 배제

제1절 인적 자본으로부터의 배제

고전적 의미에서 인적 자본은 교육과 훈련을 중심으로 해석되었으나 최근 신체적 건강과 심리적 역량에 이르기까지 인적 자본의 개념적 지평이 확장되어 왔다. 건강과 교육을 중심으로 결혼이민자의 인적 자본으로부터의 배제를 이해하고자 한다.

1. 건강으로부터의 배제

건강으로부터의 배제는 결과적 상태로서 주관적 건강상태와 건강할 기회, 즉 건강서비스에 대한 접근성에 주목했다.

1) 주관적 건강상태를 통해 본 배제

주관적으로 판단한 건강상태가 매우 건강하지 않거나, 별로 건강하지 않은 결혼이민자의 비율은 30%에 이른다. 건강상태를 건강한 편

〈표 6-1〉 주관적 건강상태

범주		N(명)	%
건강상태	매우 건강하지 않음	6	4.3
	별로 건강하지 않음	36	25.5
	건강한 편	88	62.4
	매우 건강	11	7.8
	합계	141	100.0

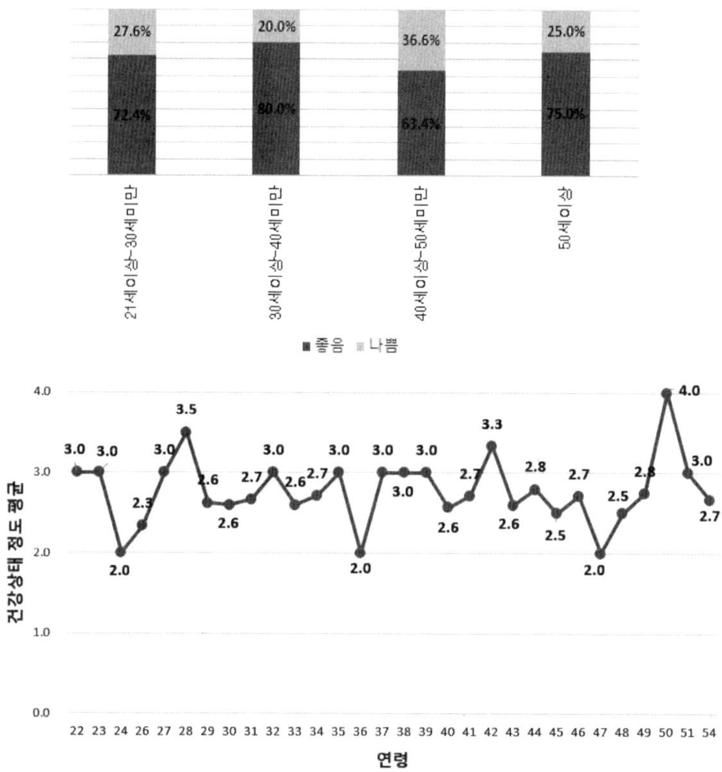

〈그림 6-1〉 연령대 및 연령별 주관적 건강상태

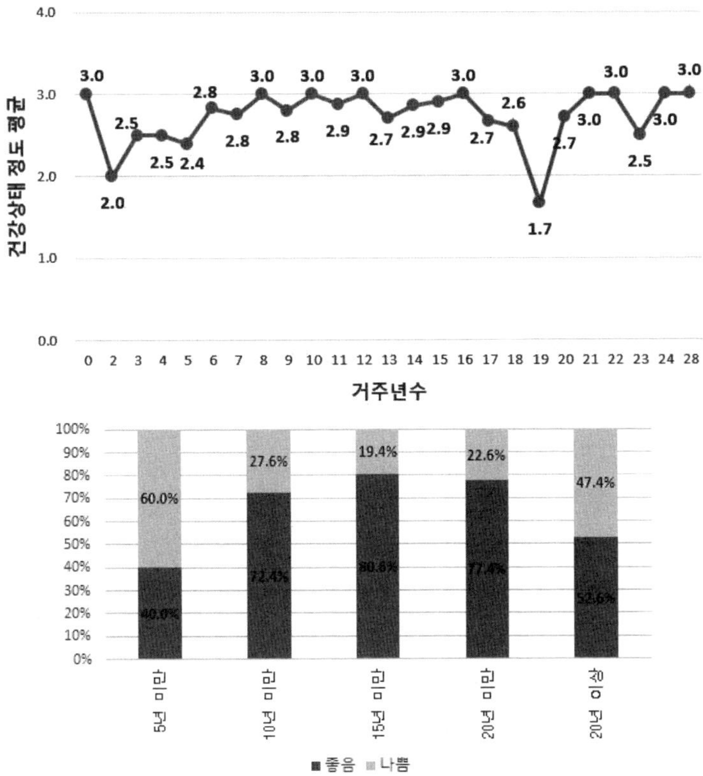

〈그림 6-2〉 거주년수 및 거주기간별 주관적 건강상태

으로 판단한 결혼이민자는 62.4%, 매우 건강하다는 비율도 7.8%에 이른다.

결혼이민자의 주관적 건강상태는 평균 2.76점으로 최고점의 69%[1]로 나타났다. 이는 2014년 한국인의 주관적 건강상태를 3.42로 최고점의 68%[2]로 평가한 것과 크게 다르지 않아 결혼이민자가 주관적으

1) 평균 2.76은 최고점인 4점의 69%에 해당함.

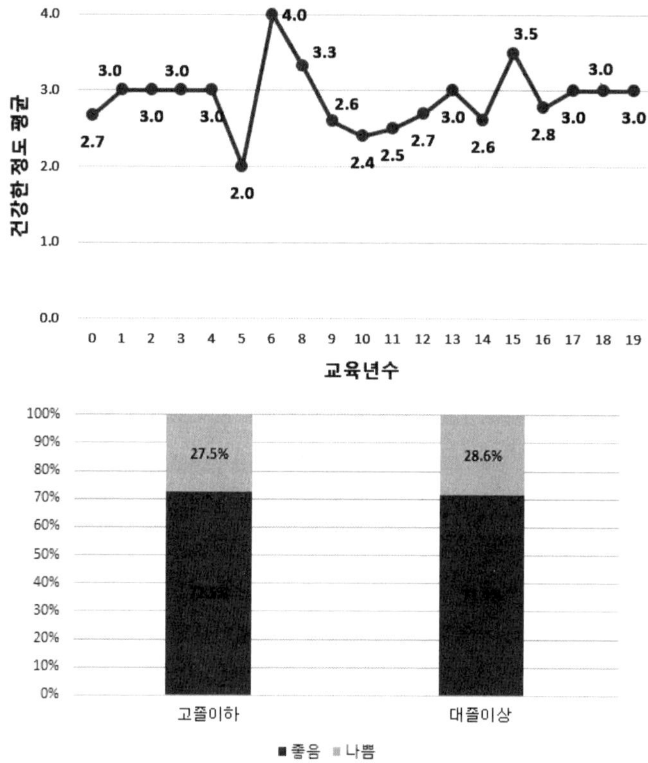

〈그림 6-3〉 교육년수 및 교육수준별 주관적 건강상태

로 인지하는 건강상태는 선주민과 유사했다.

결혼이민자의 건강상태는 연령에 따라 차이를 보이지 않았다. 건강이 나쁘다고 부정적으로 보고한 비율은 40대가 가장 높고 30대에서 가장 낮았다.

거주기간에 따라 주관적으로 판단한 건강상태는 명확한 경향성을

2) 평균 3.42는 최고점인 5점의 68%에 해당함.

보이지 않았다. 단 거주기간이 5년 이하인 이민자의 경우, 1년 이하의 이민 초기에 주관적 건강상태가 가장 낮은 수준을 보이다 이후 5년간 지속적으로 회복되는 추세를 보였다. 이는 결혼이라는 생의 주요 변화와 더불어 임신, 출산, 육아부담으로 이민 초기의 결혼이민자가 건강상태를 상대적으로 나쁘게 인식할 수 있으며, 출생한 문화권을 떠나 낯선 문화로의 진입이 결혼이민자의 정신 및 신체적 건강을 취약하게 하는 긴장도 높은 경험임을 시사한다(김이선 외, 2012; 정해숙 외, 2016).

주관적 건강상태는 교육수준에 따라서는 의미 있는 차이가 없었다. 교육년수에 따라 결혼이민자의 주관적 건강상태는 주목할 만한 변화가 없었으며, 대학 졸업 이상의 학력자와 고졸 이하 학력자 사이에서도 주관적 건강상태에 의미 있는 집단 차이가 없었다.

건강상태는 기타 동남아시아 출신의 결혼이민자가 가장 취약한 것으로 조사되었다. 기타 동남아시아 출신의 결혼이민자는 42.9%가 자신의 건강상태를 나쁘거나 매우 나쁘다고 보고해 다른 국가 출신 결

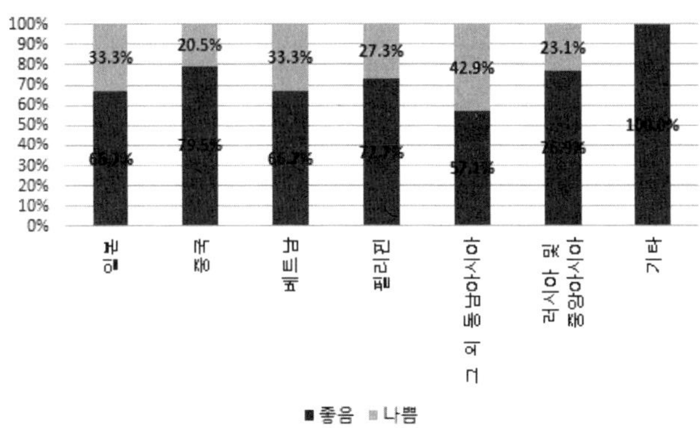

〈그림 6-4〉 국가별 주관적 건강상태

혼이민자의 주관적 건강상태와 차이를 보였다. 기타 동남아시아 국가 출신의 결혼이민자는 경제, 생산활동, 소비활동에서 가장 심각하게 배제된 집단으로 나타나 다양한 차원에서 중복적 배제에 처한 위험 집단으로 확인되었다.

2) 건강서비스 접근성을 통해 본 배제

건강서비스에 대한 접근성이 적절히 보장되지 못한 결혼이민자는 17%에 달했다. 83%의 결혼이민자는 건강서비스가 필요할 때 병원을 이용하는 것이 비교적 가능한 것으로 나타났다. 결혼이민자는 한국 국적취득을 통해 건강보험과 의료급여의 대상자로 포섭되기 때문에 건강서비스로부터의 배제 정도가 비교적 높지 않다. 다양한 유형의 이주민을 대상으로 한 조사(최혜지 외, 2012)에서 건강서비스로부터 배제된 비율이 외국인노동자 51%, 난민 58%와 비교하면 결혼이민자는 한국국적을 취득함으로써 사회권적 권리에 대한 보장이 선주민과 동일하게 이루어지기 때문에 다른 유형의 이주민보다 건강서비스 접근성이 높다.

건강서비스에 대한 접근성이 제한되어 건강으로부터 배제된 비율

〈표 6-2〉 건강서비스 접근성

범주		N(명)	%
건강서비스 접근성	그러지 않음	24	17.0
	보통	30	21.3
	그런 편	52	36.9
	매우 그런 편	29	20.6
	합계	141	100.0

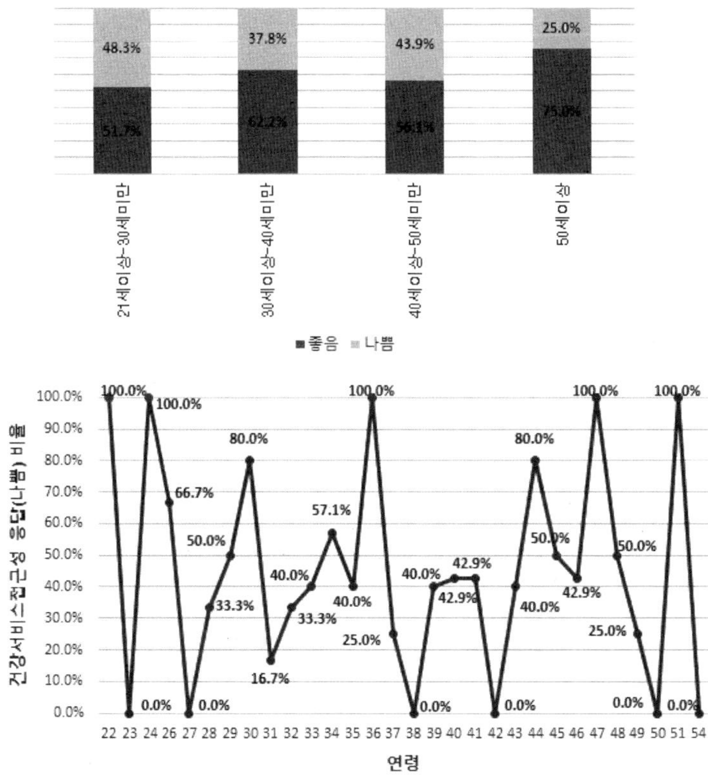

〈그림 6-5〉 연령대 및 연령별 건강서비스 접근성

은 연령대에 따라 차이를 보였다. 20대와 40대 결혼이민자는 건강서비스로부터 배제된 비율이 각각 48.3%, 43.9%로 비교적 높았다. 연령별로 살펴본 건강서비스에 대한 접근성은 일정한 경향성을 보이지 않았다. 건강서비스에 대한 접근성은 건강보장정책에 의해 결정되고 건강보장제도에의 접근은 연령과 관계없이 사회권 자격 충족 여부에 의해 결정되기 때문에 연령과 건강서비스로부터의 배제는 의미 있는

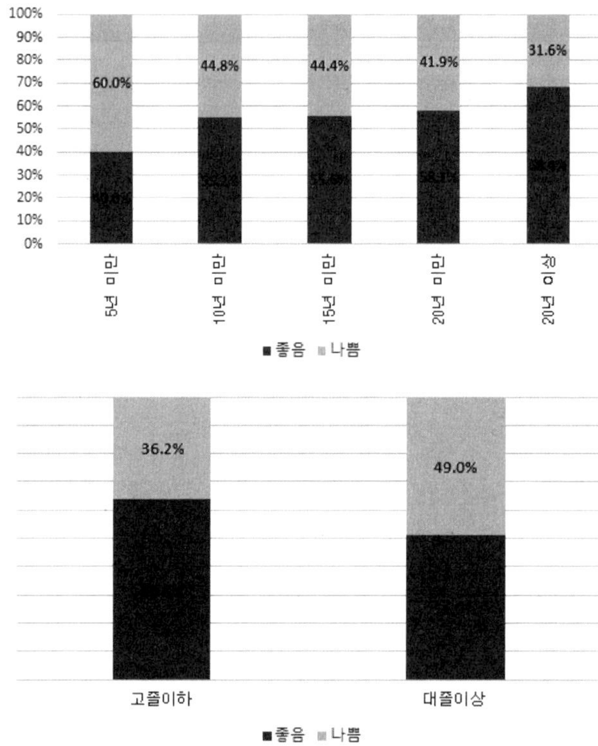

〈그림 6-6〉 거주기간 및 교육수준별 건강서비스 접근성

연계를 보이지 않는 것으로 설명될 수 있다.

거주기간이 증가함에 따라 결혼이민자의 건강서비스에 대한 접근성은 증가했다. 거주기간이 5년 미만인 초기 이민자는 의료기관 및 의료서비스에 대한 정보부족, 의사소통의 어려움 등으로 건강서비스에 대한 접근성이 가장 낮았으며 주관적으로 판단한 건강수준 또한 가장 낮은 것으로 나타났다.

결혼이민자가 경험하는 건강서비스 이용의 가장 큰 장애요인은 치

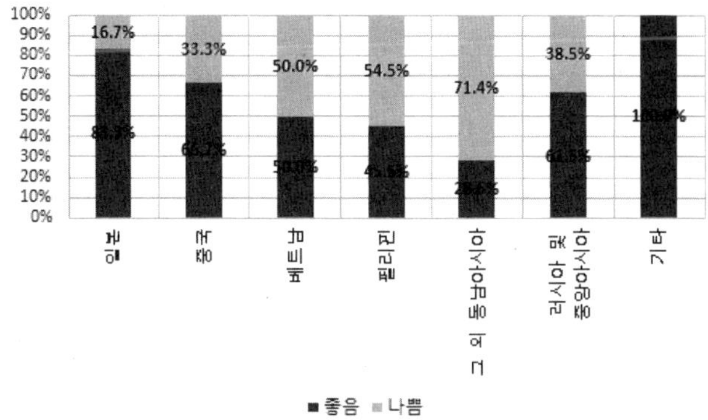

〈그림 6-7〉 국가별 건강서비스 접근성

료비 부담과 함께 언어적 문제이므로(최혜지, 2012; 정해숙 외, 2016) 초기 이민자를 대상으로 의료서비스 이용이 정보와 의사소통의 어려움으로 좌절되지 않도록 적절한 지원이 이루어져야 한다.

고졸 이하의 학력을 지닌 결혼이민자의 건강서비스에 대한 접근성이 대졸 이상의 결혼이민자보다 높게 나타났다. 대졸 이상의 결혼이민자가 건강서비스에 대해 상대적으로 높은 수준의 배제를 보인 이유는 병원을 방문할 시간이 없기 때문인 것으로 확인되었다. 반면 고졸 이하의 결혼이민자가 건강서비스 접근이 어려운 이유는 정보부족과 경제적 어려움으로 나타났다. 배제의 수준 외에 교육수준에 따라 건강서비스로부터 배제되는 주요 원인이 다르게 나타난 점에 주목할 필요가 있다.

건강서비스에 대한 접근성은 출신국가에 따라 차이를 보였다. 건강서비스 접근성이 낮은 비율은 그 외 동남아시아 출신 결혼이민자에서 가장 높게 나타났다. 필리핀, 베트남 출신의 결혼이민자도 건강서비스 접근성이 상대적으로 낮았다. 반면, 일본, 중국, 러시아 및 중앙아시아 출신의 결혼이민자는 건강서비스에 대한 접근성이 비교적 높았다.

2. 교육으로부터의 배제

결혼이민자가 한국에서 경험하는 교육의 기회는 한국어 교육과 직업교육이 대표적이다. 이들 교육에 대한 참여는 교육 차원에서 결혼이민자의 배제 경험을 적절히 반영한다.

1) 직업 교육을 통해 본 배제

사회적 배제의 지표로서 교육 기회가 갖는 의미는 크다. 교육은 이주민이 선주민의 문화, 언어, 관습을 이해하고 익히며 이주한 사회의 주류로 편입되는 기회를 확대한다. 77%의 결혼이민자는 한국에 입국한 후 한국어 교육을 받은 경험이 있고, 결혼이민자의 61.5%는 직업교육에 참여한 것으로 나타났다.

직업교육의 참여는 연령대가 높아질수록 증가하는 경향을 보였다. 직업교육에 참여한 결혼이민자의 구성비는 21세에서 30세 미만은 51.7%, 31세에서 40세 미만은 62.2%, 41세에서 50세 미만은 69.0%, 50세 이상은 60.0%로 50세까지 증가하다 이후 작은 폭으로 감소했다.

결혼이민자의 직업교육 참여와 거주기간 사이의 연계는 부분적으로 정적인 연관성을 보였다. 거주기간이 5년 미만까지 거주기간의 증가와 직업교육 참여 사이에 명확한 관계를 확인하기 어렵다. 그러나

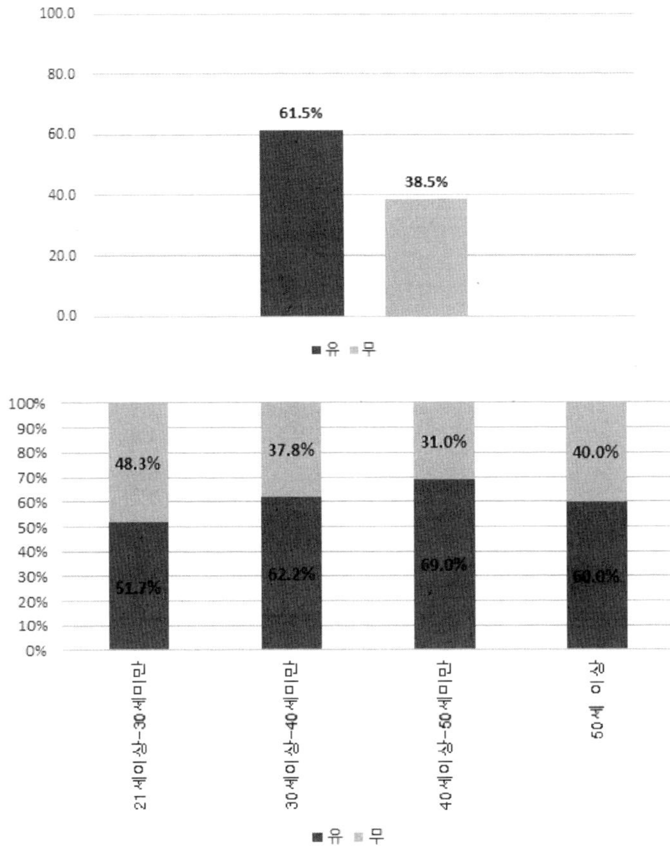

〈그림 6-8〉 연령대별 직업교육 참여여부

거주기간 5년을 기점으로 거주년수와 직업교육 참여 사이에 정적인 비례 관계가 확인된다. 거주기간 5년부터 17년까지는 거주기간이 증가할수록 직업교육의 참여 또한 지속적으로 증가했다.

결혼이민자의 교육수준과 연령대별 직업교육에 대한 분석은 두 가지 시사점을 제공한다. 먼저 대부분의 연령대에서 고졸 이하의 결혼

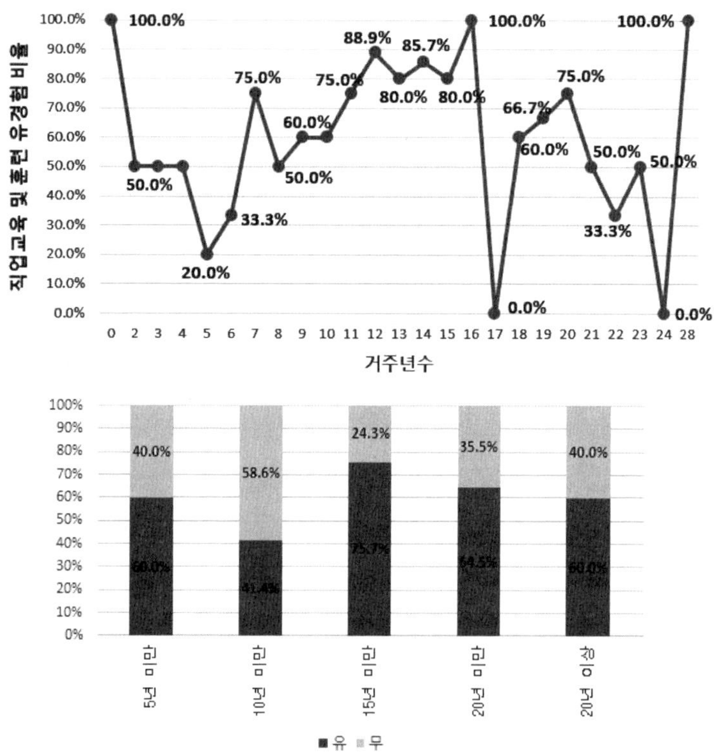

〈그림 6-9〉 거주년수 및 거주기간별 직업교육 참여여부

이민자가 대졸 이상의 결혼이민자보다 직업교육과 직업훈련에 높은 참여율을 보였다. 이는 교육수준이 높을수록 이주국에서 새로운 경력을 쌓기 위해 교육에 참여하는 확률이 높다는 선행연구의 결과와 차이를 보인다(Mancinelli et al., 2010; 양인숙 외, 2010). 둘째, 고졸 이하와 대졸 이상 모두에서 50세까지는 연령대가 증가함에 따라 직업교육의 참여율이 증가했으나 50세 이상부터 직업교육 참여율이 감소했다. 이는 50세 이상의 준고령자는 직업교육을 받은 후에도 연령으로

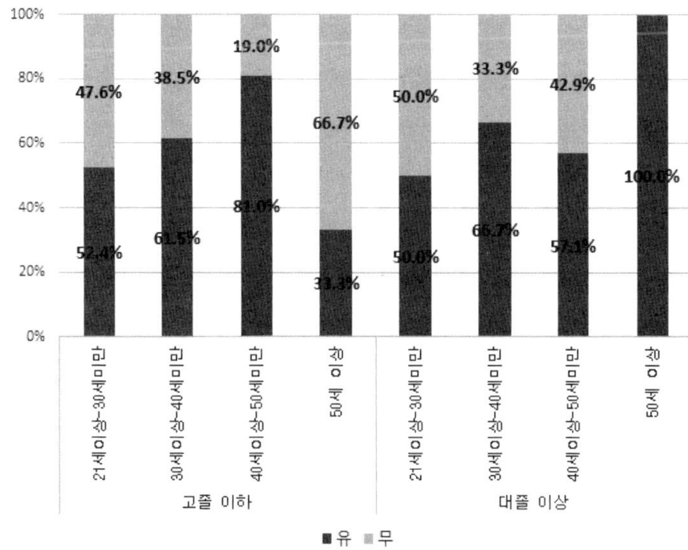

〈그림 6-10〉 교육수준별 직업교육 참여여부

인해 실질적으로 취업으로 연계되기 어렵다는 비용효과적 판단에 근거한 선택으로 설명된다.

결혼이민자의 출신국가에 따라 직업교육이나 훈련의 참여율 사이에 차이가 관찰되었다. 중국, 러시아 및 중앙아시아 출신 결혼이민자는 70% 이상이 직업교육이나 훈련을 받아 상대적으로 높은 참여율을 보이는 반면 그 외 동남아시아 국가 출신 결혼이민자의 참여율은 14.3%로 낮았다. 일본, 베트남, 필리핀 출신 결혼이민자의 참여율은 50%대로 비교적 양호한 것으로 나타났다.

직업교육의 참여율은 취업 중인 결혼이민자가 상대적으로 높았다. 취업 중인 결혼이민자의 경우, 직업교육이 취업 기회를 제공했거나 또는 취업 후 사업장에서 직업교육이 제공될 기회가 상대적으로 많기

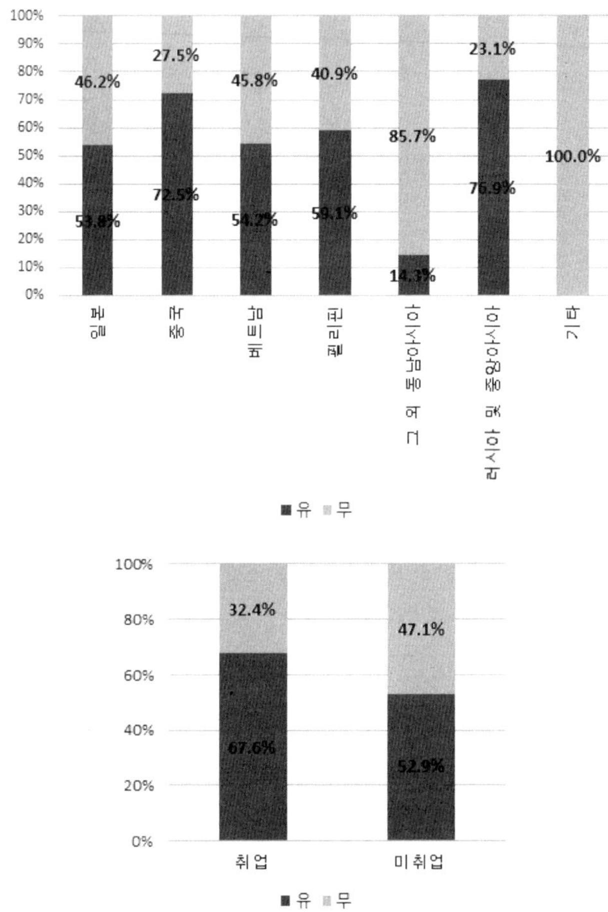

〈그림 6-11〉 국가 및 취업유무별 직업교육 참여여부

때문에 취업자의 직업교육 참여율이 비취업자보다 높게 나타난 것으로 설명할 수 있다.

2) 한국어 교육을 통해 본 배제

결혼이민자의 한국어 능력은 한국사회의 적응을 위해 요구되는 우선 조건이며 취업 가능성 및 사회통합의 결정적 요인이다(고혜원 외, 2010; 양인숙 외, 2010; 배경희 외, 2012; 박재규, 2013). 한국어 능력이 갖는 중요성에도 불구하고 23.0%의 결혼이민자는 한국어 교육에 참여할 기회를 갖지 못한 것으로 나타났다.

한국어 교육에 대한 참여는 연령대에 따라 뚜렷한 차이를 보였다. 21세에서 30세 미만의 결혼이민자는 93.1%, 31세에서 40세 미만은 82.2%, 41세에서 50세 미만은 57.1%가 한국어 교육에 참여한 것으로 나타났다. 한국어 교육 참여의 각 연령별 추이에 따르면 30대 초반까지는 대부분의 연령에서 한국어 교육 참여율이 100%를 보인다. 이후 30대 후반까지 오르내림의 빈도와 폭이 증가하고 40대 후반까지 감소추이가 지속적으로 유지되었다.

결혼이민자의 연령대가 증가할수록, 한국에 거주한 기간이 증가할수록 한국어 교육에 참여할 기회 또한 증가할 것이라는 일반적인 가정과 달리 한국어 교육의 참여는 연령대가 낮을수록 증가하는 경향을 보였다. 연령대가 낮을수록 최근 입국했을 가능성이 높고 결혼이민자를 위한 교육의 기회가 2008년 다문화가족지원법이 마련된 이후부터 체계적으로 확대되었다는 정책적 맥락과 연계된 것으로 설명된다. 수

〈표 6-3〉 한국어 교육 참여여부

범주		N(명)	%
한국어 교육 참여여부	유	94	77.0
	무	28	23.0
	합계	122	100.0

요 차원에서는 연령대가 낮을수록 한국 거주기간이 짧을 가능성이 높아 한국어 능력이 상대적으로 낮기 때문에 한국어 교육에 대한 참여도는 높게 나타난 것으로 설명된다.

거주기간이 짧은 이주초기의 결혼이민자는 한국어 교육 참여율이

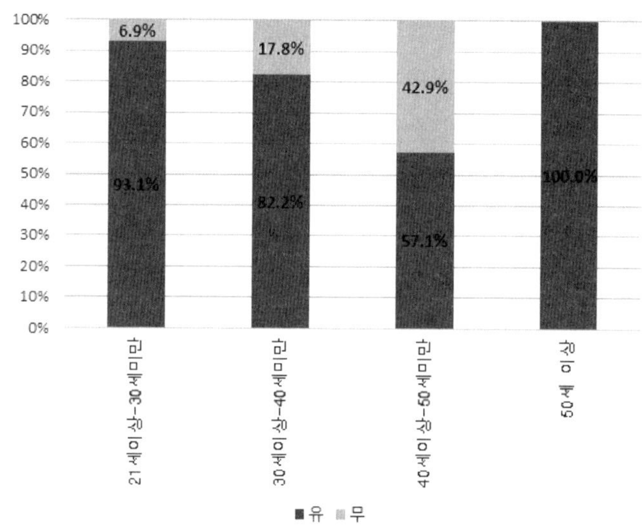

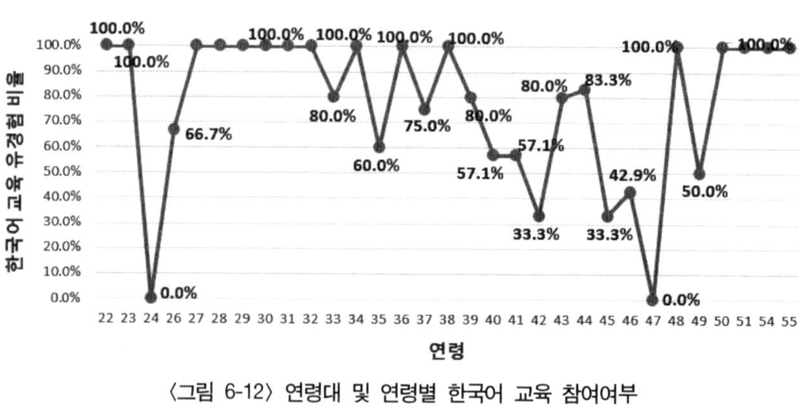

〈그림 6-12〉 연령대 및 연령별 한국어 교육 참여여부

높았으며 거주기간이 10년을 넘은 이후부터 결혼이민자의 한국어 교육 참여율이 지속적으로 감소했다. 이주시기가 상대적으로 이른 장기 거주자의 경우, 한국에 이주할 당시 한국어 교육 프로그램이 체계화되지 않았던 제도적 한계로 인해 한국어 교육 참여율이 낮은 것으로 설명된다. 2008년 다문화가족지원법 제정에 따른 한국어 교육의 강화로 결혼이주여성의 한국어 능력이 전반적으로 향상되었다는 연구

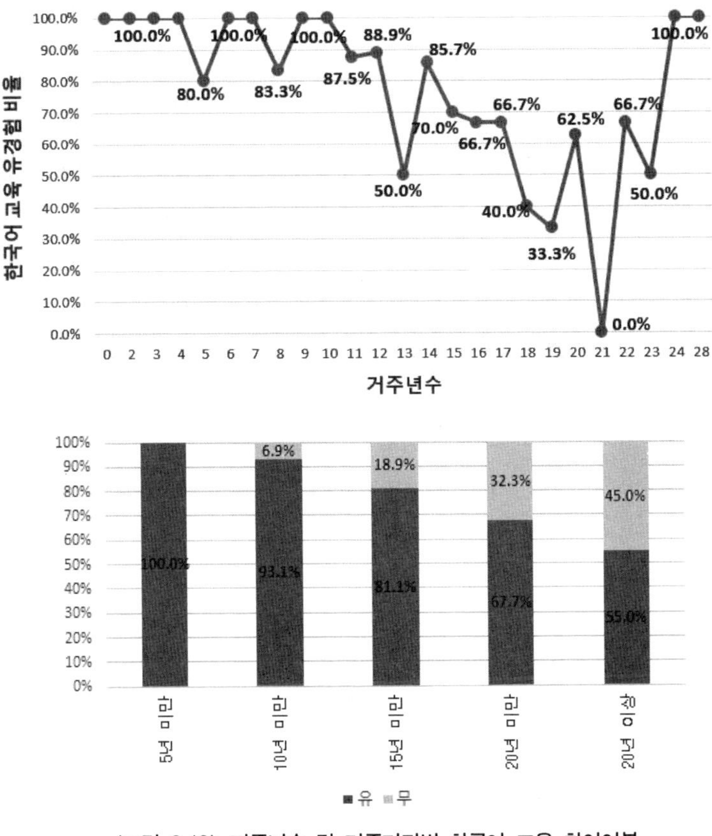

〈그림 6-13〉 거주년수 및 거주기간별 한국어 교육 참여여부

결과는 결혼이민자의 이주시기 및 거주기간에 따른 한국어 교육 참여율의 차이를 설명한다(김승권 외, 2010; 전기택 외, 2013).

교육수준에 따른 한국어 교육 참여율은 모든 연령대에 거쳐 대졸 이상 학력을 지닌 결혼이민자의 참여율이 상대적으로 높았다. 고졸 이하와 대졸 이상 모두에서 40대까지 연령대가 증가할수록 한국어 교육 참여율은 감소하는 경향이 동일하게 관찰되었다. 결혼이민 제도의 강화로 결혼이민자에게 일정 수준의 한국어 능력이 요구되고, 결혼이민자를 위한 한국어 교육 프로그램의 양적 및 질적 확대에 따라 연령이 낮은, 최근에 한국으로 이주한 결혼이민자일수록 한국어 교육 참여율이 높았다.

한국어 교육 참여율은 동남아시아와 중앙아시아 출신의 결혼이민자가 상대적으로 높고 중국과 일본 등 극동 아시아 출신 결혼이민자는 상대적으로 낮았다. 중국 출신 결혼이민자의 일부는 한국계 중국동

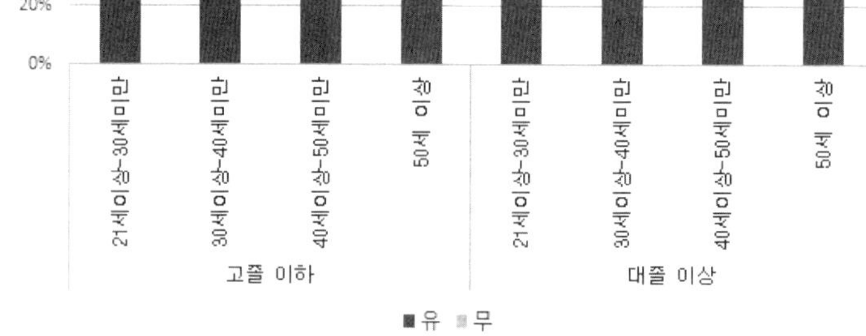

〈그림 6-14〉 교육수준별 한국어 교육 참여여부

포이기 때문에 한국어 교육에 대한 욕구가 상대적으로 낮게 나타났다.

취업 여부에 따라 한국어 교육 참여율에 차이를 보였다. 취업 중인 결혼이민자의 한국어 교육 참여율은 비취업자인 결혼이민자보다 상대적으로 낮았다. 이는 취업률이 연령대가 높을수록 증가하고 연령대가 높을수록 한국어 교육 참여율이 낮았다는 결과와 연동된 것으로 해석된다. 또한 취업으로 인해 한국어 교육에 참여할 시간이나 동기

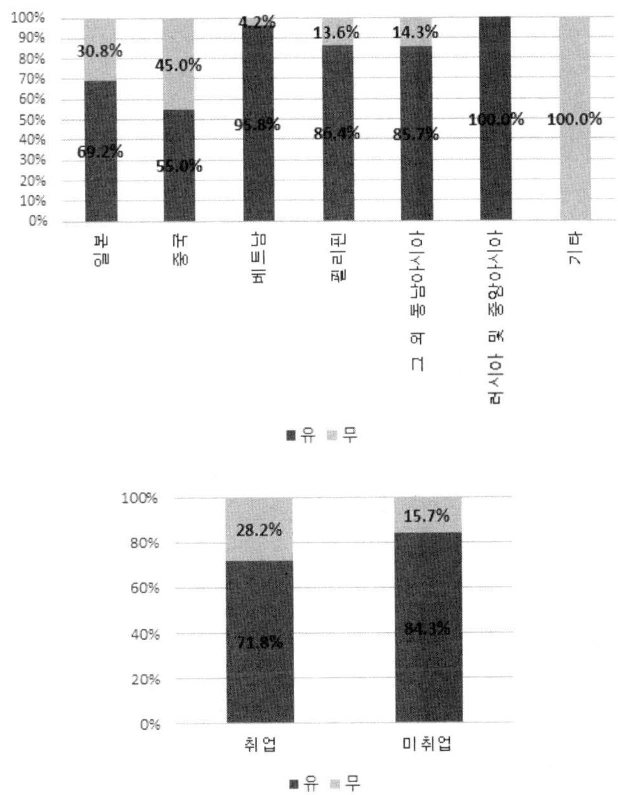

〈그림 6-15〉 국가 및 취업여부별 한국어 교육 참여여부

가 높지 않다는 점 또한 취업자의 한국어 교육 참여율이 낮은 이유로 주목된다.

연령대가 낮을수록 한국어 교육 참여는 증가하는 반면 직업교육은 연령대가 높을수록 증가했다. 직업 교육은 일정 수준 이상의 한국어 능력이 습득된 후 참여가 가능하기 때문에 상대적으로 거주 기간이 길고 한국어 구사력도 일정 수준 이상이 된 연령대에서 높게 나타난다. 결혼이민자의 귀국 후 교육 참여는 이주 후 적응의 단계에 따라 결혼이민자의 욕구가 한국어를 비롯한 기본적인 문화적응에서 적극적인 사회참여로의 이동하고 있음을 시사하며, 교육에 대한 욕구도 이에 대응해 변화됨을 시사한다.

3. 의사소통 능력으로부터 배제

자신이 한국어를 못한다고 판단하는 결혼이민자는 5.4%에 불과했다. 57.3%가 보통으로 평가했으며, 잘하거나 매우 잘한다는 비율은 약 37%에 달했다. 한국어 능력은 연령대가 높아짐에 따라 큰 폭으로 증가했다. 40대 이상은 50%가 한국어를 잘하거나 매우 잘한다고 평가했다. 그러나 40대 이상의 결혼이민자 중에도 50%는 여전히 한국어 능력을 보통 이하로 낮게 평가했다. 특히 20대 젊은 결혼이민자의 86.2%는 한국어 능력이 보통 이하로 낮아 언어적 제한이 심각한 것으로 나타났다.

한국어 능력은 결혼이민자의 사회참여, 경제활동, 사회통합의 결정적 요소이다(양인숙 외, 2010; 배경희 외, 2012; 박재규, 2013). 언어는 이민자가 이주국에서 사회적 존재로 생존하기 위한 기본 도구라는 점에서 한국어에 장애가 있는 이민자의 구성비가 여전히 높다는 점은 사회적으로 환기될 필요가 있다. 특히 다문화가족지원센터를 비롯해 결혼이민자를 위한 프로그램의 다수가 한국어 교육 프로그램임을 고려하면 이들 프로그램이 참가자의 한국어 능력을 높이는 데 효과가 있는가를 우려하게 한다.

한국에 장기간 거주하는 것이 한국어 능력의 증가를 동반하는 것

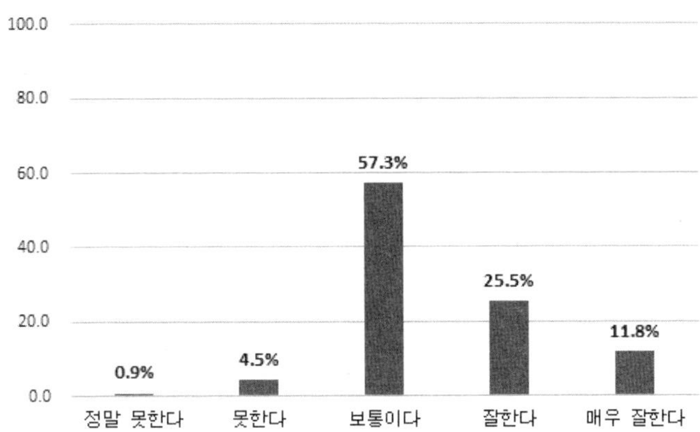

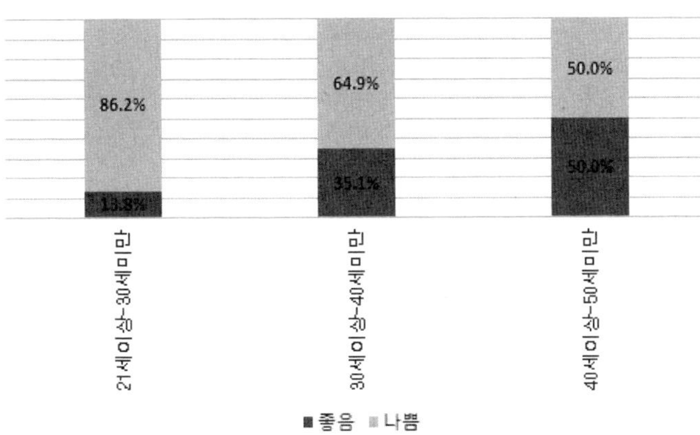

〈그림 6-16〉 연령대별 한국어 능력

은 아니었다. 거주기간별 한국어 능력을 분석한 결과 한국 거주기간이 16년 이하인 경우, 결혼이민자의 한국어 능력은 거주기간에 따라 증가했다. 그러나 거주기간이 17년 이상부터 22년 사이의 결혼이민자는 거주기간에 따라 한국어가 유창하지 않다는 비율이 오히려 증가했다.

대학 졸업 이상의 고학력을 지닌 결혼이민자의 한국어 능력이 고

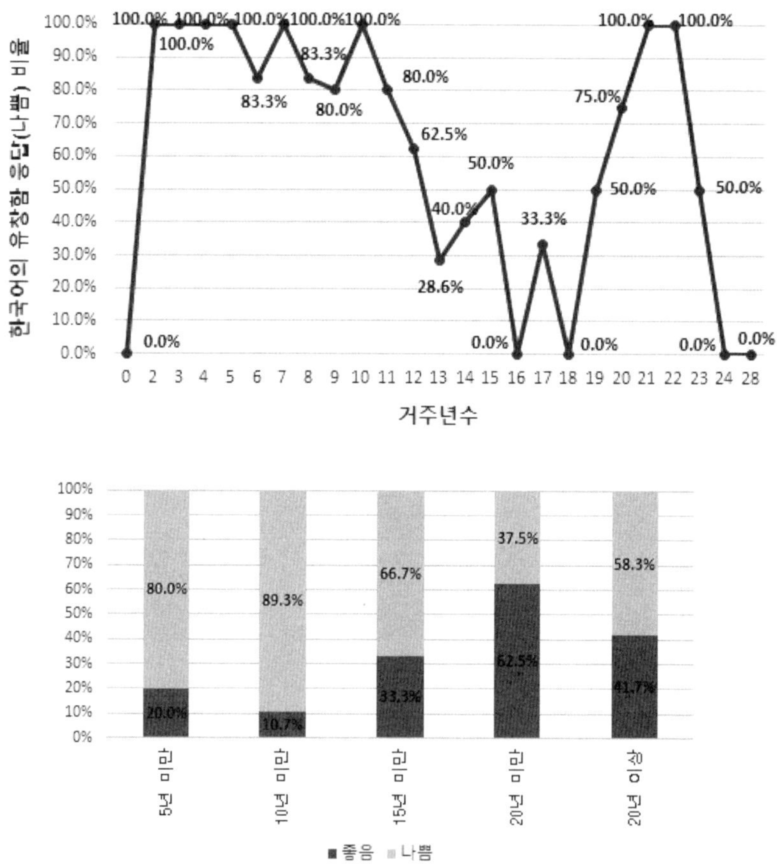

〈그림 6-17〉 거주년수 및 거주기간별 한국어 능력

등학교 졸업 이하 결혼이민자의 한국어 능력에 미치지 못했다. 대학 졸업 이상의 결혼이민자는 72.2%가 자신의 한국어를 보통 이하로 부정적으로 평가한 반면 고등학교 졸업 이하의 결혼이민자는 64.2% 만이 부정적으로 평가했다. 대학 졸업 이상의 결혼이민자는 고졸 이하의 결혼이민자보다 경제활동에 참여하는 비율이 높음에도 불구하고 한국어 능력은 오히려 부정적으로 평가했다.

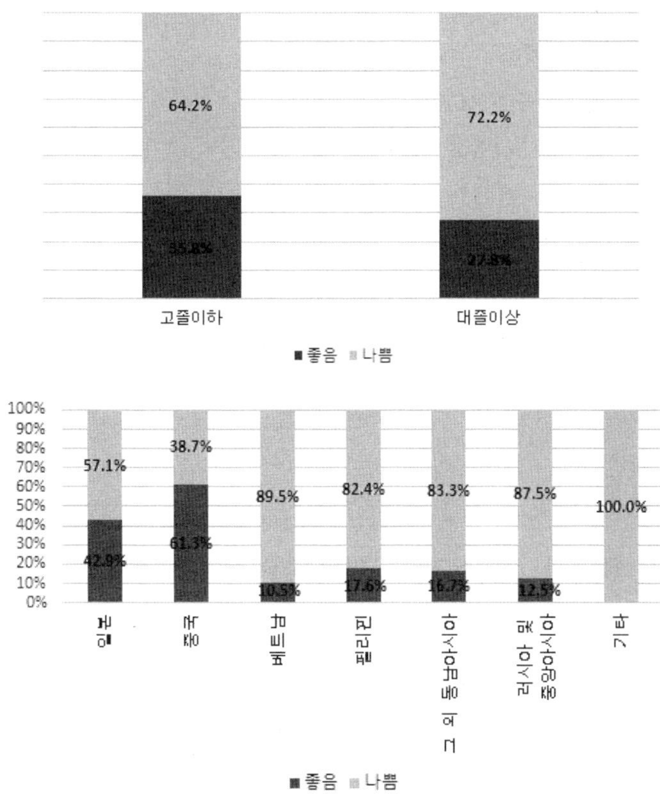

〈그림 6-18〉 교육수준 및 국가별 한국어 능력

이는 교육적 수준이 높을수록 이주문화에 대한 정보와 사전경험의 가능성이 높아 이주문화습득의 어려움을 상대적으로 낮출 수 있으며, 교육수준이 높을수록 높은 수준의 지적 및 경제적 자원을 소유하고 있기 때문에 이주문화습득이 순조롭게 이루어진다는 선행연구결과와 차이를 보인다. 결혼이민자가 자신의 한국어 능력을 판단하는 기준이 주로 주변의 한국인임을 고려하면 결혼이민자의 학력이 높을수록 한국어 능력에 대한 기준 또한 상대적으로 높아 자신의 한국 능력을 상대적으로 부정적으로 평가할 가능성이 높다(최혜지, 2009; 양인숙 외, 2010; 정기선 외, 2012).

일본과 중국 출신 결혼이민자의 42.9%, 61.3%가 자신의 한국어 능력을 긍정적으로 평가해 다른 국가 출신 결혼이민자의 한국어 능력과 의미 있는 차이를 보였다. 한국어 능력은 조선족 동포를 포함한 중국 출신의 결혼이민자가 가장 우수했다. 일본 출신의 결혼이민자도 한국어 능력이 상대적으로 양호한 반면, 러시아 및 중앙아시아와 동남아시아 출신 결혼이민자는 자신의 한국어 능력을 긍정적으로 평가한 경우가 10%대로 낮았다.

제2절 총체적 사회적 배제 및 선주민과의 비교

민족적 배경의 상이성과 이주경험을 사회적 배제의 충분조건으로 이해하는 오류는 경계될 필요가 있다. 결혼이민자의 사회적 배제를 선주민의 사회적 배제와 비교함으로써 결혼이민자의 사회적 배제를 객관화하고 앞서 제기된 오류를 축소하고자 했다.

1. 총체적 수준의 사회적 배제

결혼이민자가 사회적으로 배제되는 정도는 연령대에 따라 차이를 보였다. 20대와 30대보다 40대와 50대 결혼이민자가 사회적 배제의 수준이 유의미하게 높았다. 연령과 사회적 배제의 관계는 오르내림을 반복했으나 연령이 높아질수록 변화의 폭이 감소하고 전반적으로 높

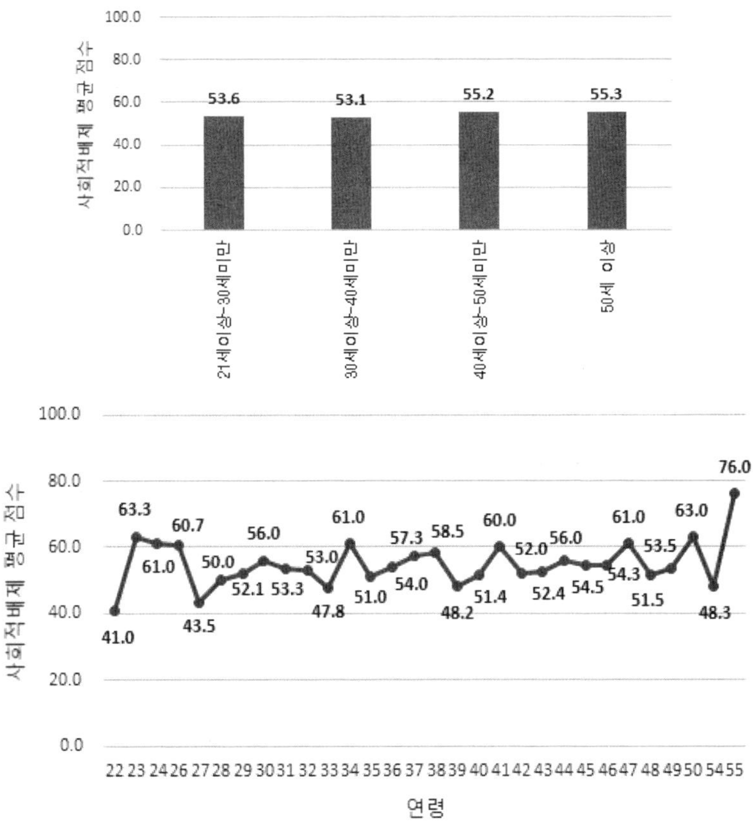

〈그림 6-19〉 연령대 및 연령별 총체적 사회적 배제

은 수준에서 안정화되는 추세를 보였다.

이는 이주시기가 같을 경우, 높은 연령의 결혼이민자가 사회적으로 배제될 가능성이 높다는 것을 의미한다. 동시에 일찍 한국으로 이주한 높은 연령의 장기 거주 결혼이민자도 문화적, 사회적 적응의 과정에도 불구하고 사회적으로 통합되는 것에 한계가 있음을 시사한다. 더불어 결혼이민자의 사회적 적응이 곧 사회적 통합으로 연계되기보다 사회적 통합은 이주민에 대한 선주민의 수용과 인정이 전제되어야 함을 시사한다.

한국에 거주한 기간에 따라 결혼이민자가 경험하는 사회적 배제는 차이를 보였다. 거주기간이 5년 미만인 결혼이민자는 높은 수준의 사회적 배제를 보였으며 특히 거주기간이 3년 미만인 초기 이주자의 사회적 배제가 가장 높았다. 이후 거주기간이 증가해도 사회적 배제는 의미 있는 변화를 보이지 않았다.

거주기간이 10년 미만인 결혼이민자의 사회적 배제와 20년 이상인 결혼이민자의 사회적 배제는 의미 있는 차이가 없었다. 단 거주기간이 25년을 넘어서면서 사회적 배제의 수준이 급격히 감소하는 것으로 나타났다. 사회적 배제는 거주기간이 증가함에 따라 지속적으로 감소하기보다 거주기간 5년, 25년을 기준으로 급격히 감소하는 계단형 추이를 보였다.

이는 이민자의 사회통합은 거주기간에 비례해 증가하며, 거주기간이 증가할수록 이주사회에 동화되는 정도가 높다는 국내외 연구결과와 차이를 보인다(Mancinell, S. et al., 2010; 권복순, 2010). 결혼이민자의 사회적 배제가 한국사회의 거주기간에 따라 변화 없이 일정 수준을 유지한 본 연구의 결과는 결혼이민자의 한국 문화와 사회에 대한 적응이 결혼이주민의 한국 사회 포용으로 연계될 것이라는 가정이 순

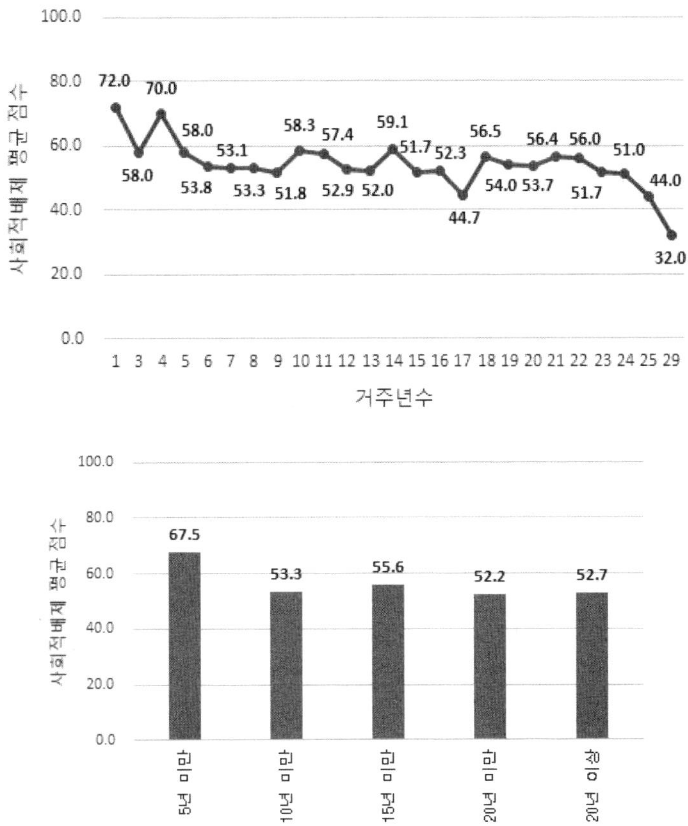

〈그림 6-20〉 거주년수 및 거주기간별 총체적 사회적 배제

진한 발상일 수 있음을 경고한다.

결혼이민자의 교육수준은 한국사회에의 통합과 의미 있는 연계를 보이지 않았다. 대학 졸업 이상의 학력을 지닌 결혼이민자와 고등학교 졸업 이하의 학력을 지닌 결혼이민자 사이에 사회적 배제의 수준은 의미 있는 차이가 없었다.

한편 경제활동에 참여하는 결혼이민자의 사회적 배제 수준은 경제

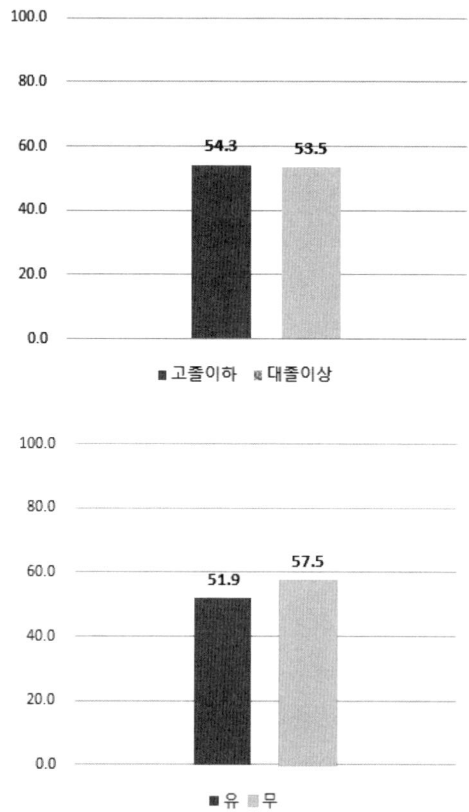

〈그림 6-21〉 교육수준 및 직업유무별 총체적 사회적 배제

활동에 참여하지 않는 결혼이민자보다 유의미하게 높았다. 경제활동에 참여하는 결혼이민자의 사회적 배제가 높게 나타난 이 연구의 결과는 선행연구의 결과와 대치되는 것으로, 직장생활이 결혼이민자의 생산활동과 소비활동의 교류, 사회적 참여에 긍정적으로 기여하지 못하고 있음을 드러낸다. 대학 졸업 이상의 학력을 지닌 결혼이민자가 경제활동 참여율은 높은 반면 교육 수준에 따라 결혼이민자의 사회적

배제에 차이가 없다는 연구결과는 결혼이민자의 경제활동은 자아실현, 사회봉사 및 참여 등 선주민에게 직업이 갖는 의미와 상이할 수 있음을 시사한다.

결혼이민자의 출신국가에 따라 사회적 배제의 정도는 차이를 보였다. 일본과 기타 동남아시아 국가 출신 결혼이민자는 가장 높은 정도의 사회적 배제를 경험하는 반면 러시아를 비롯한 중앙아시아와 중국 출신의 결혼이민자는 사회적으로 배제되는 수준이 상대적으로 낮았다.

일본 출신 결혼이민자가 가장 심각하게 배제되는 차원은 정치적 관여로부터의 배제였다. 소비활동으로부터의 배제와 사회적 교류로부터의 배제는 상대적으로 낮았다. 중국 출신 결혼이민자 또한 정치적 관여에서 가장 심각한 수준의 배제를, 사회적 교류로부터의 배제는 가장 낮은 수준을 보였다. 베트남 출신 결혼이민자 또한 중국 출신 결혼이민자와 동일하게 정치적 관여에서 가장 높은 수준의 배제를, 사회적 교류에서 가장 낮은 수준의 배제를 경험했다. 필리핀 출신 결

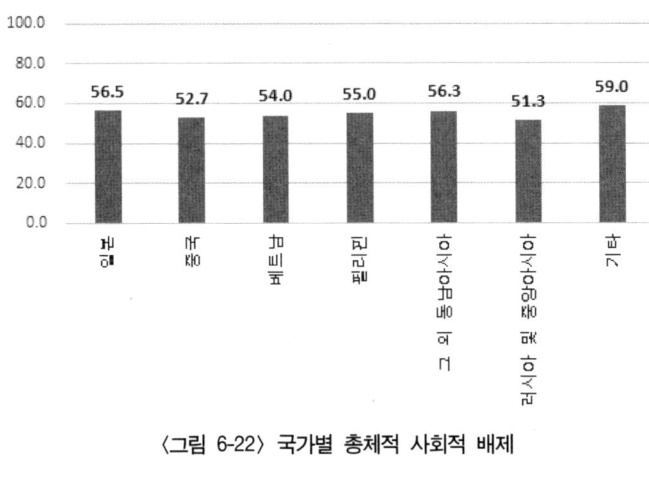

〈그림 6-22〉 국가별 총체적 사회적 배제

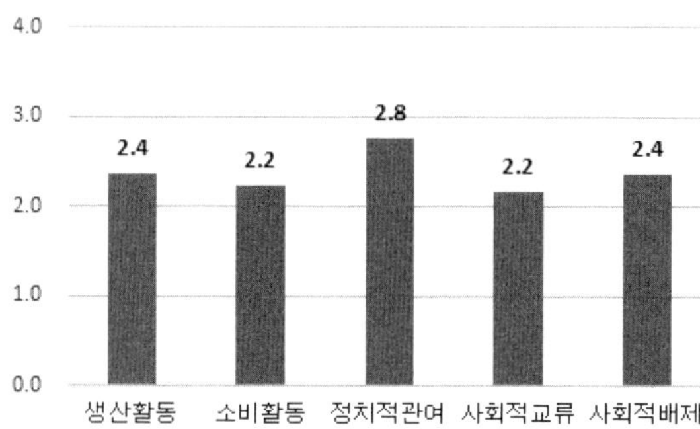
4.0
3.0
2.0
1.0
0.0
2.4
2.2
2.8
2.2
2.4
생산활동
소비활동
정치적관여
사회적교류
사회적배제

일본

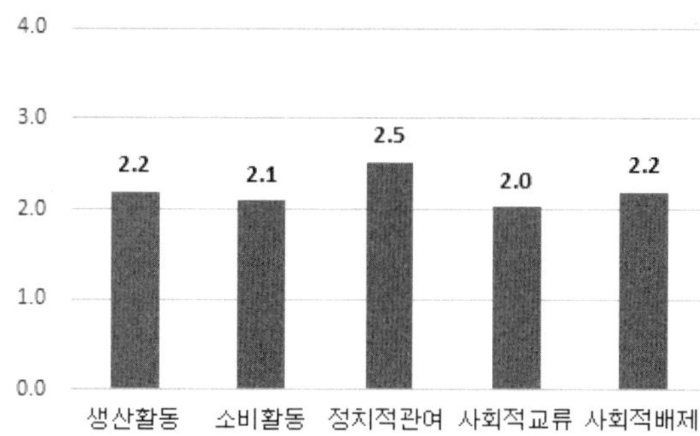
4.0
3.0
2.0
1.0
0.0
2.2
2.1
2.5
2.0
2.2
생산활동
소비활동
정치적관여
사회적교류
사회적배제

중국

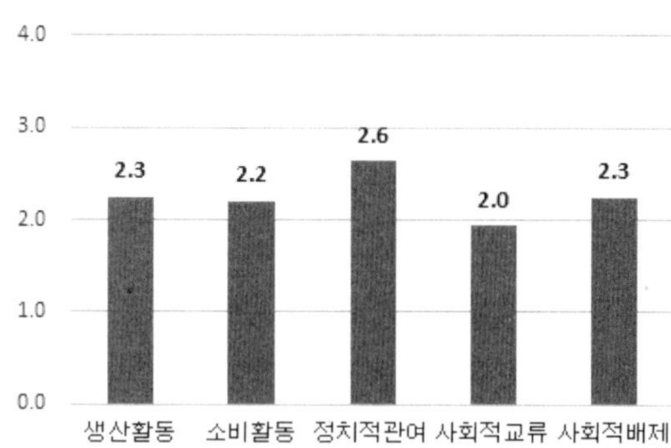
4.0
3.0
2.0
1.0
0.0
2.3
2.2
2.6
2.0
2.3
생산활동
소비활동
정치적관여
사회적교류
사회적배제

베트남

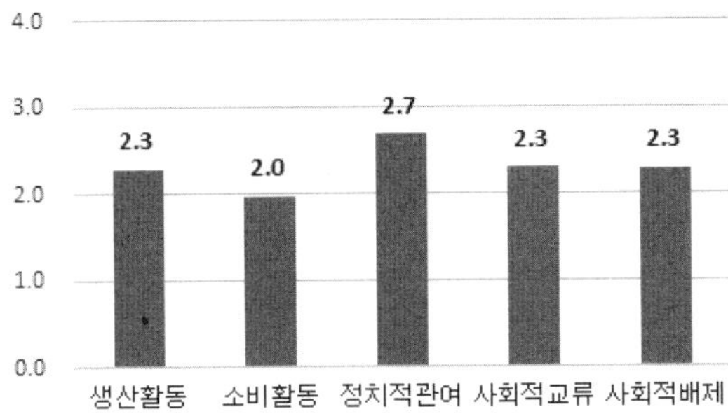

필리핀

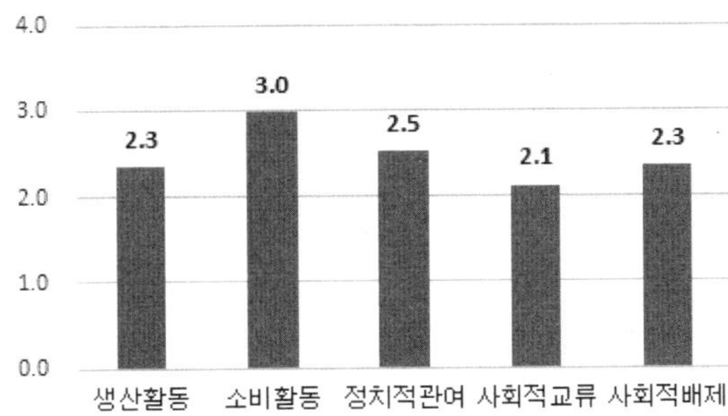

그 외 동남아시아

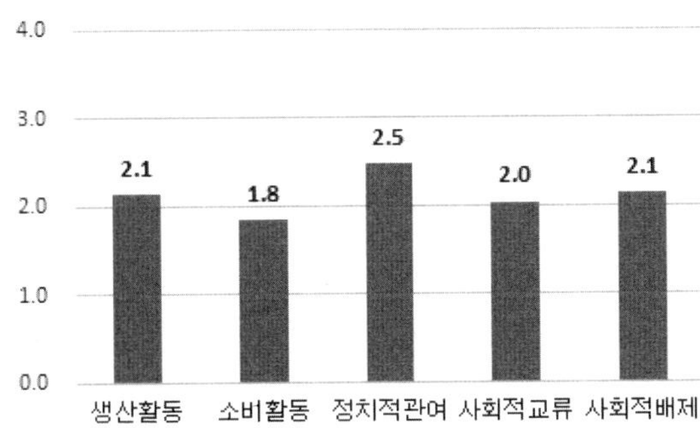

러시아 및 중앙아시아

〈그림 6-23〉 사회적 배제 영역별 및 총합 평균 비교-국가별

혼이민자 또한 정치적 관여로부터의 사회적 배제가 가장 높은 수준을 보였고 상대적으로 배제의 정도가 가장 낮은 차원은 소비활동으로 나타났다. 그 외 동남아시아 출신 결혼이민자가 가장 심각하게 배제된 차원은 소비활동이며 가장 낮은 정도로 배제된 영역은 사회적 교류이다. 러시아 및 중앙아시아 출시 결혼이민자 역시 정치적 관여로부터 배제된 정도가 가장 높고 사회적 교류로부터의 배제는 가장 낮은 수준을 보였다.

차원별 사회적 배제의 양상은 일본, 중국, 베트남 출신 결혼이민자가 유사하게 나타났고, 필리핀 출신 결혼이민자는 러시아 및 중앙아시아 출신 이민자와 동일한 유형을 보였다. 그 외 동남아시아 출신 결혼이민자만이 독특한 양상을 나타냈다. 같은 유형으로 분류된 결혼이민자 집단 사이에는 주목할 만한 공통점이나 특성이 없었다.

2. 선주민과 비교한 사회적 배제

결혼이민자의 사회적 배제를 선주민 빈곤층의 사회적 배제와 비교했다. 생산활동으로부터의 배제는 선주민 빈곤층이 2.37, 결혼이민자가 2.10으로 결혼이민자가 생산활동의 교류로부터 배제되는 정도가 선주민 빈곤층보다 오히려 낮았다. 소비활동으로부터의 배제는 선주민 빈곤층이 2.57, 결혼이민자가 2.15로 소비활동으로 배제되는 수준 또한 선주민 빈곤층이 높게 나타났다.

사회적 교류에서의 배제는 선주민 빈곤층이 2.38, 결혼이민자가 2.10으로 결혼이민자가 사회적 교류로부터 배제되는 수준이 낮았다. 정치적 관여로부터의 배제는 선주민 빈곤층이 1.80, 결혼이민자는 2.37로 결혼이민자의 배제 수준이 높았다. 결혼이민자는 선주민 빈곤

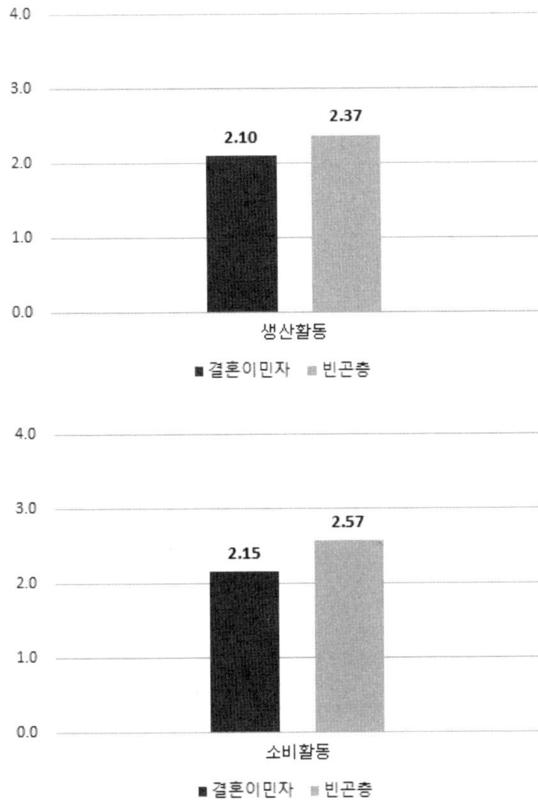

〈그림 6-24〉 빈곤층 대 결혼이민자 평균 점수 비교-생산활동 및 소비활동 영역

층과 비교해 생산활동, 소비활동, 사회적 교류로부터의 배제는 상대적으로 양호했다. 이는 민족적 배경의 차이에 따른 사회적 편견과 이주로 인한 사회 문화적 적응의 과제에도 불구하고 결혼이민자는 이주국에서 생산과 소비 활동에 참여 및 교류할 기회를 만들고 한국 사회의 구성원으로 통합되고자 노력해 왔으며, 노력의 결과가 부분적으로 성공적이었음을 보여준다.

그러나 정치적 관여로부터 배제되는 정도는 선주민 빈곤층과 비교해 매우 높았다. 정치적 관여는 사회구성원이 소속된 미시 및 중거시 체계의 문제를 쟁점화하고, 관련된 의사결정 구조의 일부로 참여하는 것을 의미한다. 결혼이민자가 정치적 관여로부터 배제되는 정도가 높게 나타난 결과는 경제적 활동을 포함한 생산, 소비, 사회교류 등 사회적 존재로서 생존과 직접적으로 관련된 영역에서는 결혼이민자가

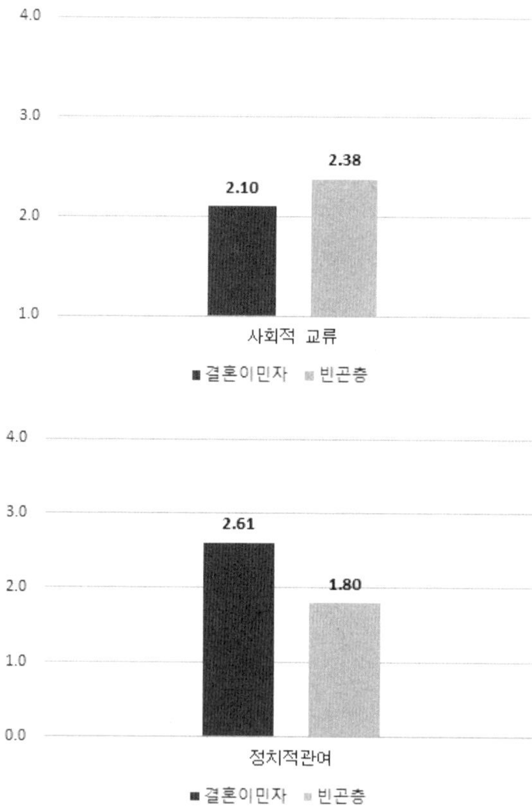

〈그림 6-25〉 사회적 교류 및 정치적 관여 영역

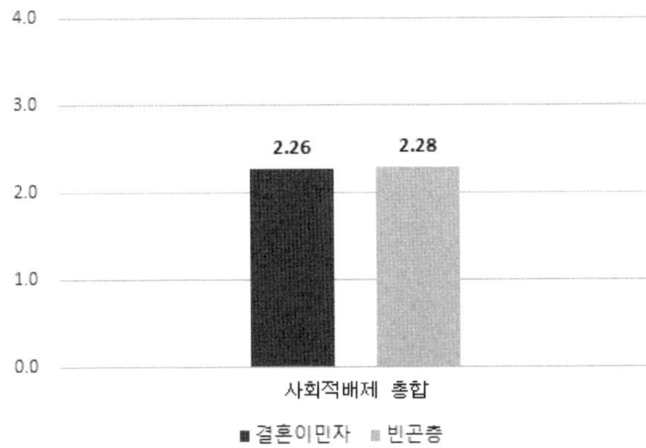

〈그림 6-26〉 사회적 배제 총합 평균 점수 비교

행위주체로서 적극성을 갖는 반면 공동체성이 강조되는 정치적 영역에서는 행위주체로서 결혼이민자가 상대적으로 수동적일 수 있음을 시사한다.

사회적 배제의 모든 하위 영역을 포괄한 사회적 배제의 총 수준은 선주민 빈곤층과 결혼이민자가 각각 2.28, 2.26으로 선주민 빈곤층과 결혼이민자 사이에 의미 있는 차이는 없었다.

이는 경제적 자원과 지위가 상대적으로 열악한 선주민 빈곤층과 이주민으로서 문화사회적 적응의 과제를 안고 있는 결혼이민자는 취약성의 원인은 상이하지만 주류 사회 구성원으로 보편적 자기지위를 갖는 데에 유사한 정도의 취약성을 지니고 있음을 보여준다. 이와 같은 결과는 사회적 배제는 빈곤 또는 박탈 등의 개념을 포함하는 포괄적 개념으로 경제적 자원의 결핍을 넘어 경제사회적 자원, 기회, 관계의 다면적 속성을 고려한 확장적 개념이라는 사회적 배제의 특징을 반영한 것으로 해석된다.

제7장 결혼이민자 자녀의 사회적 배제

제7장 결혼이민자 자녀의 사회적 배제

제1절 경제적 배제

가족의 경제적 상황은 아동에 대한 교육적 투자, 문화 활동, 친구 관계 등 아동의 성장과 발달에 다양한 영향을 미친다(강영배, 2009; 양계민 외, 2012; 전재일 외, 2008; 정선영, 2013). 결혼이민자 가족의 경제적 상황 또한 아동의 교육적 성과, 가족문화를 통해 결혼이민자 자녀의 계급지위를 결정한다.

1. 주관적 재정상태

아동의 특성상 소득의 객관적 규모보다 가족의 재정적 상황을 아동이 어떻게 체감하고 있는가에 의해 영향을 받는다. 가족의 재정상태에 대해 결혼이민자 자녀의 36.8%는 여유가 없다고 부정적으로 평가했다. 63.2%는 가족의 재정상태를 여유가 있다고 답해 자녀가 인식하는 결혼이민자 가족의 재정상태는 비교적 여유 있는 것으로 확인되었다. 아동의 성별에 따라 재정상태에 대한 판단에 의미 있는 차이가 없었다. 남자아동은 60.0%, 여자아동은 66.0%가 재정상태를 여유 있거나 매우 여유 있다고 판단했다.

자녀의 연령대에 따라서는 가족의 재정상태에 대한 평가가 의미 있는 차이를 보였다. 10세 이하의 아동은 72.1%가 가족의 재정상태를 긍정적으로 평가하는 반면 11세 이상의 아동은 55.6%만이 가족이 재정적으로 여유 있다고 평가했다. 가족의 재정상태에 대한 아동

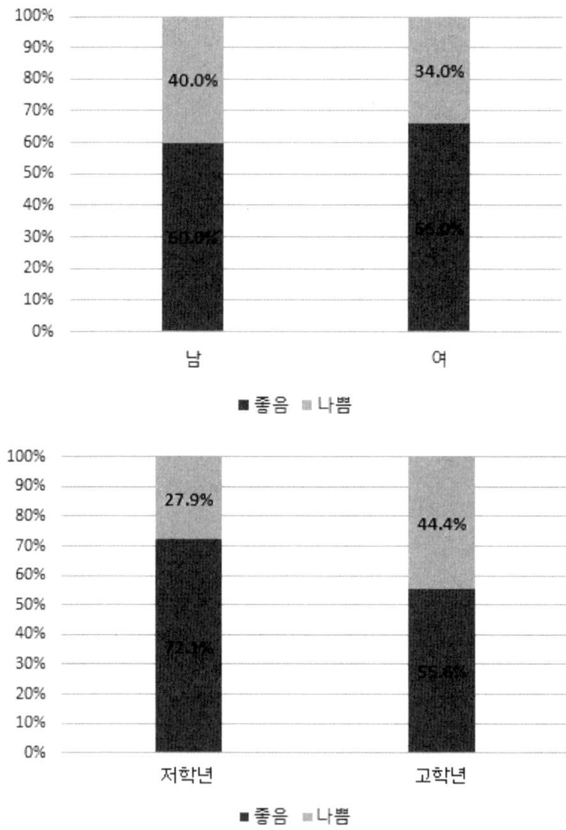

〈그림 7-1〉 자녀의 성별 및 연령대별 주관적 재정상태

의 인식은 또래 아동과의 비교를 통해 형성되고 성장과정에서 비교기준이 변화한다(유성렬 외, 2014). 결혼이민자 자녀들 또한 성장함에 따라 또래 아동과의 비교를 통해 가족의 재정상태에 대한 현실인식이 증가하기 때문에 상대적으로 높은 연령의 자녀는 가족의 재정상태를

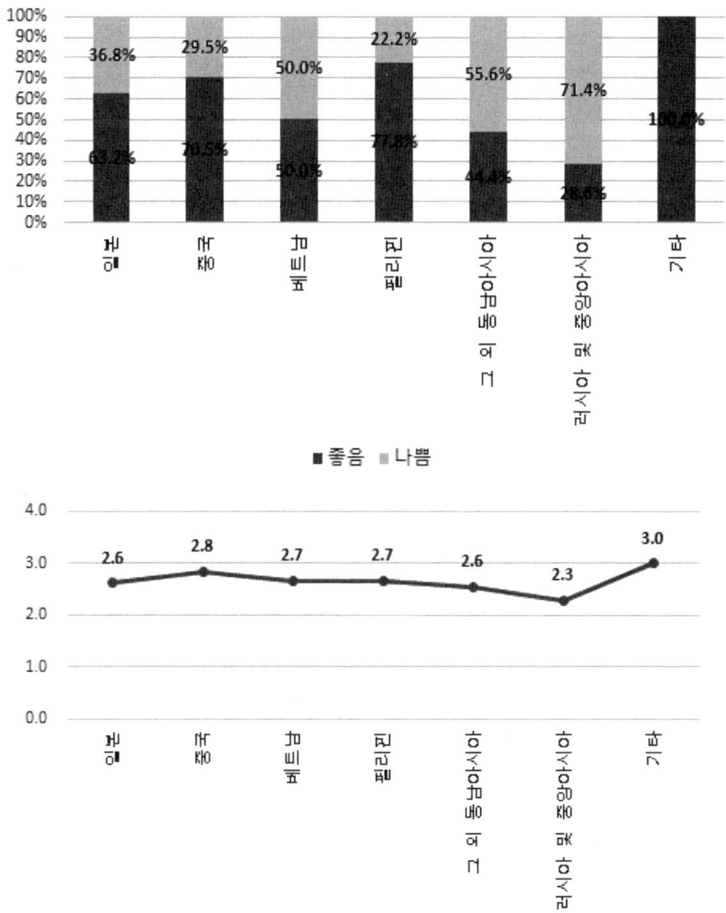

〈그림 7-2〉 자녀의 부모 출신국가별 주관적 재정상태

부정적으로 평가하는 것으로 설명된다.

이민자 부모의 출신국가에 따라 자녀가 인식하는 가족의 재정상태는 차이를 보였다. 평균을 통해 본 가족의 재정상태는 러시아 및 중앙아시아 출신의 이민자 부모를 둔 자녀가 가장 낮은 수준을 보였다. 기타 국가 출신 이민자 부모를 둔 자녀 사이의 평균은 의미 있는 차이가 없었다. 가족의 재정상태를 여유 있다고 인식한 비율은 필리핀, 중국, 일본 출신 이민자 부모를 둔 자녀가 상대적으로 높았다. 러시아 및 중앙아시아 출신 이민자 부모를 둔 자녀는 가족이 재정적으로 여유 있다고 인식하는 비율이 의미 있게 낮았다.

2. 생산활동으로부터의 배제

결혼이민자의 자녀가 생산활동으로부터 배제되는 정도는 평균 11.9로 나타났다. 생산활동으로부터 결혼이민자 자녀가 배제되는 정도는 성별이나 연령에 따라 주목할 만한 차이가 없었다.

결혼이민자 부모의 출신국에 따라서 자녀가 생산활동으로부터 배제되는 정도는 차이를 보였다. 그 외 동남아시아, 중국, 러시아 및 중앙아시아 출신 부모의 자녀는 생산활동에서 배제되는 정도가 상대적으로 낮았다. 반면 베트남, 필리핀, 일본 출신 부모의 자녀는 생산활동으로부터 배제되는 정도가 상대적으로 높게 나타났다.

중국 출신 부모를 둔 자녀는 가족의 재정적 상태를 여유 있다고 인식하는 비율이 높고 생산활동으로부터 배제되는 정도는 낮아 전반적인 경제적 배제에서 가장 이상적인 유형을 보였다. 베트남 출신 부모를 둔 자녀는 가족의 재정상태를 부정적으로 인식하는 비율이 높고 생산활동으로부터 배제되는 정도 또한 높아 경제적 차원에서 가장 취

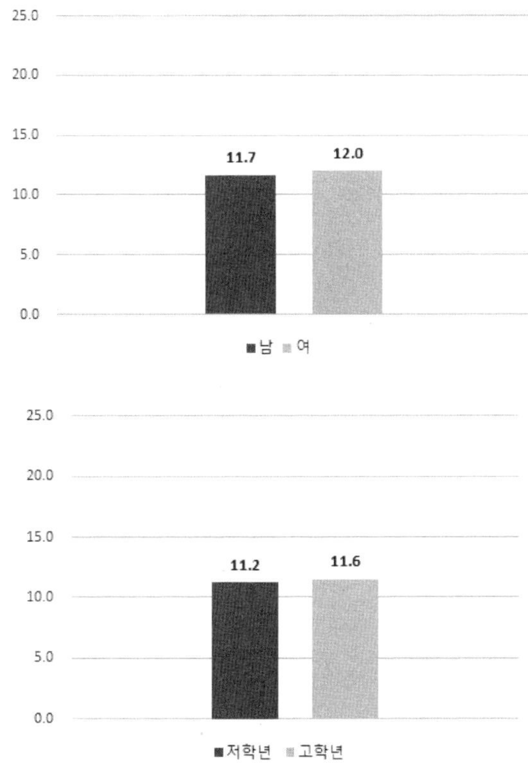

〈그림 7-3〉 자녀의 연령대별 생산활동으로부터의 배제

약한 형태를 보였다. 이와 같은 결과는 1세대 결혼이민자의 경제적 상태에 대한 조사결과와 맥을 같이한다. 결혼이민자의 출신국가별 경제적 상태에 대한 본 연구의 결과에서 베트남 출신 결혼이민자는 가장 낮은 수준의 재정상태를 보였다. 2015 다문화실태조사에서도 베트남 출신 결혼여성은 경제적으로 가장 취약한 집단으로 나타났다(정해숙 외, 2016).

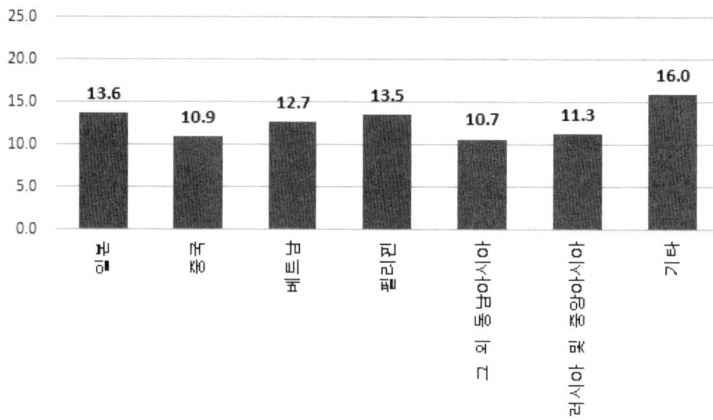

〈그림 7-4〉 자녀의 부모 출신국가별 생산활동으로부터의 배제

3. 소비활동으로부터의 배제

식료품, 학용품 등 생필품에 대한 소비로부터의 제한을 의미하는 소비활동으로부터의 배제는 평균 11.1로 분석되었다. 결혼이민자 가족의 자녀는 여가활동을 비롯한 다양한 소비활동에서 일반 가정 자녀에 비해 상대적으로 단조롭다(전기택 외, 2013). 남성 아동의 배제 수준은 11.3, 여성 아동의 배제 수준은 11.0으로 결혼이민자 자녀의 성별에 따라 소비활동으로부터의 배제는 차이가 없었다. 자녀의 연령이 증가함에 따라 소비활동으로부터 배제되는 정도는 증가하는 추세를 보였다. 10세 이하 저학년 자녀의 배제 수준은 9.5, 11세 이상 고학년 자녀의 배제 수준은 13.0으로 연령이 높은 자녀의 배제 수준이 유의미하게 높았다. 이는 여가활동을 통해 본 결혼이민자 자녀의 소비 제한성은 자녀가 성장할수록 증가한다는 선행연구의 결과와 일관된다(정해숙 외, 2016).

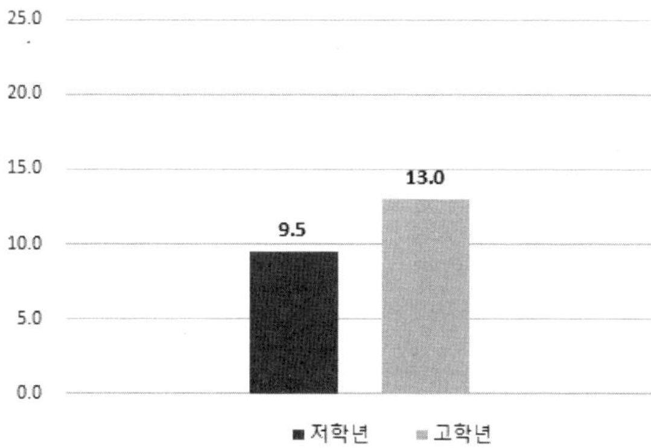

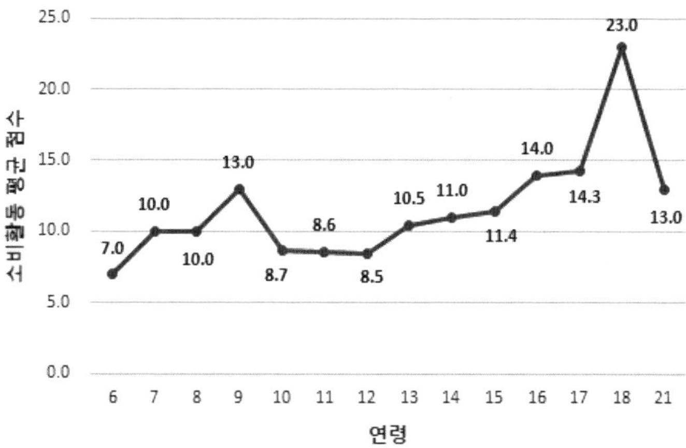

〈그림 7-5〉 자녀의 연령대별 소비활동으로부터의 배제

소비활동으로부터 배제되는 정도는 필리핀 부모의 자녀가 가장 높았다. 베트남, 그 외 동남아시아 부모를 둔 자녀의 배제 수준 또한 상대적으로 높았다. 중국 출신 부모를 둔 자녀의 배제 정도가 가장 낮았으며, 일본, 러시아 및 중앙아시아 부모를 둔 자녀의 배제 수준도 상대적으로 낮았다. 중국 출신 부모의 자녀는 생산활동에 이어 소

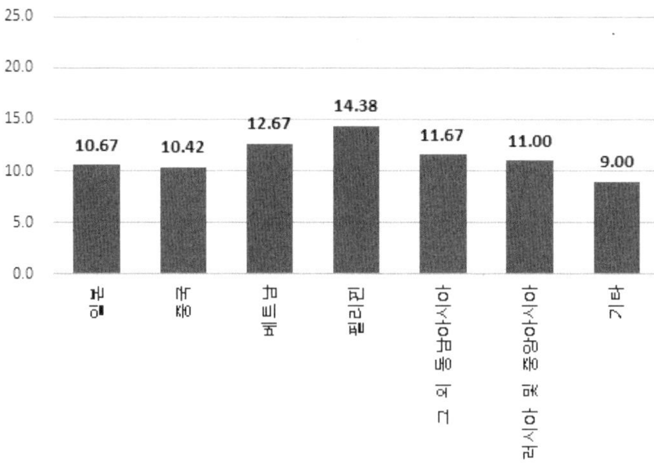

〈그림 7-6〉 자녀의 부모 출신국가별 소비활동으로부터의 배제

비활동으로부터 배제되는 정도 또한 가장 낮게 나타났다. 반면 필리핀 출신 부모의 자녀는 생산활동으로부터 배제되는 수준이 상대적으로 높았으며 소비활동으로부터 배제되는 수준 또한 가장 높게 나타나 경제적 차원에서 배제정도가 높은 위험 집단으로 주목되었다.

제2절 인적 자본으로부터의 배제

인적 자본의 양과 질은 현재 계급지위의 결과이며 미래의 계급지위를 결정하는 요인이다. 따라서 인적 자본의 형성기에 있는 아동에게 인적 자본으로부터의 배제는 어두운 미래를 의미한다.

1. 교육

1) 사교육 여부

결혼이민자 부모의 자녀는 사교육에 참여하는 비율이 64.3%로 선주민 가정의 아동보다 상대적으로 낮았다.[1] 결혼이민자 자녀는 언어 발달의 지연, 학습기회의 결여 등 선주민 자녀에 비해 교육적 장애가 상대적으로 높음에도 사교육 참여율은 오히려 낮게 나타나(홍정미, 2008; 한정애, 2009; 박계란 외, 2011) 결혼이민자 자녀의 교육적 한계를 시사했다.

사교육을 받는 남성 아동은 35.6%, 여성 아동은 36.8%로 결혼이민자 자녀의 성별에 따라 사교육에 참여하는 비율에 의미 있는 차이가 없었다. 사교육에 참여하는 자녀의 비율은 연령이 증가함에 따라 역U자 형태의 경향을 보였다. 10세 이하의 초등학교 저학년까지는 연령이 증가함에 따라 사교육 참여율이 증가하다 초등학교 고학년부터는 연령이 증가함에 따라 사교육 참여율이 감소하는 경향을 보였다. 10세 이하의 자녀 중에는 77.3%가 사교육에 참여하는 반면 11세 이상의 자녀는 38.9%만이 사교육을 받고 있어 의미 있는 차이를 보였다. 그러나 연령증가에 따른 사교육 참여율의 감소는 결혼이민자 자녀만의 특징은 아니다. 선주민 자녀의 사교육 참여율 또한 초등학생 84.6%, 중학생 71.0%, 고등학생 58.7%로 연령이 증가함에 따라 감소한다(통계청, 2012).

필리핀 부모의 자녀는 90%가 사교육을 받고 있어 가장 높은 사교육 참여율을 보였다. 가장 낮은 사교육 참여율은 베트남 부모의 자녀

1) 2014년 청소년 종합실태조사에 의하며 일반 가정 아동의 사교육 참여율은 73.6%에 이른다(유성렬 외, 2014).

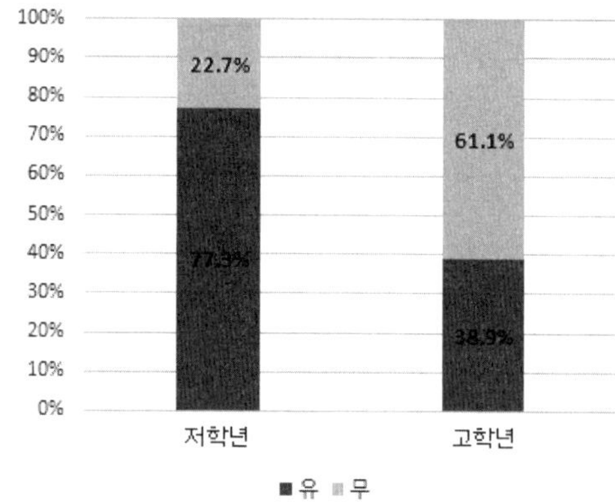

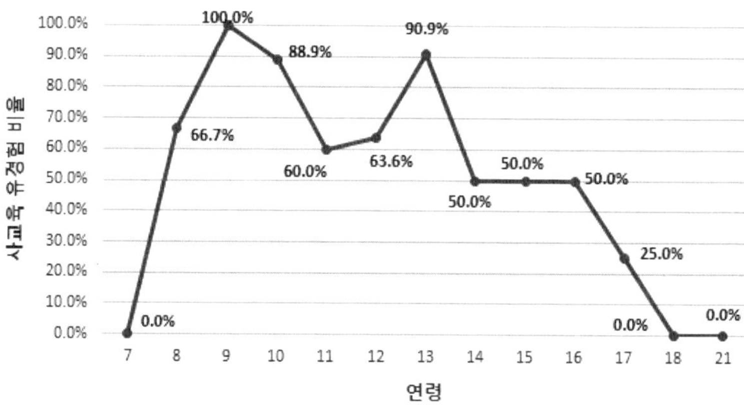

〈그림 7-7〉 자녀의 연령대별 사교육 여부

로 16.7%만이 사교육에 참여했다. 러시아 및 중앙아시아, 중국, 일본 부모의 자녀가 사교육에 참여하는 비율이 상대적으로 높았고 베트남에 이어 그 외 동남아시아 부모의 자녀가 사교육 참여율이 낮게 나타났다. 필리핀 부모의 자녀는 경제적 차원에서는 가장 심각하게 배제되는 반면 사교육 참여율을 통해 본 인적 자본으로부터의 배제는 가장 낮았다.

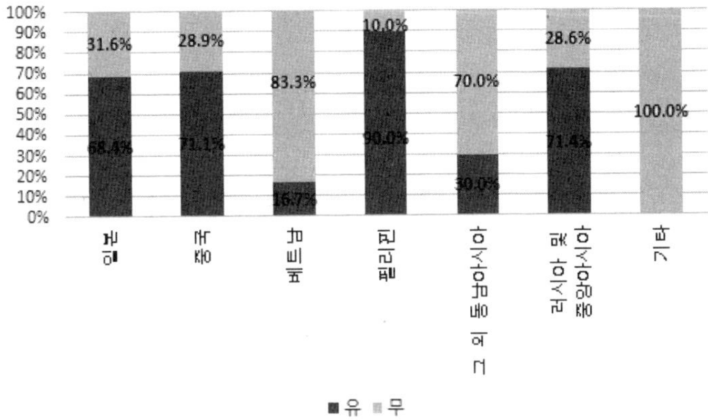

〈그림 7-8〉 자녀의 부모 출신국가별 사교육 실태

2) 사교육의 수

결혼이민자의 자녀는 평균 1.85개의 사교육을 받았다. 사교육을 받고 있는 아동이 참여하는 사교육의 수는 성별에 따라 차이를 보였다. 남성 아동은 평균 2.29개, 여성 아동은 1.54개로 남성 아동의 평균 사교육 참여수가 유의미하게 높게 나타나 교육적 투자가 남성 아동에 집중해 이루어지고 있음을 시사했다.

참여하는 사교육의 수는 아동의 연령이 증가함에 따라 증가하는 경향을 보였다. 작은 폭의 등락은 있으나 초등학생과 비교해, 중학생이, 중학생과 비교해 고등학생의 연령대에서 참여하는 사교육의 수가 증가했다. 사교육에 참여하는 비율은 오히려 연령이 증가함에 따라 감소하는 것과 달리 실제 사교육에 참여하는 아동은 연령이 증가할수록 참여하는 사교육의 수가 증가했다. 이는 학년이 증가할수록 사교육을 필요로 하는 즉 교육적 투자를 필요로 하는 아동(많은 경우 이들 아

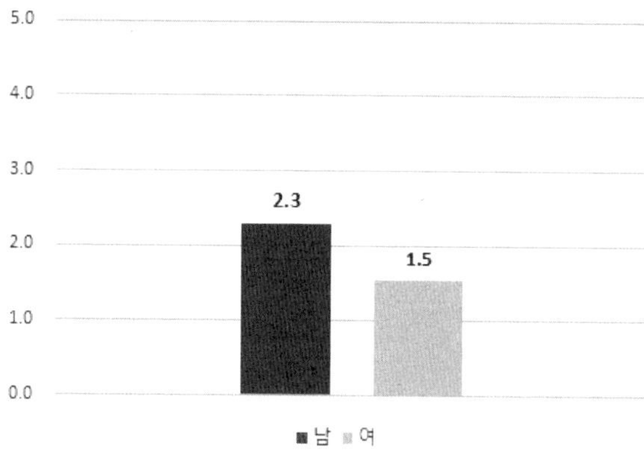

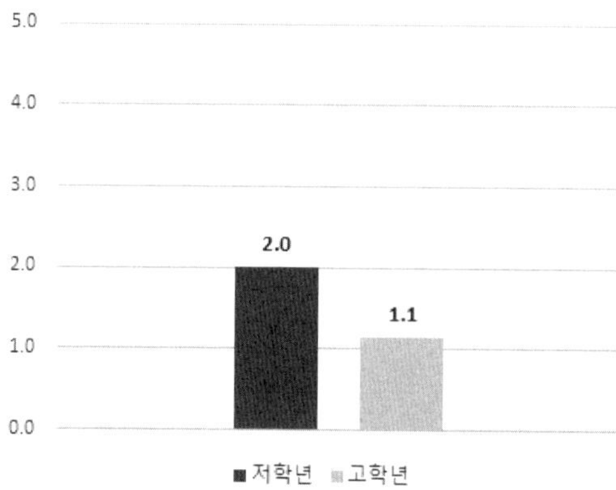

〈그림 7-9〉 자녀의 연령대별 사교육 수

동은 대학 진학을 희망하는 아동일 가능성이 높음)은 감소하지만 투자가 필요한 아동에게는 사교육이 집중적으로 이루어지고 있음을 시사한다.

부모의 출신국가별로 자녀가 참여하는 사교육의 수는 차이를 보였다. 중국 출신 부모의 자녀가 평균 2.17로 참여하는 사교육이 수가 가장 높게 많았다. 베트남과 러시아 및 중앙아시아 출신 부모의 자녀는 각각 2.0개로 비교적 많은 수의 사교육에 참여했다. 필리핀 출신

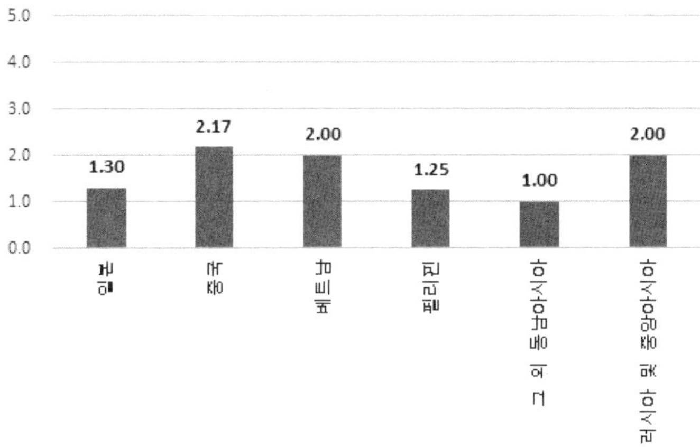

〈그림 7-10〉 자녀의 부모 출신국가별 사교육 수

부모의 자녀는 사교육에 참여하는 비율은 가장 높았으나 참여하는 사교육의 수는 1.25개로 상대적으로 낮았다. 베트남 출신 부모의 자녀는 사교육에 참여하는 비율은 가장 낮았으나 사교육을 받는 자녀가 참여하는 사교육의 수는 2.0개로 비교적 높았다.

2. 한국어 능력

결혼이민자의 자녀가 평가한 자신의 한국어 능력은 4.6으로 비교적 높았다. 남자 아동은 93.3%가 자신의 한국어 능력을 긍정적으로 평가한 반면 여자 아동은 91.4%만이 긍정적으로 평가해 성별 차이를 보였다. 연령대별로 저학년 결혼이민자 자녀는 4.5%만이 자신의 한국어 능력을 부정적으로 평가하는 반면 고학년은 16.7%가 부정적으로 평가해 유의미한 차이를 보였다. 학년이 높아질수록 한국어 능력은 단순 말하기에서 읽기와 쓰기가 강조되고 부모의 언어적 한계로 한국

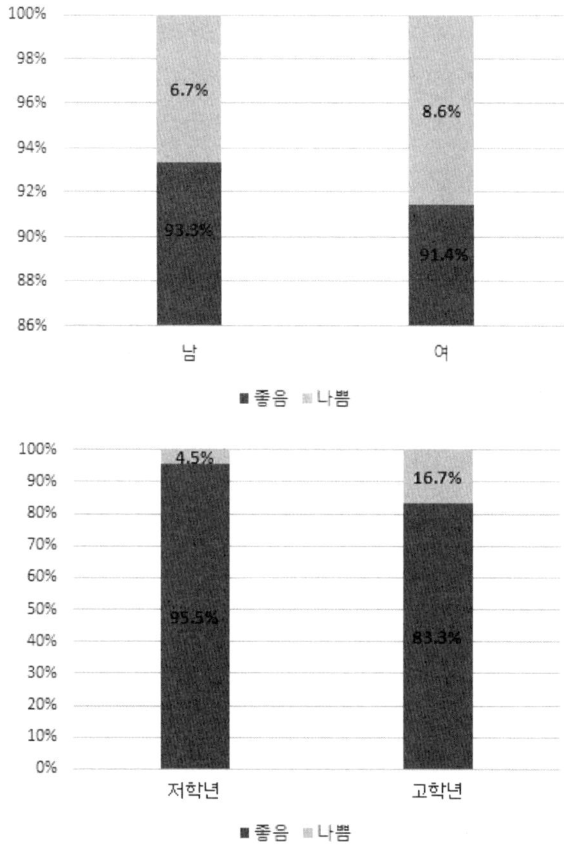

〈그림 7-11〉 자녀의 성별 연령대별 한국어 능력

어의 체계적 습득이 어렵기 때문에 결혼이민자 자녀는 학년이 높아질 수록 선주민 자녀와 한국어 능력의 차이를 실감한다(선남이, 2013; 윤인성 외, 2016). 고학년으로 올라갈수록 확대되는 결혼이민자 자녀의 언어 능력의 한계는 학습에 부정적인 영향을 미쳐 학업성취도를 낮출 가능성을 시사한다(Bourdieu, 1984).

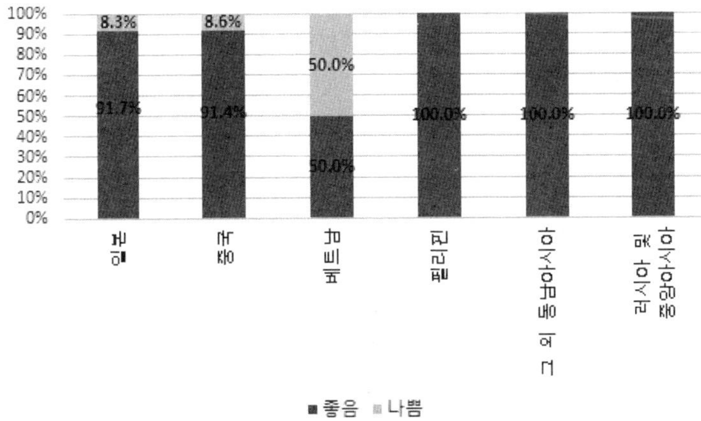

〈그림 7-12〉 자녀의 부모 출신국가별 한국어 능력

베트남 부모의 자녀는 자신의 한국어 능력을 가장 부정적으로 평가했다. 그 외 국가 출신 부모의 자녀는 대부분 자신의 한국어 능력을 긍정적으로 평가해 부모의 출신국에 따라 의미 있는 차이를 보이지 않았다.

3. 건강

1) 주관적 건강상태

결혼이민자 자녀의 주관적 건강상태는 평균 3.08로 비교적 건강한 편으로 나타났다. 선주민 자녀와 비교해 결혼이민자 자녀의 건강상태는 유의미한 차이가 없는 것으로 보고되어 왔다(이나경 외, 2011; 이혜림 외, 2014). 건강상태를 매우 건강하거나 또는 건강하다고 긍정적으로 평가한 남성 아동은 77.8%, 여성 아동은 88.5%로 여성 아동의

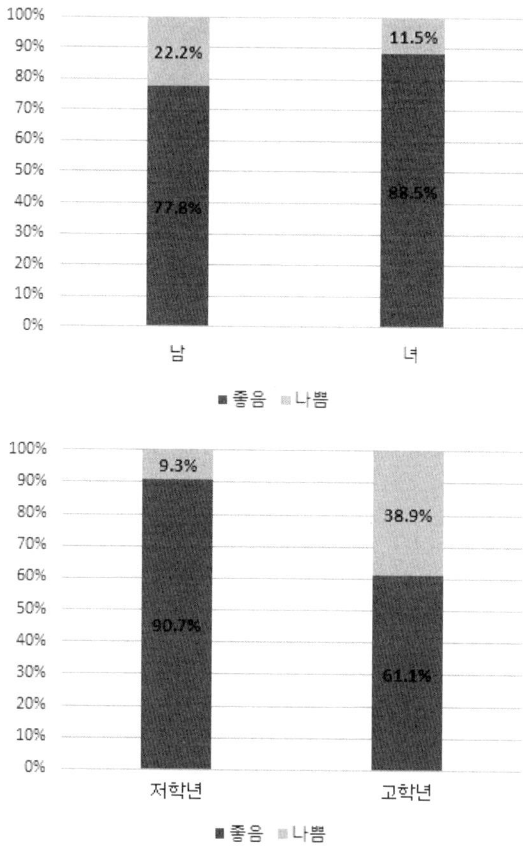

〈그림 7-13〉 자녀의 성별 및 연령대별 건강상태

건강상태가 유의미하게 높았다. 결혼이민자 자녀의 건강상태는 연령에 따라서도 유의미한 차이를 보였다. 10세 이하의 자녀는 90.7%가 건강상태를 긍정적으로 평가한 반면 11세 이상은 61.1%만이 자신의 건강상태가 건강하다고 평가했다.

자녀의 건강상태는 결혼이민자 부모의 출신국가에 따라 의미 있는

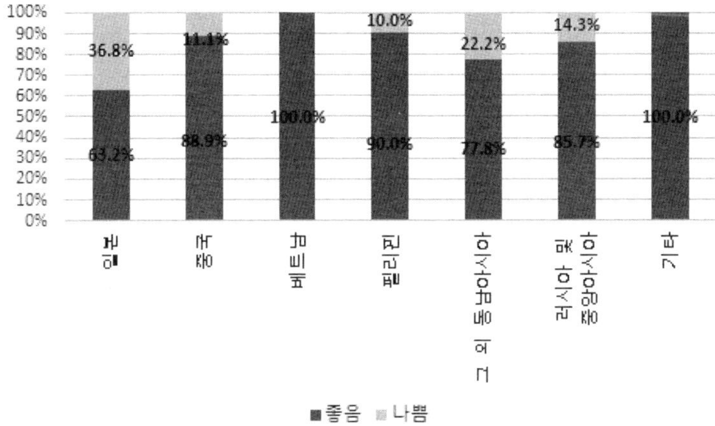

〈그림 7-14〉 자녀의 부모 출신국가별 건강상태

차이를 보였다. 일본 부모의 자녀는 63.2%만이 자신이 건강상태를 긍정적으로 평가해 가장 낮은 건강상태를 나타냈다. 그 외 동남아시아 부모의 자녀가 일본 부모의 자녀와 함께 낮은 건강상태를 보였으며 중국과 러시아 및 중앙아시아 부모의 자녀는 건강상태가 양호한 수준으로 나타났다. 베트남과 필리핀 부모의 자녀는 각각 100%와 90%가 자신이 건강하다고 평가해 높은 건강수준을 보였다.

2) 건강서비스 접근성

국민건강보험의 적용을 받는 결혼이민자 자녀들은 형식상 건강서비스에 대한 권리를 보장받고 있다. 그러나 가족의 재정상태 또는 거주지역 등에 따라 현실상 건강서비스 접근성은 차이를 보인다. 먼저 결혼이민자 자녀의 성별에 따라서는 건강서비스에 대한 접근에 의미 있는 차이가 없었다. 그러나 치료가 필요하거나 병원을 방문해야 할 때 병원을 가지 못했다는 비율은 남성 아동이 44.4%, 여성 아동이 47.2%로 40% 이상의 결혼이민자 자녀가 건강서비스에 접근하는 데 어려움을 경험하는 것으로 나타났다.

건강서비스 접근성은 결혼이민자 자녀의 연령대에 따라 의미 있는 차이가 있었다. 저학년 자녀는 50.0%, 고학년 이상의 자녀는 66.7%

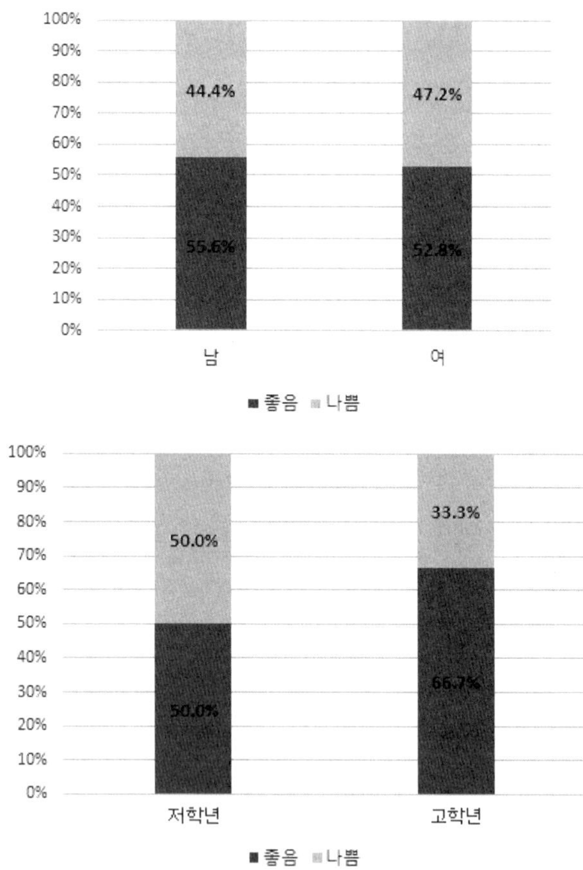

〈그림 7-15〉 자녀의 성별 및 연령대별 건강서비스 접근성

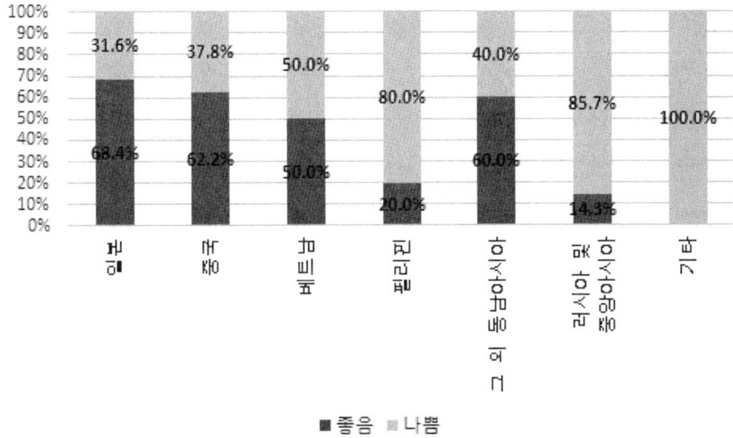

〈그림 7-16〉 자녀의 부모 출신국가별 건강서비스 접근성

가 건강서비스 접근성을 긍정적으로 평가했다.

필리핀 부모의 자녀와 러시아 및 중앙아시아 부모의 자녀가 건강서비스 접근성이 상대적으로 취약한 것으로 나타났다. 필리핀은 80.0%, 러시아 및 중앙아시아는 85.7%의 자녀가 건강서비스 접근에 어려움을 경험한 것으로 보고했다. 일본 부모의 자녀가 건강서비스 접근성을 긍정적으로 평가한 비율이 가장 높았으며 중국, 그 외 동남아시아 출신 부모의 자녀는 건강서비스 접근성을 긍정적으로 평가한 비율이 상대적으로 높았다.

제3절 사회참여로부터의 배제

민족적 배경의 차이는 결혼이민자 자녀의 사회교류를 제약한다. 또래 아동으로부터의 따돌림, 차별은 결혼이민자 자녀들 사이에서 보편적으로 경험되는 문제로 지적된다.

1. 사회적 교류

학교를 중심으로 한 아동의 사회적 교류는 이후 교사나 또래와의 상호작용을 넘어 사회적 상호작용의 토대를 마련한다. 결혼이민자 자녀는 차별로 인한 또래와의 관계형성 등 사회적 교류에 어려움을 경험하는 것으로 알려져 왔다(김이선, 2009; 오경화, 2011; 구경숙, 2012).

결혼이민자 자녀가 사회적 교류로부터 배제되는 정도는 여성 아동이 10.9, 남성 아동이 12.4로 남성 아동이 유의미하게 높게 나타났다. 저학년 아동의 사회적 교류로부터의 배제 정도는 11.1, 고학년 이상의 아동은 10.6으로 사회적 교류로부터 배제되는 정도는 저학년 아동이 유의미하게 높았다.

베트남 부모를 둔 자녀가 사회적 교류로부터 가장 심각하게 배제되었다. 일본과 필리핀 부모의 자녀도 사회적 교류로부터 배제되는 정도가 상대적으로 높았다. 사회적 교류에서 배제되는 정도가 가장 낮은 아동은 러시아 및 중앙아시아 부모의 자녀였다. 중국 부모의 자녀와 그 외 동남아시아 부모의 자녀는 사회적 교류로부터 상대적으로 낮은 정도로 배제되었다.

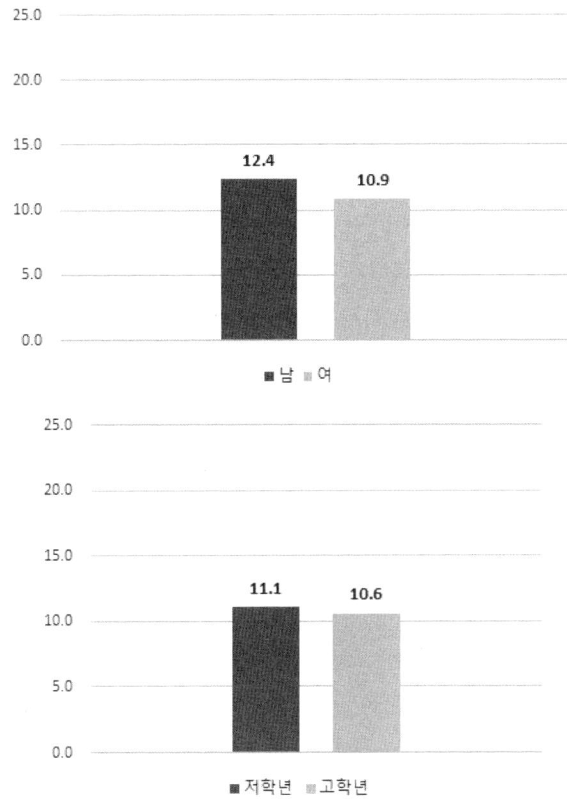

〈그림 7-17〉 자녀의 성별 및 연령대별 사회교류로부터의 배제

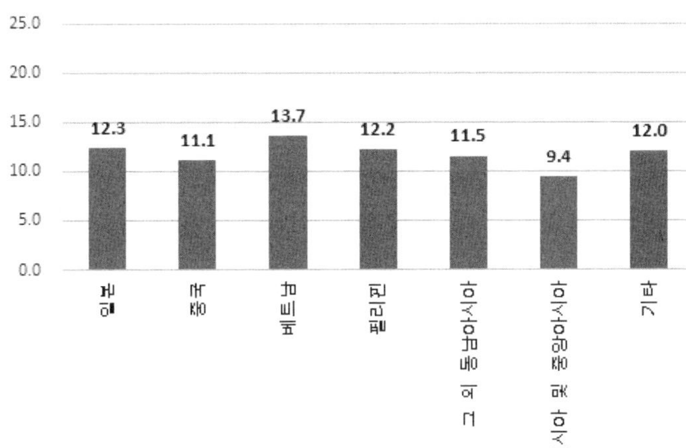

〈그림 7-18〉 자녀의 부모 출신국가별 사회교류로부터의 배제

2. 정치적 관여로부터의 배제

학급회의에서 발언하기 등 정치적 관여로부터 결혼이민자의 자녀가 배제되는 정도는 남성 아동이 14.8, 여성 아동이 13.8로 의미 있는 차이가 없었다. 결혼이민자 자녀의 정치적 관여로부터의 배제는 저학년 아동과 고학년 이상 아동 사이에 유의미한 차이가 없고 연령에 따라 일정한 변화의 경향성을 보이지 않았다.

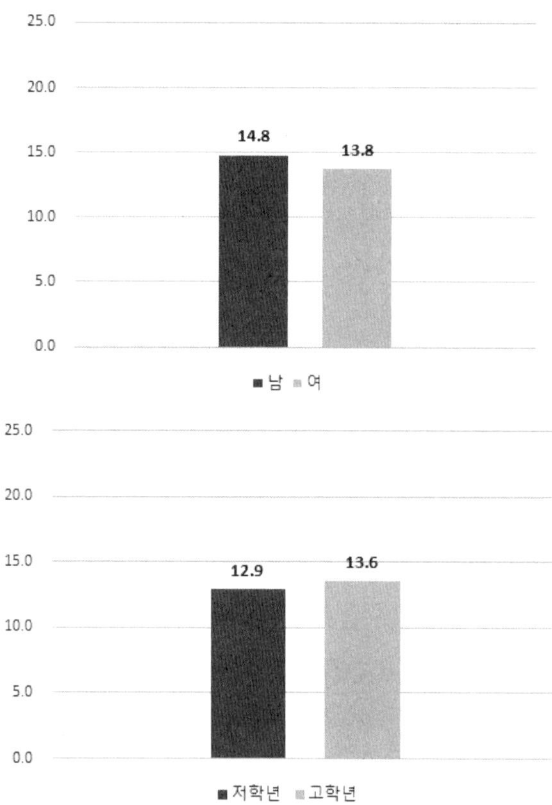

〈그림 7-19〉 자녀의 성별 및 연령대별 정치적 관여로부터의 배제

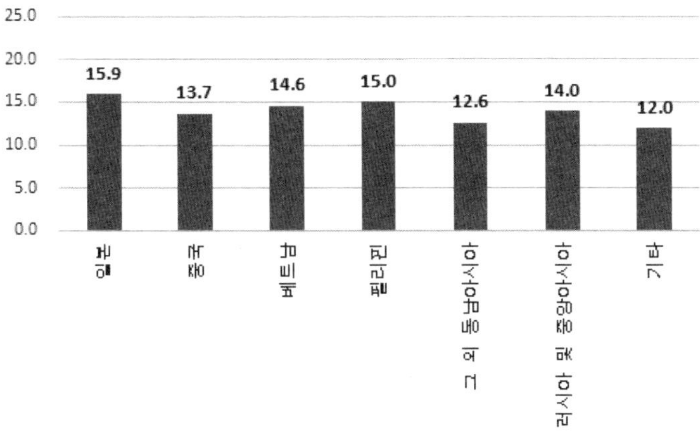

〈그림 7-20〉 자녀의 부모 출신국가별 정치적 관여로부터의 배제

정치적 관여로부터의 배제는 부모의 출신국에 따라 차이를 보였다. 일본 부모의 자녀가 정치적 관여로부터 가장 높은 수준에서 배제되는 것으로 나타났다. 필리핀 부모의 자녀 또한 정치적 관여로부터 배제되는 정도가 상대적으로 높았다. 그 외 동남아시아 부모의 자녀가 정치적 관여로부터의 배제에서 가장 낮은 정도를 보였으며 중국 부모의 자녀 또한 배제되는 정도가 상대적으로 낮았다.

3. 총괄적 사회적 배제

결혼이민자 자녀가 경험하는 총괄적 사회적 배제는 48.9로 결혼이민자 부모의 총괄적 사회적 배제인 54.2보다 낮았다. 이민 2세대의 경우 한국에서 출생하고 성장한 까닭에 결혼이민 1세대인 부모보다 언어와 문화적응도가 높고 사회적으로 배제되는 정도가 낮다(이경수 외, 2016). 남성 아동이 총괄적으로 경험하는 사회적 배제의 정도는

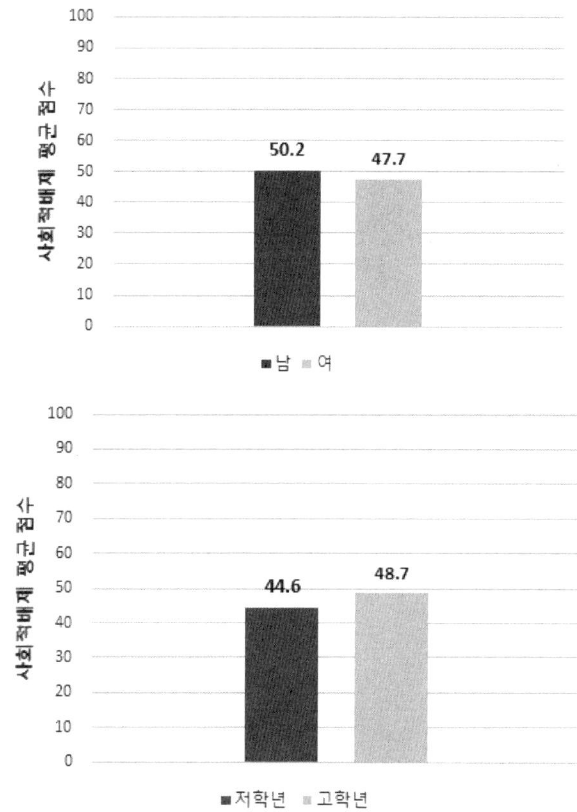

〈그림 7-21〉 자녀의 성별 및 연령대별 총체적 배제

50.2로 여성 아동의 47.7보다 유의미하게 높았다. 연령에 따른 사회적 배제의 수준은 저학년이 44.6, 고학년 이상이 48.7로 고학년인 결혼이민자 부모의 자녀가 더 높은 정도로 사회적 배제를 겪고 있는 것으로 나타났다.

중국 부모의 자녀가 총체적으로 경험하는 사회적 배제가 가장 낮은 수준인 것으로 나타났다. 그 외 동남아시아, 러시아 및 중앙아시

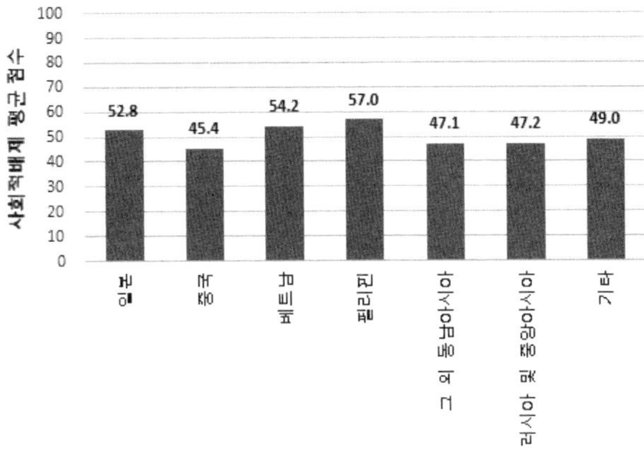

〈그림 7-22〉 자녀의 부모 출신국가별 총체적 배제

아 출신 부모의 자녀가 총체적인 차원에서 배제되는 정도가 상대적으로 낮았다. 반면 필리핀, 베트남, 일본 출신 부모의 자녀는 높은 수준에서 사회적 배제를 총체적으로 경험하는 것으로 나타났다.

제8장 민족의 계급화

제8장 민족의 계급화

제1절 결혼이민 1세대의 민족 계급화

민족적 배제, 민족적 지위, 선주민과의 사회적 거리감 등을 지표로 결혼이민자의 민족적 배경이 계급화되는 양상을 이해하고자 했다.

1. 민족적 배제

민족적 배제는 렌스키에 의해 제안되었다. 선주민과 민족적 배경이 다른 결혼이민자에게 민족적 배제는 사회적 배제의 한 차원으로 갖는 중요성이 높다.

민족적 배제의 수준은 50대 이상에서 가장 높았다. 50대 결혼이민자가 이주할 시점의 몰문화적 사회환경은 결혼이민사의 초기시점에 이주한 고령 결혼이민자에 대한 거부와 불인정으로 표출되었다. 농촌 총각의 신부감 찾기로 시작된 결혼이민의 역사로 인해 초기 결혼이민자를 향한 선주민의 시선은 부정적이었다(이상노 외, 2014). 결혼이민의 역사가 장기화되었음에도 결혼이민자는 선주민으로부터 동일한 사회구성원으로 인정받지 못한 채 주변화되고 있다.

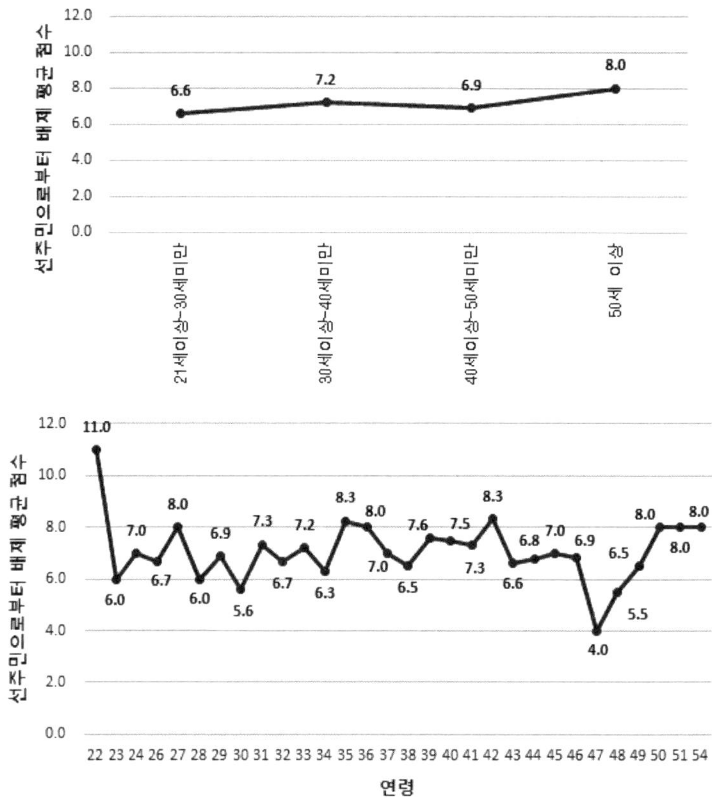

〈그림 8-1〉 연령대 및 연령별 선주민으로부터 배제

선주민으로부터 한국인으로서의 정체감을 거부당하는 민족적 배제는 거주기간의 증가에 따라 꾸준히 증가했다. 이는 거주기간이 증가함에 따라 결혼이민자가 언어적 문화적 장벽을 극복하고 이주국가의 민족적 정체를 수용하는지와 관계없이 선주민이 결혼이민자를 한국인으로 인정하지 않고 한국민족의 경계 내에서 배제하는 태도에 변화가 없다는 것을 의미한다.

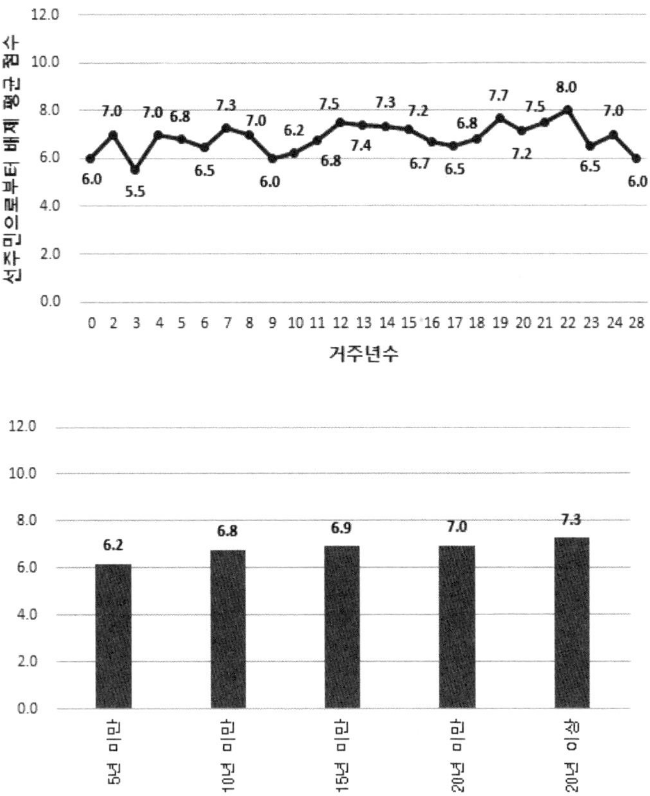

〈그림 8-2〉 거주년수 및 거주기간별 선주민으로부터 배제

결혼이민자의 교육적 수준에 따라서 민족적 배제에 의미 있는 차이가 없었다. 결혼이민자를 한국인으로 인정하는가는 결혼이민자가 지닌 특성과 관계없음을 재확인하는 결과이다. 민족적 배제는 특히 선주민과 이주민의 상호관계에서 선주민의 결정력이 강하기 때문에 결혼이민자의 인구사회학적 배경이 민족적 배제를 증폭하거나 감소하기 어렵다는 주장(Marger, 2003)을 실증한다.

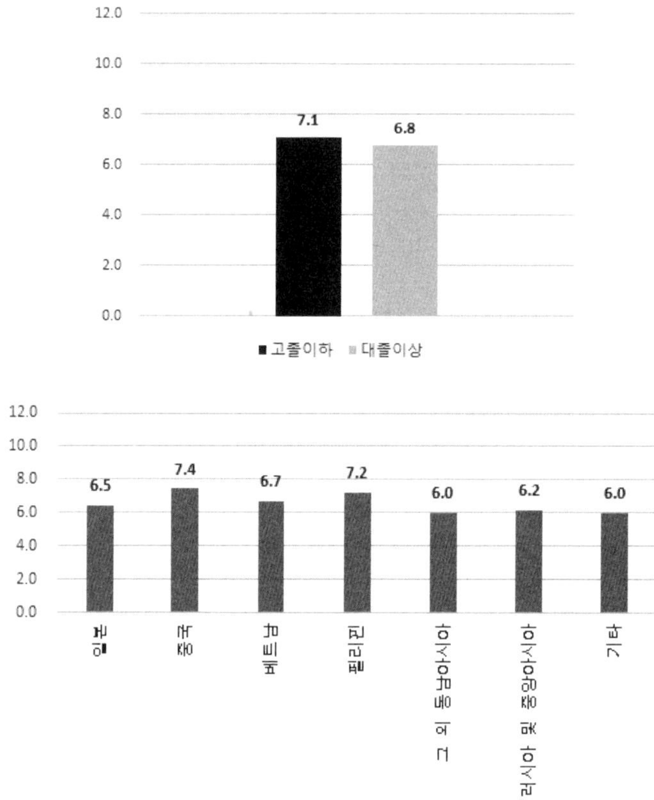

〈그림 8-3〉 교육수준 및 국가별 선주민으로부터 배제

중국, 필리핀 출신 결혼이민자의 민족적 배제 정도가 상대적으로 높고, 기타 국가 출신 결혼이민자의 민족적 배제는 낮았다. 중국 출신과 그 외 동남아시아 출신 사이의 민족적 배제의 차이만이 유의미했다. 동남아시아 또는 중앙아시아보다 한국 문화와의 유사성이 높은 중국 출신 결혼이민자의 민족적 배제 수준이 높은 것은 북한이탈주민과 중국동포와 같이 우리나라와 문화적 유사성이 높은 국가 출신의

이민자 집단이 오히려 출신국과 이주국 어느 국가의 정체성도 확립하지 못한 주변적 문화변용 유형에 속할 가능성이 높다는 선행연구(최혜지, 2009)의 결과와 궤를 같이한다.

2. 민족적 지위

한국과 비교한 출신국의 상대적 지위는 연령이 증가함에 따라 일정 범위 내에서 오르내림은 있으나 전반적으로 낮아지는 추세를 보였다. 출신국의 상대적 지위를 연령대별로 정리하면 연령과 출신국의 상대적 지위 사이의 부정적 연관성이 비교적 뚜렷하게 드러났다. 한국인의 사회적 지위를 10으로 상정했을 때 50대 이상의 결혼이민자는 출신국의 지위를 3.0으로 가장 낮게, 20대 결혼이민자는 5.9로 가장 높게 평가했다.

출신국의 지위에 대한 주관적 판단은 거주기간과 비선형적 관계를 보였다. 거주기간 5년 미만의 이주초기에는 안정화된 양상이 관찰되지 않았으나 5년 이후부터 20년까지는 일정 정도의 들고남에도 비교적 지속적인 하락세를 보였다. 이후 거주기간이 20년을 넘어서면서부터 비교적 가파른 증가세로 돌아섰다.

이주초기는 일종의 혼란기로 한국사회에서 출신국의 지위를 탐색하는 단계이기 때문에 거주기간과 출신국의 지위 사이에 안정화된 추이가 관찰되지 않았다. 거주기간이 5년 정도에 이르러 출신국의 지위를 높게 평가하지만 한국 주류사회와 교류가 확대됨에 따라 소수자로서 부정적 경험들이 누적된다. 이는 다수자인 한국인의 권력과 지위의 절대성에 대한 인식과 그에 따른 출신국의 지위에 대한 저평가로 연결되어 나타난 결과로 해석된다.

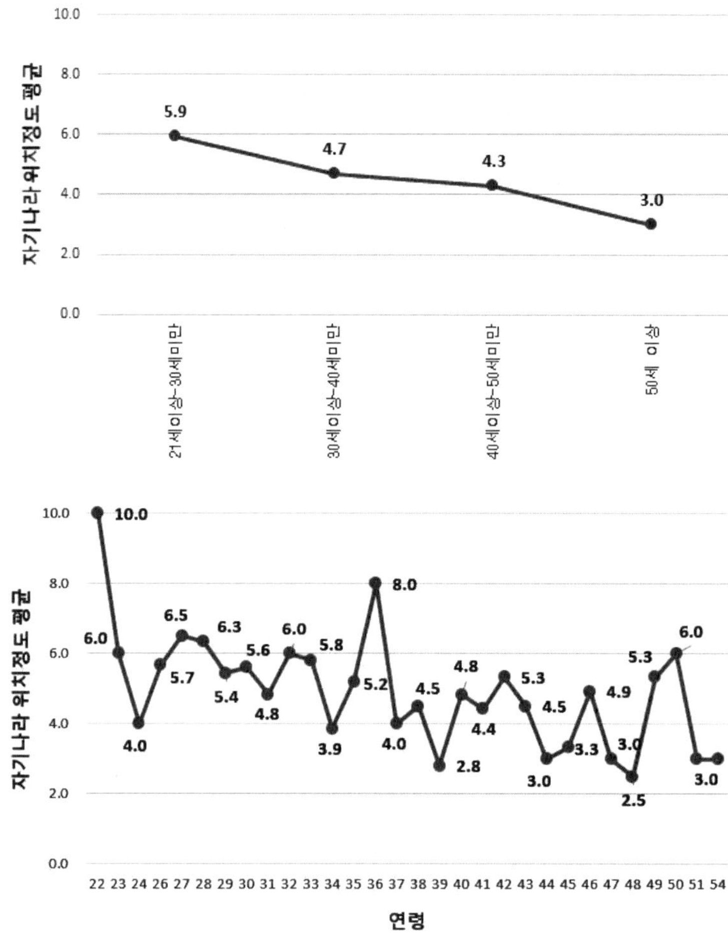

〈그림 8-4〉 연령대 및 연령별 민족적 지위

대졸 이상의 학력을 지닌 결혼이민자가 고졸 이하의 결혼이민자보다 출신국가의 상대적 위치를 높게 평가했으나 그 차이가 유의미하지 않았다. 결혼이민자가 판단한 출신국가의 상대적 지위는 자신의 출신국에 대한 한국인의 평가와 태도에 의해 영향을 받는다. 한국인은 결

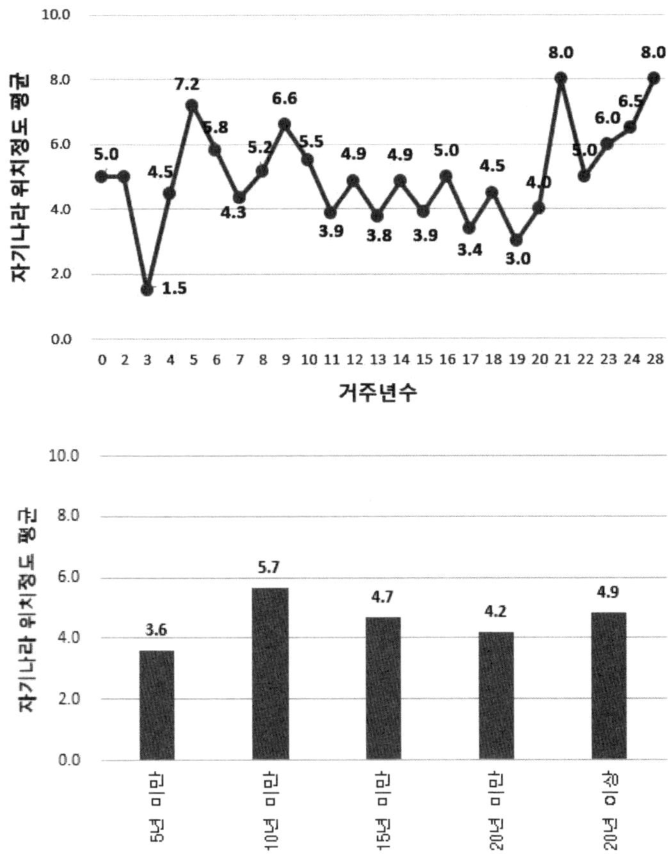

〈그림 8-5〉 거주년수 및 거주기간별 민족적 지위

혼이민자의 출신국가를 하나의 집단으로 인식하고 평가할 뿐 해당 국가에 소속된 결혼이민자의 개별적 특성은 고려하지 않는다. 따라서 결혼이민자의 학력과 관계없이 결혼이민자의 출신국가를 향한 한국인의 태도는 유사하며 이로 인해 결혼이민자의 출신국의 지위에 대한 평가는 자신의 학력에 따라 차이를 보이지 않았다.

고등학교 졸업 이하의 학력을 지닌 결혼이민자만을 대상으로 연령에 따른 출신국의 지위에 대한 변화 추이를 살펴보면 연령이 높아질수록 출신국의 지위에 대한 평가가 낮아졌다. 대학 졸업 이상의 교육수준을 지닌 결혼이민자 또한 출신국의 지위에 대한 평가가 연령에

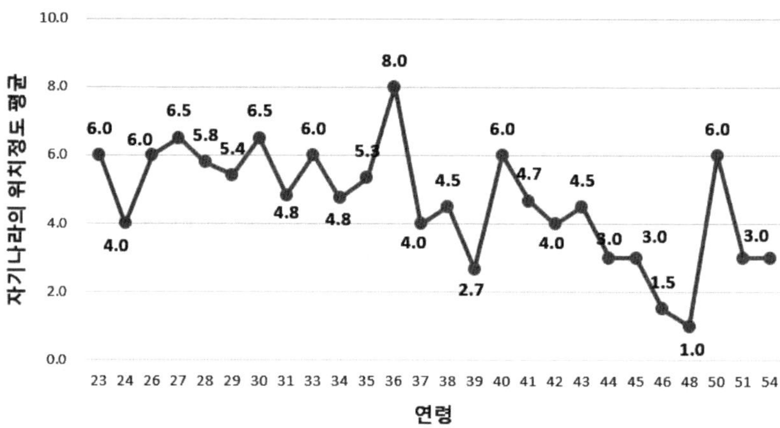

고졸 이하 집단

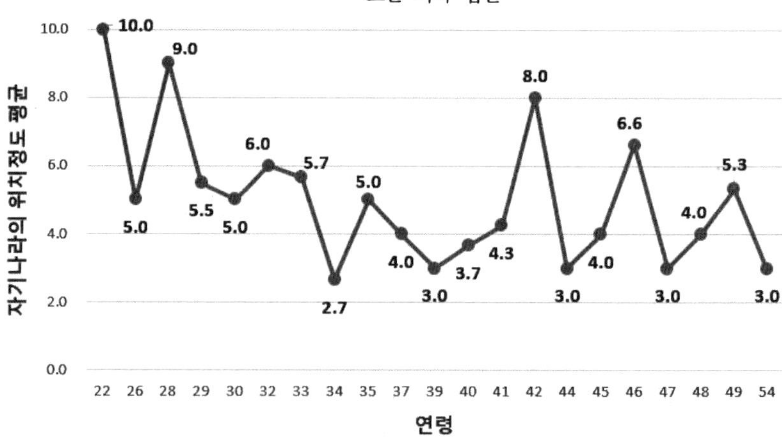

대졸 이상 집단

〈그림 8-6〉 연령별 민족적 지위

따라 감소하는 경향을 보였다. 연령과 출신국의 지위에 대한 평가 사이의 부정적 연계는 대졸 이상 결혼이민자와 고졸 이하 결혼이민자 집단 모두에서 동일하게 확인되었으며, 연계의 강도는 고졸 이하 결혼이민자에서 더 강하게 나타났다.

출신국가의 지위는 베트남과 필리핀 출신 결혼이민자가 5점 이상으로 상대적으로 높게 평가했다. 일본, 중국, 기타 동남아시아 출신의

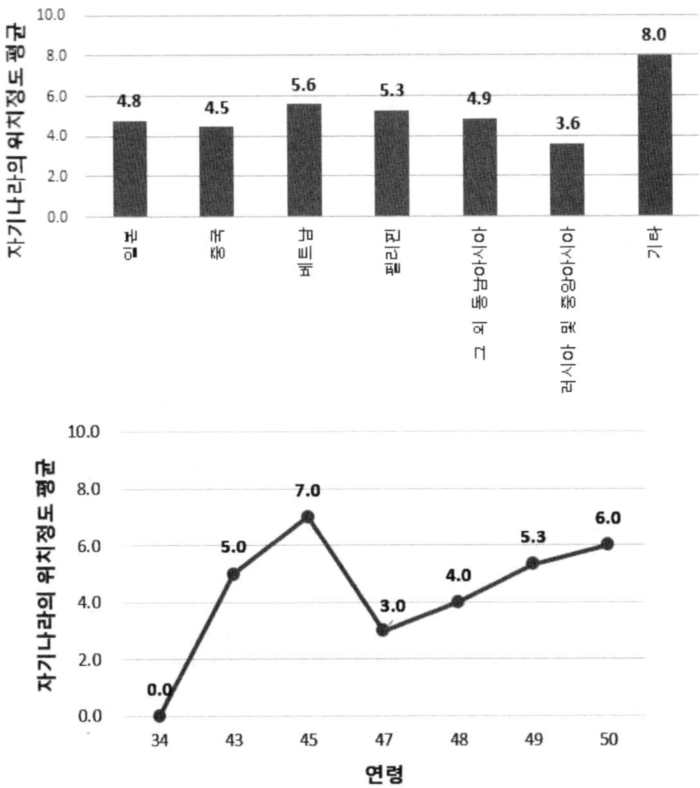

〈그림 8-7〉 국가별 및 연령별 민족적 지위

결혼이민자가 각각 4.8, 4.5, 4.9로 출신국의 지위를 양호하게 평가했으며, 러시아 및 중앙아시아 출신 결혼이민자가 평가한 출신국의 지위가 가장 낮은 수준을 보였다.

출신국의 지위에 대한 평가는 한국사회에서 출신국가가 갖는 위상에 영향을 받는다. 각 국가마다의 위상은 시간에 따라 낮아지기도 또는 높아지기도 한다. 이는 결혼이민자의 출신국가에 따라 출신국의 지위에 대한 평가가 결혼이민자의 연령에 따라 변화될 수 있음을 시사한다.

일본 출신 결혼이민자는 연령이 증가함에 따라 일본의 지위에 대한 평가가 상승하는 추세를 보였다. 45세를 기준으로 불연속적 단절이 발생하지만 30세부터 45세까지, 그리고 47세 이후부터 50세까지 연령증가에 따라 일본의 상대적 지위 또한 높게 평가했다. 연령에 따라 출신국의 지위가 증가하는 추세를 보이는 국가는 일본이 유일했다. 이는 연령이 낮은 일본인 결혼이민자일수록 한국사회에서 일본의 위치를 낮게 평가함을 의미한다. 한국의 경제적 성장과 일본의 경제적 저성장, 그리고 국제사회에서 한국의 지위상승에 따른 일본과의 격차 감소에 따라 과거 선진국의 표상처럼 선망되었던 일본을 향한 한국인의 인식변화가 일본 출신 결혼이민자의 출신국가 지위에 대한 평가에 반영되었음을 시사한다.

중국 출신 결혼이민자의 출신국 지위에 대한 평가는 연령에 따라 일정한 추세를 보이지 않았다. 필리핀 출신 결혼이민자가 인식하는 필리핀의 지위 또한 연령에 따라 일관된 경향이 관찰되지 않았다. 기타 동남아국가 출신 결혼이민자가 인식하는 출신국가의 지위는 특정 연령에서 예외가 있긴 하나 연령에 관계없이 비교적 유사한 수준을 유지했다.

필리핀

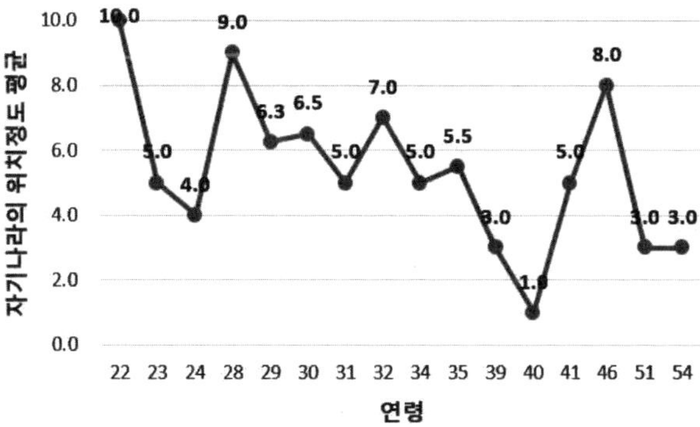

중국

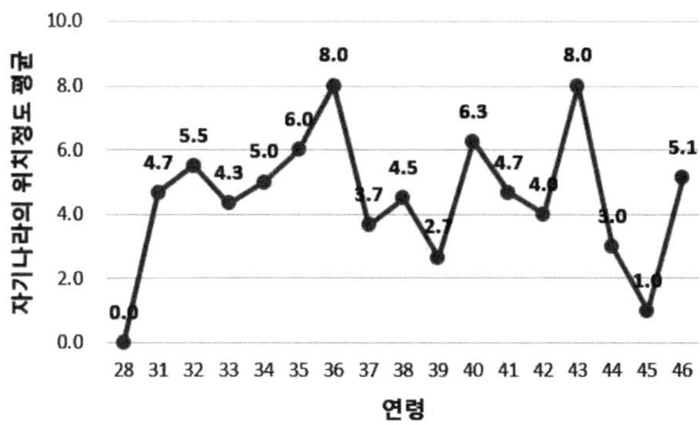

그 외
동남아시아

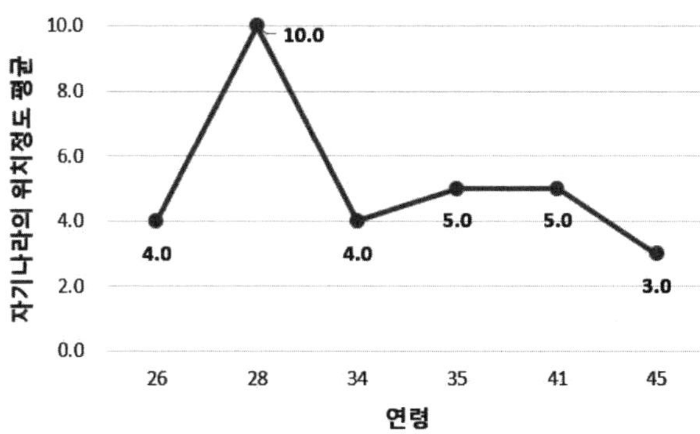

〈그림 8-8〉 출신국가별 연령에 따른 민족적 지위

베트남 출신 결혼이민자는 연령이 증가할수록 자국 지위에 대한 평가가 낮아졌다. 러시아 및 중앙아시아 출신 결혼이민자의 출신국 지위에 대한 평가 또한 전반적으로 연령이 높아질수록 지속적으로 하락했다. 베트남과 러시아 및 중앙아시아 출신 결혼이민자는 연령이 낮을수록 한국과 비교한 자국의 지위를 높게 판단했으며 이는 베트남과 러시아 및 중앙아시아 등 결혼이민자 출신국의 최근 경제사회적 발전에 기초한 결과로 이해할 수 있다.

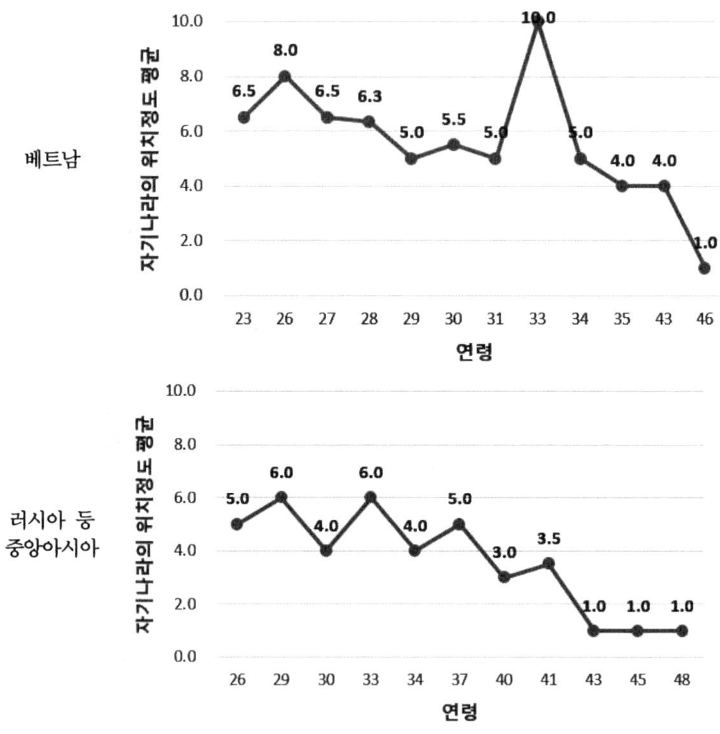

〈그림 8-9〉 출신국가별 연령별 민족적 지위

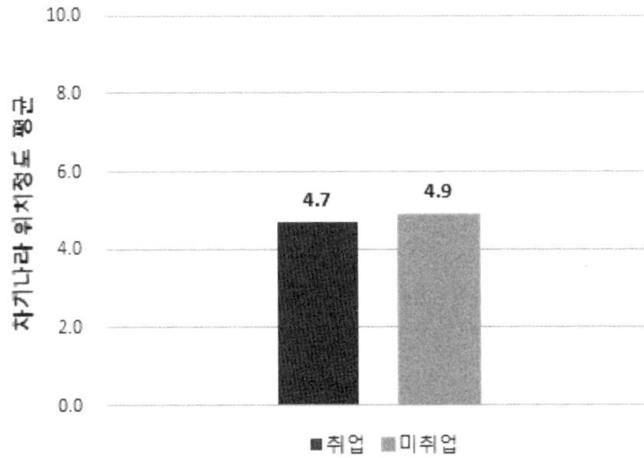

〈그림 8-10〉 취업여부별 민족적 지위

취업은 결혼이민자의 사회문화적 적응을 결정하는 주요 요인으로 주목되었다. 그런데 출신국가의 지위에 대한 인식은 취업여부에 따라 의미 있는 차이를 보이지 않았다.

3. 선주민과의 사회적 거리감

사회적 거리감은 민족을 비롯해 상이한 배경을 지닌 집단들 사이에 존재하는 사회심리적 거부감 또는 낯섦의 정도를 물리적 거리로 표현한 것이다. 사회적 거리감은 대상 집단과 신체적, 문화적 이질성이 클수록 증가하며, 집단적으로 형성되고 쉽게 변화하지 않는 견고함을 특징으로 한다(Hanson, 1999).

결혼이민자가 평가한 한국인과 자신과의 사회적 거리감은 20대, 30대, 40대는 각각 4.3, 3.7, 4.6으로 의미 있는 차이를 보이지 않았다. 한편 50대 이상 결혼이민자가 느끼는 한국인과의 사회적 거리감은 2.2로 상대적으로 낮아, 기타 연령대에 비해 한국인과 친밀하게 느끼는 것으로 나타났다.

결혼이민자가 느끼는 한국인과의 거리감은 거주기간과 관계없이 비교적 일정한 수준을 유지했다. 한국 거주기간이 증가해도 한국인과의 거리감은 좁혀지지 않았다. 50대 이상의 결혼이민자가 느끼는 한

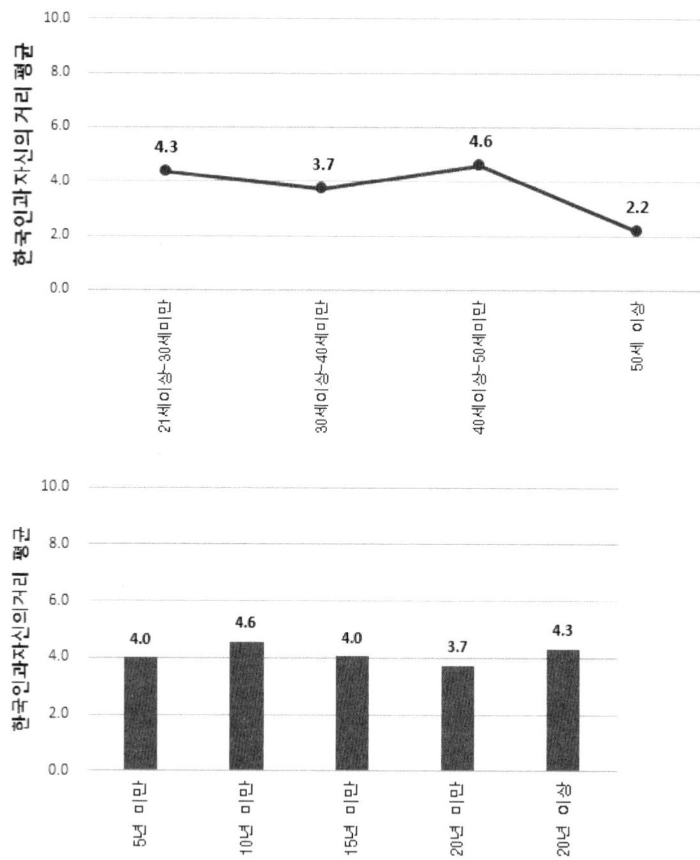

〈그림 8-11〉 연령대 및 거주기간별 한국인과의 거리감

국인과의 사회적 거리감이 낮은 것은 거주기간의 효과이기보다 연령이 갖는 효과임을 시사한다. 결혼이주의 역사가 축적되고 결혼이민자의 전반적 역량은 증가했음에도 한국인과의 사회적 관계는 여전히 위축된 양상을 보이며, 한국인과 결혼이민자 사이의 사회적 거리감은 오히려 확대되고 있음을 시사한다(정해숙 외, 2016).

결혼이민자가 인식하는 한국인과의 사회적 거리는 고졸 이하 결혼이민자보다 대졸 이상의 고학력 결혼이민자에서 상대적으로 높게 나타났다. 그러나 교육받은 연수에 따라 일정한 추세를 보이지 않았다. 이민자가 인지하는 사회적 거리감은 선주민과의 사회적, 문화적 교류의 통합정도를 간접적으로 드러내는 지표이다(김욱진 외, 2014). 따라서 이 같은 결과는 선주민인 한국인과의 사회, 문화적 교류에 결혼이민자의 높은 교육수준이 긍정적으로 작동하지 못함을 시사한다. 결혼이민자는 높은 수준의 교육을 받은 경우에도 한국인의 주류 사회에 편입하는 것이 수월하지 않다는 것을 의미한다. 오히려 학력이 높을수록 한국인과의 차이에 민감하고 한국인과 동등한 관계에 대한 기대가 높기 때문에 관계의 동등성에 대한 기대가 충족되지 못할 때 더 큰 거리감을 느끼는 것으로 설명할 수 있다.

결혼이민자의 연령과 결혼이민자가 인식하는 한국인과의 사회적 거리감 사이의 관계는 결혼이민자의 교육수준에 따라 차이를 보였다. 고졸 이하의 학력을 지닌 결혼이민자 집단은 연령이 증가함에 따라 한국인과의 사회적 거리감은 증가하는 양상을 보였다. 반면 대졸 이상의 학력을 지닌 결혼이민자 집단은 연령이 증가함에 따라 한국인과의 사회적 거리감이 감소하는 경향을 보였다.

이는 대졸 이상의 결혼이민자가 고졸 이하의 결혼이민자보다 한국인과 더 큰 사회적 거리감을 느낀다는 앞선 결과와 함께, 대졸 이상

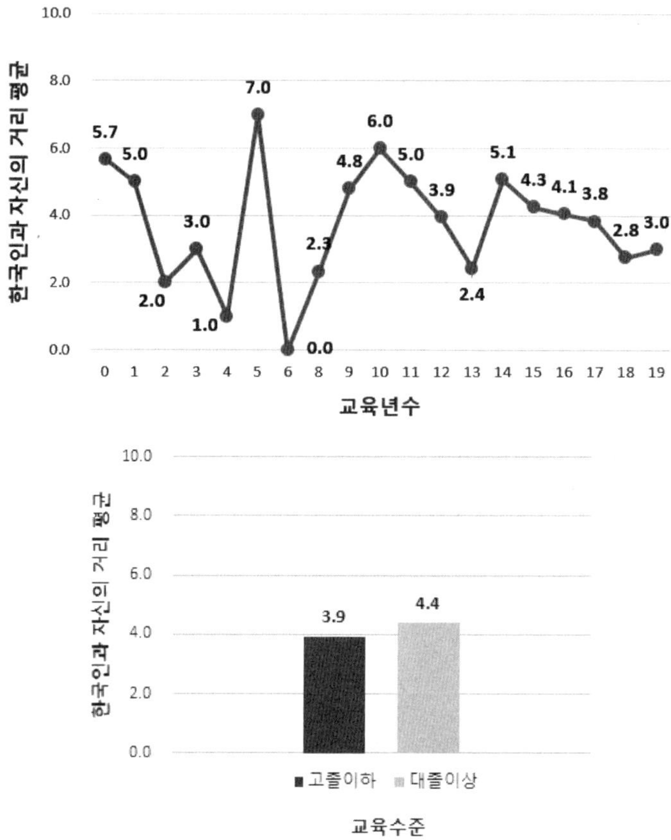

〈그림 8-12〉 교육년수 및 교육수준별 한국인과의 거리감

의 결혼이민자는 전반적으로 사회적 거리감을 고졸 이하의 결혼이민자보다 높게 인식하지만, 연령이 증가함에 따라 사회적 거리감을 좁혀가는 대응기제를 작동하고 있음을 시사한다. 반면 고졸 이하의 결혼이민자는 전반적인 사회적 거리감은 대졸 이상의 결혼이민자보다 높지만, 연령이 증가함에도 사회적 거리감을 좁히는 대응기제를 발달

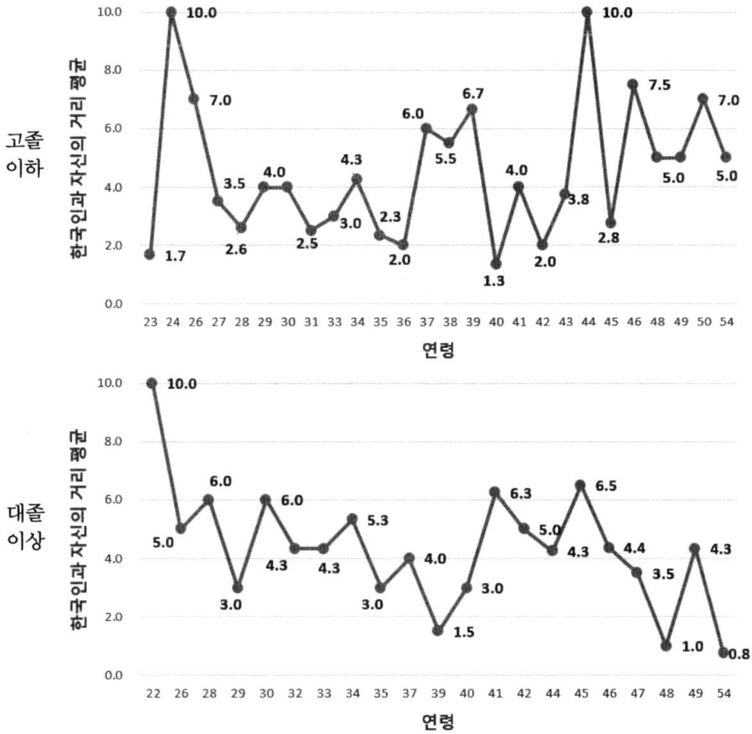

〈그림 8-13〉 연령별 한국인과의 거리감

시키지 못했을 가능성을 시사한다.

한국인과의 사회적 거리감은 러시아 및 중앙아시아 출신 결혼이민자에서 가장 높게 나타났다. 베트남 출신 결혼이민자와 기타 동남아시아 국가 출신의 결혼이민자가 인식한 한국인과의 사회적 거리가 가장 낮았다. 필리핀, 일본, 중국 출신의 결혼이민자가 인식하는 한국인과의 사회적 거리감은 중간 수준을 보였다.

출신국별로 결혼이민자가 느끼는 한국인과의 거리감은 결혼이민자의 출신국과 한국과의 사회, 문화, 신체적 유사성과 연관성을 보이지 않았다. 출신국가의 경제사회적 지위, 출신국과 한국사이의 역사적 관계 또한 결혼이민자가 한국인과 느끼는 사회적 거리감과 연관성 없음을 시사했다. 이는 결혼이민자가 한국인과 느끼는 사회적 거리감은

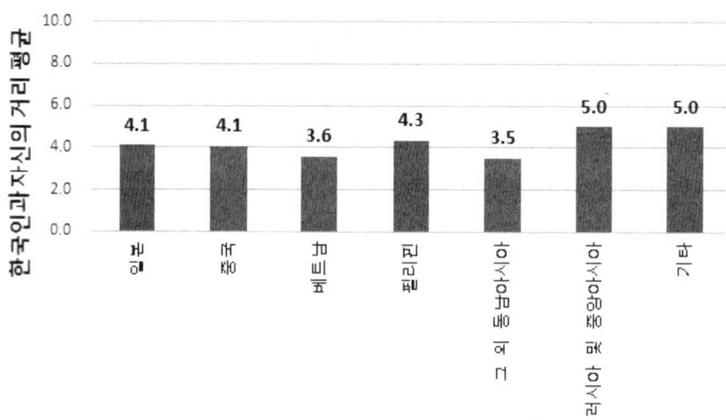

〈그림 8-14〉 국가별 한국인과의 거리감

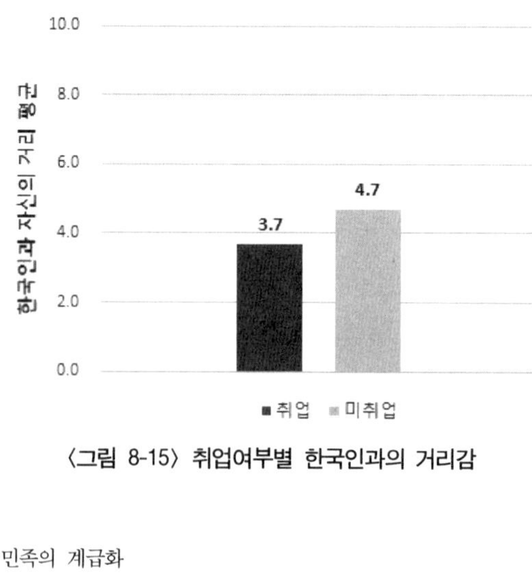

〈그림 8-15〉 취업여부별 한국인과의 거리감

결혼이민자의 출신국가에 의해 영향을 받기보다 결혼이민자가 이주 후 경험하는 한국인과의 사적 관계에 의해 결정될 수 있음을 의미한다.

결혼이민자가 느끼는 한국인과의 사회적 거리감은 경제활동 여부에 따라 의미 있는 차이를 보였다. 취업을 통해 한국인과 일정한 수준의 사회적 관계를 형성하고 있는 취업자는 비취업자보다 한국인과의 거리를 가깝게 인식했다. 이는 취업이 결혼이민자에게 한국인과 상호작용할 수 있는 사회적 구조를 제공함으로써 한국인과의 사회적 거리감을 감소시키는 데 긍정적으로 작용하고 있음을 시사한다.

제2절 결혼이민 1세대의 계급 환원성

민족 다양성이 높은 사회에서 사회적 행위자의 민족적 배경은 그(녀)의 사회, 경제, 정치적 공간을 구조화한다. 사회적 장에서 민족이 갖는 공간적 지위는 사회, 경제, 정치적 지위로 상호 환원되며 하나의 계급으로 견고해진다.

1. 민족적 배제와 계급 환원성

한국인의 정체성을 거부당하는 민족적 배제는 결혼이민자의 민족적 계급성을 반영한다. 민족적 배제와 경제, 사회정치적 계급지위 사이의 상관성은 결혼이민자의 민족적 계급이 경제, 사회정치적 계급으로 환원되는가를 확인해 준다.

1) 민족적 배제와 경제적 계급 환원성

월평균 가구소득은 결혼이민자가 민족적으로 배제되는 정도와 정적으로 유의하게 연관된 것으로 나타났다. 가구의 월평균 소득이 증가할수록 결혼이민자가 인식하는 민족적 배제 역시 유의미하게 증가했다.

결혼이민자가 선주민으로부터 한국인으로 인정받지 못하고 민족적으로 배제되는 정도는 결혼이민자가 주관적으로 인식하는 가족의 재정상태와는 유의미한 정도의 상관을 보이지 않았다. 생산적 활동에 참여하고 교류하는 것으로부터 배제되는 정도 또한 결혼이민자가 한국인으로 수용되지 못하고 선주민으로부터 민족적으로 배제되는 정

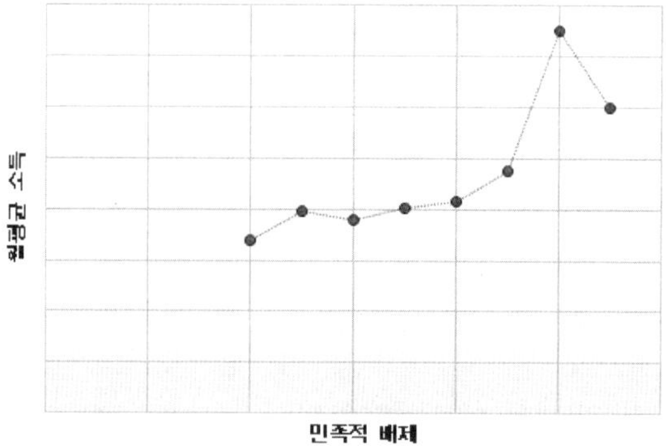

〈그림 8-16〉 결혼이민자의 민족적 배제와 월평균 소득 산점도

〈표 8-1〉 결혼이민자의 민족적 배제와 경제적 계급의 상관관계

	재정상태	월평균 소득	생산활동	소비활동	월평균 지출
민족적 배제	.062	.218*	.065	-.091	.118

$p<.05^{*}$ $P<.01^{**}$ $P<.001^{***}$

도와 유의미한 상관이 없었다. 결혼이민자가 필요한 재화와 서비스의 소비에 참여하고 교류한 활동으로부터 배제되는 수준과 선주민으로부터 민족적으로 배제되는 수준 사이에도 유의미한 상관은 확인되지 않았으며, 결혼이민자 가구의 월평균 가구 지출 또한 민족적 배제와 의미 있는 정도의 연관성이 없었다.

결혼이민자가 선주민으로부터 한국인임을 거부당하는 민족적 배제는 결혼이민자의 경제적 계급을 투영하는 지표인 가구의 주관적 재정상태, 월평균 가구소득, 생산활동으로부터의 배제, 소비활동으로부터의 배제와 의미 있는 상관이 없는 것으로 분석되었다. 결혼이민자의 민족적 배제와 유의미한 상관성을 보인 가구의 월평균 소득조차 민족적 배제가 높을수록 오히려 높게 나타나 민족적 배제와 경제적 계급 사이의 환원성은 크지 않은 것으로 확인되었다.

2) 민족적 배제와 사회정치적 계급 환원성

결혼이민자가 건강권 추구를 위해 건강서비스를 이용하는 것이 어느 정도 용이한가는 결혼이민자가 한국인으로 인정받지 못하고 배제되는 정도와 정적으로 유의미하게 관련되어 있었다. 건강서비스에 접근하는 것이 용이할수록 한국인으로 인정받지 못하고 배제되는 정도는 오히려 증가했다.

결혼이민자가 공식 및 비공식적인 관계를 통해 다양한 사회적 행위주체와의 교류에 참여하는 정도는 결혼이민자가 한국인으로 수용되지 못하고 민족적으로 배제되는 정도와 유의미한 상관관계를 갖지 않는 것으로 분석되었다. 한편 선주민으로부터 한국인으로 수용되지 못하고 배제되는 수준과 결혼이민자가 주관적으로 판단한 건강상태

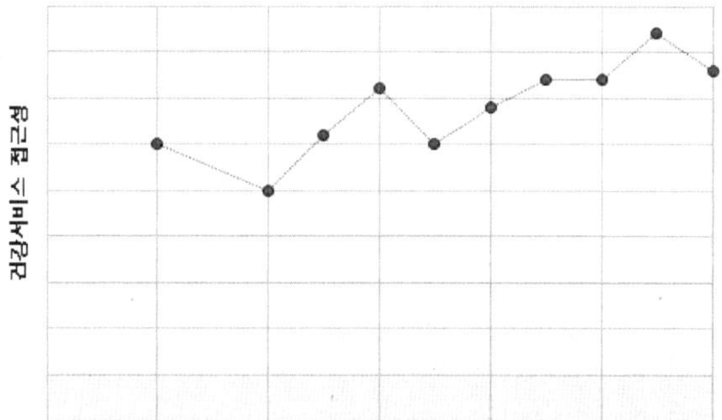

〈그림 8-17〉 결혼이민자의 민족적 배제와 건강서비스 접근성 산점도

〈표 8-2〉 결혼이민자의 민족적 배제와 사회정치적 계급의 상관관계

	건강상태	건강 접근성	교육경험	사회적 교류	정치적 관여
민족적 배제	.105	.268**	-.014	.059	.058

$p<.05^{*}$ $P<.01^{**}$ $P<.001^{***}$

는 유의미한 상관이 없었다. 한국어 교육, 직업교육, 기타 교육 등 결혼이민자가 이주 후 참여한 교육수준 또한 결혼이민자의 민족적 배제와 의미 있는 상관이 없었다.

지역사회와 같이 결혼이민자가 자신이 속한 집단 및 공동체의 쟁점에 관심을 갖고, 관련된 의사결정에 참여하는 정치적 관여행위로부터 배제되는 정도와 결혼이민자가 민족적으로 배제되는 수준은 의미 있는 상관이 없었다. 결혼이민자가 선주민으로부터 한국인으로 인정받지 못하고 배제되는 정도는 결혼이민자의 사회정치적 계급을 나타내는 지표인 사회적 교류, 주관적 건강상태, 교육경험, 정치적 관여로부터 배제와 유의미하게 관련되어 있지 않았다. 사회정치적 계급의 지표 중 건강서비스에 접근하는 것이 어느 정도 수월한가만이 결혼이민자의 민족적 배제와 연관성을 보였다. 이와 같은 결과는 민족을 중심으로 한 계급적 서열과 사회경제적 계급이 대응적이라는 렌스키의 민족계급 모델이 매우 제한적으로 지지되고 있음을 의미한다.

2. 민족적 지위와 계급 환원성

민족적 지위는 민족의 서열적 관계를 가장 직접적으로 드러낸다. 민족적 지위와 경제적, 사회정치적 계급의 지표 사이의 상관성을 통해 민족적 계급과 여타 계급 사이의 환원성을 확인했다.

1) 민족적 지위와 경제적 계급 환원성

한국인 선주민과 비교한 결혼이민자의 민족적 지위는 결혼이민자가 인지한 가족의 재정적 상태와 정적으로 유의미하게 관련되어 있었다. 가족이 재정적으로 여유 있다고 판단할수록 한국인 선주민과 비교한 출신 민족의 지위를 높게 평가했다. 결혼이민자가 인지하는 출신 민족의 한국 사회 내에서의 지위는 결혼이민자 가구의 월평균 소득과도 정적으로 유의미한 상관을 보여, 가구의 월평균 소득이 높을수록 출신 민족의 지위를 높게 인식했다.

생산활동으로부터 결혼이민자가 배제된 정도, 재화와 서비스의 소비로부터 결혼이민자가 배제된 정도는 결혼이민자가 판단한 출신 민족의 지위와 의미 있는 상관을 보이지 않았다. 가구의 월평균 지출 또한 결혼이민자가 인지하는 민족적 지위와 유의미한 상관이 없는 것으로 나타났다.

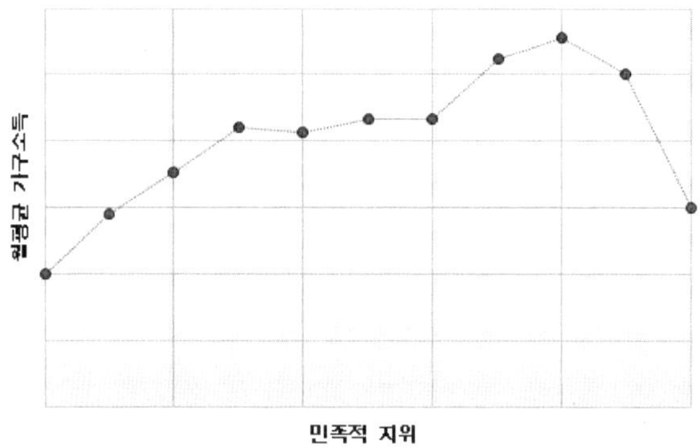

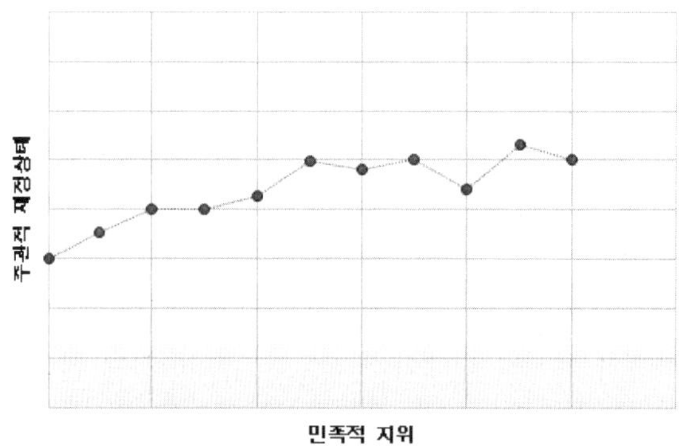

〈그림 8-18〉 결혼이민자의 민족적 지위와 월평균 가구소득 및 주관적 재정상태 산점도

민족적 지위는 경제적 계급성을 반영하는 주관적 재정상태, 월평균 가구소득과 유의미한 연관성을 보임에 따라 결혼이민자의 민족적 계급과 경제적 계급은 서열적 유사성이 높음을 의미했다. 이는 민족적 계급과 경제적 계급 사이의 환원성을 시사하는 것으로 민족적 계급이 낮은 이민자는 경제적으로도 하층계급에 속해 계급 억압적 요소를 복합적으로 경험할 가능성을 드러낸다.

〈표 8-3〉 결혼이민자의 민족적 지위와 경제적 계급의 상관관계

	재정상태	월평균 소득	생산활동	소비활동	월평균 지출
민족적 지위	.315**	.194*	.002	-.151	.060

$p<.05^{*}$ $P<.01^{**}$ $P<.001^{***}$

2) 민족적 지위와 사회정치적 계급 환원성

결혼이민자가 주관적으로 판단한 신체 및 정신적 건강상태는 결혼이민자가 인식하는 출신 민족의 지위와 정적으로 유의미하게 관련되어 있었다. 건강상태를 긍정적으로 평가할수록 결혼이민자가 인식하는 출신 민족의 한국사회 내에서의 지위도 유의미하게 증가했다. 이주한 후 교육에 참여한 정도가 높을수록 결혼이민자가 인지한 민족적 지위는 유의미하게 낮게 나타나, 교육적 참여의 정도는 민족적 지위와 부적으로 유의미한 상관이 있는 것으로 분석되었다.

결혼이민자가 사회적 행위자로서 한국 사회에서 다양한 사회주체와 관계를 형성하고 상호작용에 참여하는 정도는 결혼이민자가 자신의 출신 민족이 한국인 선주민보다 어느 정도 높거나 또는 낮은 지위를 갖는다고 인식하는가와 유의미한 관계를 보이지 않았다. 결혼이민자가 사회적 권리인 건강서비스 이용을 어느 정도 적절하게 보장받고 있는가 또한 결혼이민자가 출신 민족의 상대적 지위를 어떤 수준으로 인식하는가와 의미 있는 연관성이 없는 것으로 분석되었다.

사회집단 또는 공동체 활동을 통해 결혼이민자가 사회적 쟁점에 대한 자신의 의견을 표출하고 의사결정 과정에 참여하는 정치적 관여의 수준과 출신 민족의 사회적 지위 사이의 연관성도 유의미한 수준을 보이지 못했다.

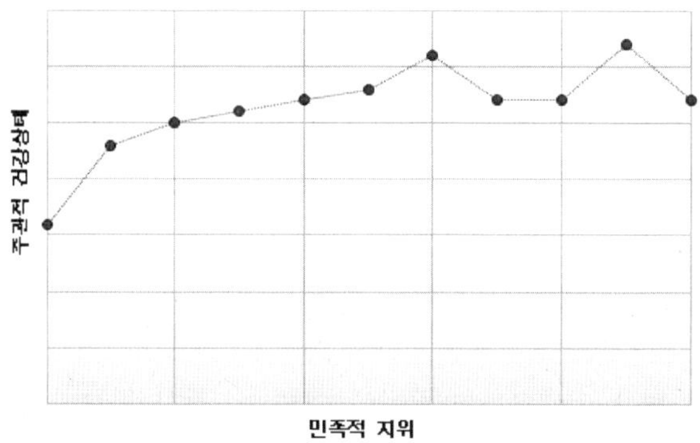

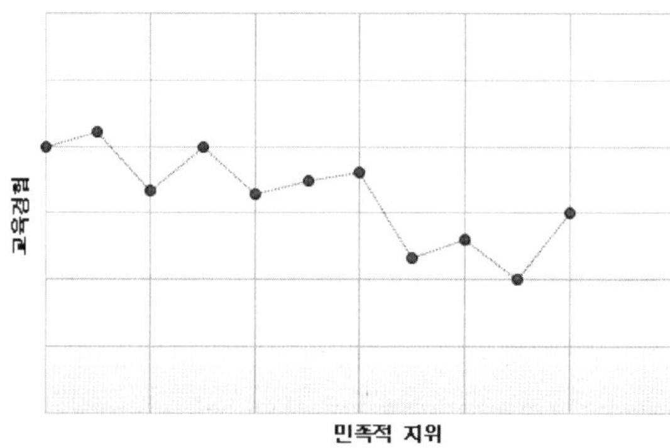

〈그림 8-19〉 결혼이민자의 민족적 지위와 주관적 건강상태 및 교육경험 산점도

한국사회 내에서 출신 민족의 지위에 대한 결혼이민자의 인식은 사회정치적 계급의 위치를 나타내는 지표 중 주관적 건강상태와만 의미 있는 관계가 있는 것으로 검증되었다. 출신 민족이 한국사회에서 갖는 지위에 대한 주관적 평가는 결혼이민자가 인식하는 출신 민족의 계급적 성격을 드러낸다. 따라서 민족적 지위는 사회, 정치적 계급과도 강한 연관성을 보일 것으로 가정되었으나 사회적 교류로부터의 배제와 정치적 관여로부터의 배제를 통해 본 사회정치적 계급지위와의

〈표 8-4〉 결혼이민자의 민족적 지위와 사회정치적 계급의 상관관계

	건강상태	건강 접근성	교육경험	사회적 교류	정치적 관여
민족적 지위	.282**	.108	-.238*	.059	.043

$p<.05^{*}$ $P<.01^{**}$ $P<.001^{***}$

연계성은 확인되지 않았다. 건강상태와 교육참여 수준이 민족적 지위와 상관이 있는 것으로 나타났으며 특히 교육 참여는 민족적 계급과 역의 관계를 보임에 따라 민족적 계급과 사회정치적 계급의 환원성은 매우 제한적으로 지지되었다.

3. 사회적 거리감과 계급 환원성

민족과 민족 사이의 친근함과 낯섦은 사회적 거리감으로 표현된다. 선주민과의 사회적 거리감에 높고 낮음의 서열성은 배제되어 있으나 선주민이 속한 주류사회로부터 어느 정도 소외되어 있는가를 드러냄으로써 또 다른 방식으로 민족의 계급성을 나타낸다.

1) 사회적 거리감과 경제적 계급 환원성

한국인과 자신 사이에 존재하는 사회적 거리감은 결혼이민자가 주관적으로 인지하는 가족의 재정적 상태, 월평균 가구소득, 생산적 활동에의 참여와 상호작용으로부터 배제되는 정도, 필요한 소비 행위로부터 배제되는 정도, 월평균 가구지출 모두와 의미 있는 상관성이 없는 것으로 분석되었다. 따라서 사회적 거리감을 통해 지형화한 결혼이민자의 계급적 지위와 경제적 계급 사이의 환원성은 없는 것으로 나타났다.

〈표 8-5〉 결혼이민자의 사회적 거리감과 경제적 계급의 상관관계

	재정상태	월평균 소득	생산활동	소비활동	월평균 지출
사회거리감	-.088	-.144	.002	.066	-.122

$p<.05^{*}$ $P<.01^{**}$ $P<.001^{***}$

2) 사회적 거리감과 사회정치적 계급 환원성

주관적으로 인지한 건강상태는 결혼이민자가 한국인으로부터 느끼는 사회적 거리감과 부적으로 유의미하게 관련되어, 건강상태를 건강하다고 인식할수록 한국인과의 사이에서 느끼는 사회적 거리감은 감소하는 것으로 나타났다.

결혼이민자가 한국인과의 사이에서 느끼는 사회적 거리감은 건강서비스에 접근할 수 있는 용이성의 정도, 이주 후 참여한 교육의 정도, 결혼이민자가 다양한 사회적 주체와의 상호교류적 활동으로부터 배제된 정도, 정치적 쟁점에 의사를 표명하고 의사결정 구조에 참여

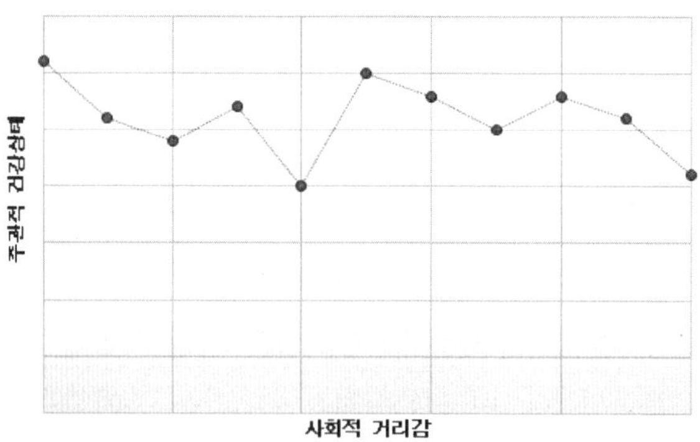

〈그림 8-20〉 결혼이민자의 사회적 거리감과 주관적 건강상태 산점도

〈표 8-6〉 결혼이민자의 사회적 거리감과 사회정치적 계급의 상관관계

	건강상태	건강 접근성	교육경험	사회적 교류	정치적 관여
사회 거리감	-.262**	-.147	-.007	-.107	.062

$p<.05^{*}$ $P<.01^{**}$ $P<.001^{***}$

하는 활동으로부터 배제되는 정도와는 의미 있는 연관이 없었다. 이는 경제적 계급에 이어 사회적 거리감을 통해 지형화한 민족적 계급은 결혼이민자의 사회적, 정치적 계급지위로도 환원되기 어려움을 시사한다.

제3절 결혼이민 2세대의 민족 계급화

민족적 배경은 결혼이민자 1세대의 삶을 지배하는 것에서 그치지 않는다. 부 또는 모로부터 물려받은 민족적 배경은 결혼이민자 자녀의 삶 또한 다각적으로 조절한다. 한국인이라는 민족적 정체성에 대한 자기규정과 무관하게 결혼이민자 자녀의 민족적 배경은 한국 사회에서 민족적 서열을 결정한다.

1. 민족적 배제

결혼이민자 자녀는 또래의 선주민 자녀로부터 한국인의 정체성을 거부당하는 경향이 높다(김혜미 외, 2011). 이와 같은 경험은 결혼이민자 자녀에게 심리정서적으로 부정적인 영향을 미쳐(김혜미 외, 2011; 전

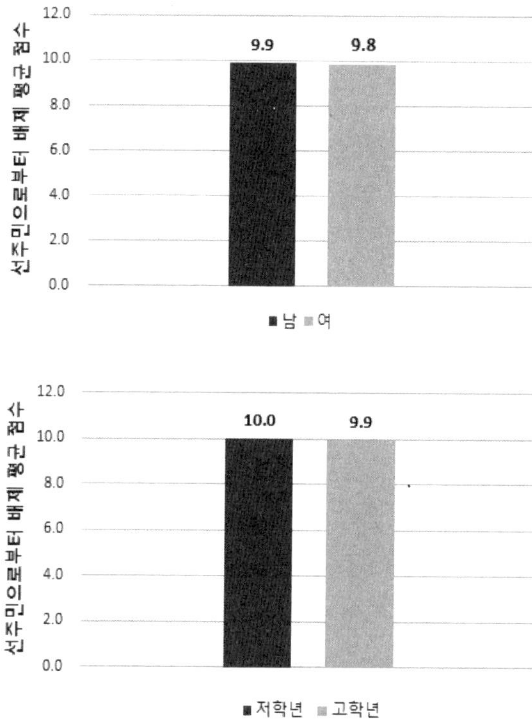

〈그림 8-21〉 자녀의 연령대 및 연령별 선주민으로부터 배제

영희, 2012; 박미숙 외, 2014), 결혼이민자 자녀는 자신의 민족적 배경에 대해 비교적 낮은 자긍심을 보인다(정해숙 외, 2016).

본 연구에서 결혼이민자 자녀가 선주민 자녀로부터 한국인임을 거부당하는 민족적 배제는 9.9로 최고값의 82.5%에 해당했다. 남성 아동은 9.9, 여성 아동은 9.8로 결혼이민자 자녀의 성별에 따라 유의미한 차이가 없었다. 저학년 아동은 10.0, 고학년 아동은 9.8로 연령대에 따라서도 결혼이민자 부모의 자녀가 선주민 자녀로부터 민족적으

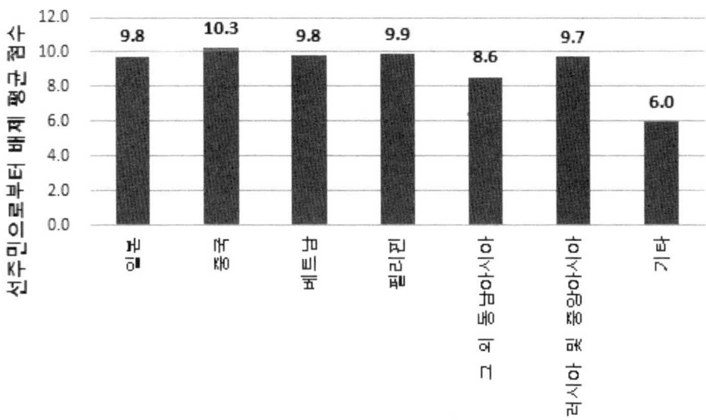

〈그림 8-22〉 자녀의 부모 출신국가별 선주민으로부터 배제

로 배제되는 정도에 차이가 없었다.

선주민 자녀로부터 한국인임을 거부당하는 정도는 중국, 필리핀, 일본, 베트남, 러시아 및 중앙아시아 출신 부모를 둔 자녀가 높게 나타났다. 그 외 동남아시아 출신 자녀는 선주민 자녀로부터 민족 정체성이 거부당하는 수준이 유의미하게 낮았다.

2. 민족적 지위

결혼이민자 자녀는 선주민 자녀와 비교한 자신의 민족적 지위를 7.73으로 인식했다. 민족지위에 대한 평가는 남성 아동이 8.14, 여성 아동이 7.67로 남성 아동의 민족지위에 대한 평가가 높았으나 그 차이가 유의미하지는 않았다. 결혼이민자 자녀가 인식한 민족적 지위는 연령에 따라서도 의미 있는 차이가 없었다. 10세 이하 자녀가 인식한 지위는 8.1, 11세 이상 자녀가 인식한 지위는 8.2로 유사하게 나타났

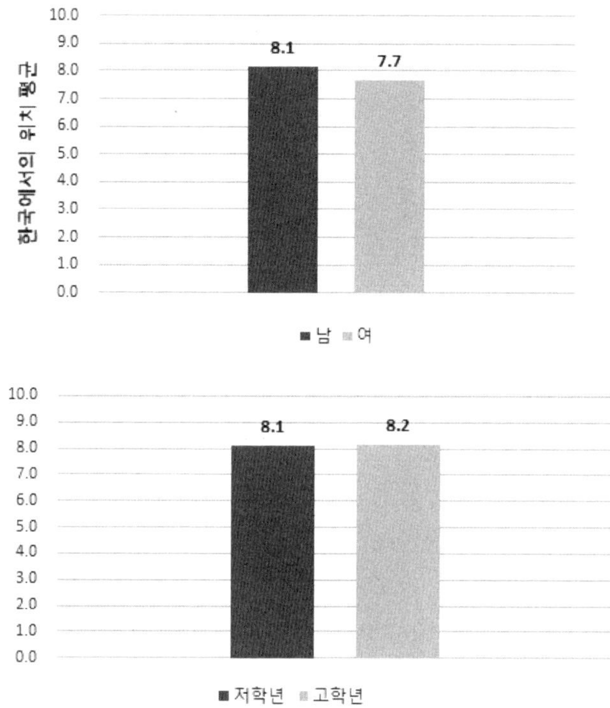

〈그림 8-23〉 자녀의 성별 및 연령별 민족적 지위

다. 결혼이민자 자녀는 민족적 정체성을 한국인으로 설정하고 있음에도 자신의 민족적 지위를 선주민 자녀의 지위인 10.0보다 낮게 평가한 결과에 주목할 필요가 있다.

부모의 출신국에 따라서 결혼이민자 자녀가 인식하는 자신의 민족적 지위는 의미 있는 차이를 보였다. 중국 출신 결혼이민자 자녀가 자신의 지위를 가장 높게 평가했으며 그 외 동남아시아 출신 결혼이민자 자녀는 자신의 지위를 가장 낮게 평가했다. 기타 국가 출신 결혼이민자 자녀가 인식하는 지위 간에는 의미 있는 차이가 없었다.

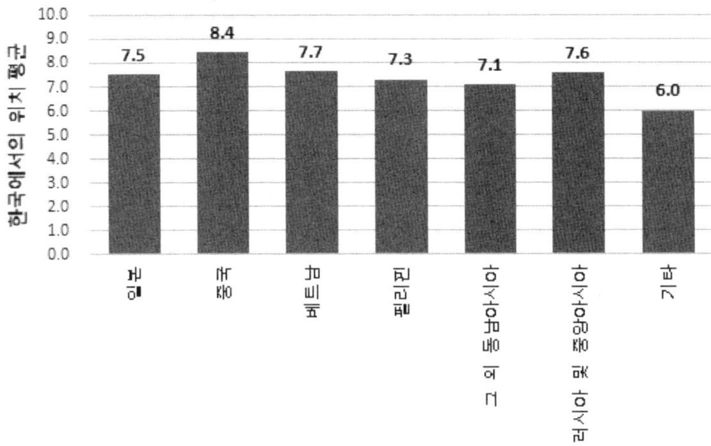

〈그림 8-24〉 자녀의 부모 출신국가별 민족적 지위

중국, 일본 등 한국인과 신체적 차이가 없는 이민자 자녀보다 베트남, 캄보디아 등 외모에 차이가 있는 이민자 자녀가 선주민 자녀로부터 따돌림을 당하는 정도가 높다(조민식 외, 2011)는 선행연구의 결과는 결혼이민자 자녀를 대하는 선주민의 태도가 자녀가 인식하는 민족적 지위에 영향을 미쳤을 가능성을 시사한다.

3. 선주민과의 사회적 거리감

결혼이민자 자녀가 느끼는 선주민 자녀와의 거리감은 2.78로 결혼이민자 부모가 인지하는 한국인과의 거리감 4.16과 비교해 상대적으로 낮았다. 결혼이민자 자녀는 한국에서 출생하고 한국인과의 관계 속에서 자란 성장과정으로 인해 선주민으로부터 느끼는 사회적 거리감이 결혼이민 1세대보다 상대적으로 낮은 것으로 해석된다. 그러나 결혼이민자 자녀의 경우에도 타국에서 성장했거나 한국 거주 기간이 짧은 경우 한국 문화에 대한 적응력이 낮고 선주민과의 거리감은 큰 것으로 보고되었다(정해숙 외, 2016).

한편 남성 자녀가 느끼는 선주민 자녀와의 거리감은 3.10, 여성 자녀는 2.51로 남성 자녀가 인지하는 거리감이 유의미하게 높은 것으로 나타났다. 10세 이하 자녀가 느끼는 거리감은 2.5로 11세 이상

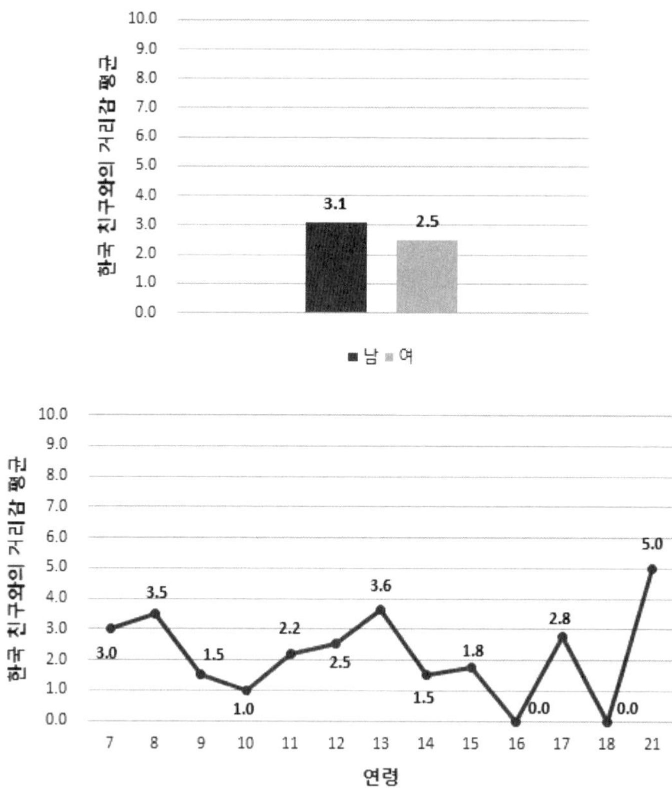

〈그림 8-25〉 자녀의 성별 및 연령별 선주민 자녀와의 사회적 거리감

자녀가 느끼는 거리감 1.8과 유의미한 차이가 없었다.

특히 연령별로 결혼이민자 자녀가 인지하는 선주민 자녀와의 거리감은 W자 형태를 보였다. 초등학교 저학년 학령기인 10세까지 감소하다 초등학교 고학년 학령기인 13세까지 증가하고 이후 중학교 학령기인 16세까지 다시 감소하는 추세를 보인 후 다시 증가했다. 이는 결혼이민자 자녀의 발달단계에 따라 선주민 자녀로부터 느끼는 거리감이 지속적으로 변화되었을 가능성을 시사한다.

결혼이민자를 향한 선주민의 부정적 시각과 편견을 경험한 이민자의 자녀들은 선주민 자녀와 원만한 관계를 맺고 있는 경우에도 자신의 민족적 배경이 노출되는 것을 우려해 회피적 인간관계를 지향하기도 한다(은선경, 2010; 김이선 외, 2015; 윤인성 외, 2016). 특히 이 결과는 성장과정 중에 있는 아동의 특성상 선주민 자녀와의 관계가 고정되기보다 이민자 자녀라는 자신의 정체성을 반영해 선주민 자녀와 사회적인 관계를 조정해 가는 과정에 있음을 시사한다.

결혼이민자 부모의 출신국에 따라 자녀가 느끼는 선주민 자녀와의 사회적 거리감은 차이를 보였다. 베트남 출신 이민자의 자녀는 선주민 자녀와 가장 큰 거리감(4.6)을 느끼는 것으로 나타났으며, 그 외 동남아시아(4.0), 필리핀(3.8) 출신 결혼이민자의 자녀가 상대적으로 높은 거리감을 보였다. 반면 일본(2.5), 중국(2.2) 출신 결혼이민자의 자녀가 비교적 낮은 사회적 거리감을 나타냈으며, 러시아 및 중앙아시아(1.9) 출신 결혼이민자의 자녀가 가장 낮은 사회적 거리감을 보였다.

중국과 일본 출신 이민자의 자녀는 민족적 지위는 상대적으로 높게 평가하고, 선주민 자녀와의 사회적 거리감은 상대적으로 가깝게 인식하는 이상적 형태를 보였다. 한편 베트남, 필리핀, 그 외 동남아시아

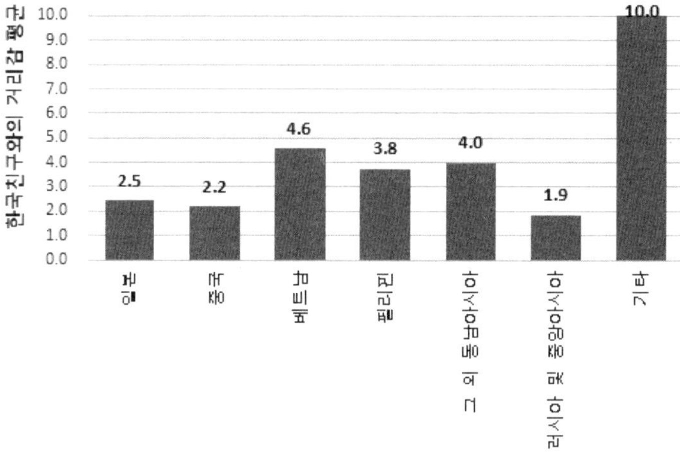

〈그림 8-26〉 부모 출신국가별 선주민 자녀와의 사회적 거리감

출신 이민자의 자녀는 자신의 민족적 지위는 상대적으로 낮게 평가하며 선주민 자녀와의 거리감은 멀게 느끼는 취약한 형태를 보였다.

제4절 결혼이민 2세대의 계급 환원성

생산체계를 중심으로 한 경제적 계급에 더해 사회적, 정치적, 민족적 지위를 기준으로 다양한 계급화가 이루어지고 있다. 계급구분의 다원화 현상 속에서 개인의 민족적 서열은 사회적 지위, 정치적 지위, 경제적 지위로 환원되며 다양한 차원에서 하위 계급의 무게를 증폭시키고 있다. 따라서 결혼이민자 자녀의 계급적 지위를 반영하는 지표 사이의 상관성에 대한 분석은 다양한 지위의 유사성과 계급화 경향을 드러낸다.

1. 민족적 배제와 계급 환원성

1) 민족적 배제와 경제적 계급 환원성

결혼이민자 자녀가 선주민 자녀로부터 한국인으로서 정체성을 인정받지 못하고 민족적으로 배제되는 정도는 결혼이민자 자녀가 인식하는 가족의 재정적 상태, 월평균 소득, 생산적 활동으로부터 배제되는 정도, 월평균 지출과는 유의미한 연관성을 보이지 않았다.

결혼이민자 자녀가 소비 활동으로부터 배제되는 정도만이 선주민 자녀로부터 자신의 한국인으로서의 정체성을 인정받지 못하고 민족적으로 배제되는 정도와 부적으로 유의미한 상관성을 갖는 것으로 나타났다. 아동에게 필요한 재화와 서비스를 소비하는 행위로부터 배제되는 즉 소비의 제한성이 높은 결혼이민자 자녀일수록 선주민 자녀로부터 자신이 한국인으로 인정받지 못하고 배제되는 정도는 오히려 낮다는 것을 의미한다.

결혼이민자 자녀가 한국인의 정체성을 거부당하고 민족적으로 배제되는 정도는 경제적 계급지위를 반영한 다수의 지표와 의미 있는 연관성이 없었으며, 유일하게 의미 있는 연관성이 확인된 소비활동으로부터의 배제와는 역의 관계를 보였다. 이는 소비활동으로부터 배제

〈표 8-7〉 결혼이민자 자녀의 민족적 배제와 경제적 계급의 상관관계

	재정상태	월평균 소득	생산활동	소비활동	월평균 지출
민족적 배제	.153	-.073	.119	-.270*	.053

$p<.05^{*}$ $P<.01^{**}$ $P<.001^{***}$

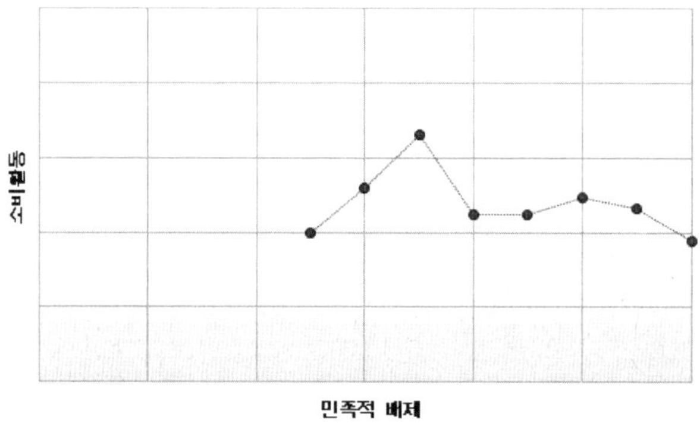

〈그림 8-27〉 결혼이민자 자녀의 민족적 배제와 소비활동의 배제 산점도

되는 정도가 높을수록 민족적 배제 또한 높을 것이라는 일반적인 기대와 상반된 결과로 결혼이민자 자녀의 민족적 계급은 경제적 계급으로 환원되지 못함을 의미한다.

2) 민족적 배제와 사회정치적 계급 환원성

한국인의 정체성을 인정받지 못하고 민족적으로 배제되는 정도는 결혼이민자 자녀가 다른 아동들과 사회적 상호작용을 어느 정도 활발히 교류하는가와 부적으로 유의미하게 관련되어 있었다. 사회적 상호작용이 활발하여 사회적 교류로부터 배제되는 정도가 높을수록 결혼이민자 자녀가 한국인으로서 인정받지 못하고 배제되는 정도는 오히려 낮아졌다.

이는 선주민 자녀와 사회적 교류가 활발할수록 결혼이민자 자녀는 선주민 자녀의 언어와 태도를 통해 자신이 한국인으로 인정받지 못한다는 상징적 정보를 더 자주, 더 많이 접하게 되어, 민족적 배제감 또한 증가하는 것으로 설명할 수 있다. 결혼이민자 자녀는 또래와의 상호작용이 이루어지면서 주류사회로부터 민족적 소수자의 정체성을 부여받고, 타자화됨으로써 비로소 자신의 민족적 배경에 대해 인식하고, 소수자의 역할을 습득하게 된다는 연구결과(최대희, 2018)는 사회적 상호작용과 민족적 배제의 부적 연관성을 부분적으로 설명한다.

결혼이민자 자녀의 건강수준과 사교육의 수는 민족적으로 배제되는 정도와 정적으로 의미 있는 상관성을 보였다. 자신의 건강상태를 건강하다고 평가할수록, 참여하고 있는 사교육의 수가 많을수록 결혼이민자 자녀는 한국인으로 수용되지 못하고 민족적으로 배제된다고 인지하는 정도가 유의미하게 증가했다.

사회적 계급지위의 지표인 사회적 교류와 건강상태가 긍정적일수록 민족적 계급지위를 반영하는 민족적 배제의 수준은 높아짐에 따라 사회적 계급지위와 민족적 계급지위는 계급 환원이 역의 방향으로 이루어지는 것으로 확인되었다. 이는 개인의 사회, 경제, 정치적 계급은 민족적 계급과 긴밀하게 연관되어 있다는 렌스키의 민족계급화 모델과 대조되는 결과로, 조사대상이 계급지위가 결정된 성인이 아닌 자신의 계급지위를 형성하는 과정 중에 있는 아동이라는 특성이 작용했을 가능성이 있다.

사회활동이나 학교생활에 관한 주요 쟁점에 자신의 의견을 표현하고 집단행동에 참여하는 정치적 관여로부터 결혼이민자 자녀가 배제

〈표 8-8〉 결혼이민자 자녀의 민족적 배제와 사회정치적 계급의 상관관계

	건강상태	건강 접근성	사교육	사회적 교류	정치적 관여
민족적 배제	.223*	.149	-.366**	-.222*	-.016

$p<.05^{*}$ $P<.01^{**}$ $P<.001^{***}$

사회적 교류

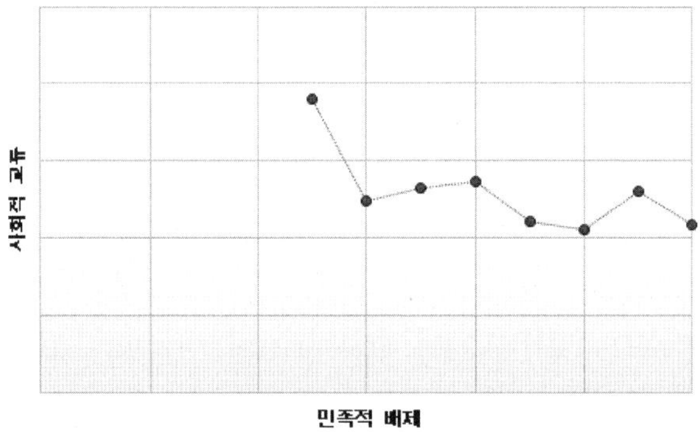

주관적 건강

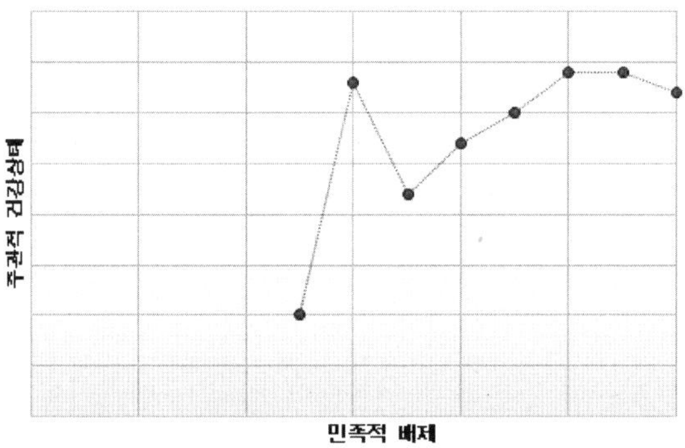

사교육

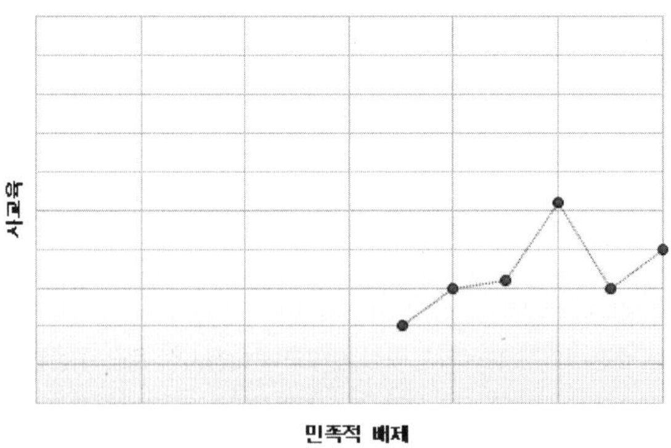

〈그림 8-28〉 결혼이민자 자녀의 민족적 배제와 사회적 교류

되는 정도, 결혼이민자 자녀가 건강서비스를 어려움 없이 이용할 수 있는 정도는 아동이 선주민 자녀로부터 한국인으로 수용되지 못하고 민족적으로 배제되는 정도와 의미 있는 관계를 보이지 않았다. 따라서 민족적 배제를 지표로 살펴본 민족적 계급지위는 사회정치적 계급지위로의 환원성이 높지 않은 것으로 확인되었다.

2. 민족적 지위와 계급 환원성

1) 민족적 지위와 경제적 계급 환원성

주관적으로 판단한 가족의 재정상태가 여유 있을수록 결혼이민자 자녀가 인지한 자신의 민족적 지위는 유의미하게 증가했다. 생산적 활동에 참여하고 교류하는 행위로부터 배제되는 정도, 필요한 소비활동으로부터 배제되는 정도는 결혼이민자 자녀가 판단한 자신의 민족적 지위와 유의미하게 부적으로 연관된 것으로 분석되었다.

가족이 재정적으로 여유 있고, 생산적 활동에 참여하고 교류하는 정도가 높으며, 필요한 재화와 서비스 소비에 제한이 없는 결혼이민자 자녀일수록 한국 사회 내에서 자신의 민족적 지위를 높게 인식하고 있음을 의미한다. 민족적 지위를 지표로 파악한 민족적 계급지위는 결혼이민자 자녀의 경제적 계급지위와 상호의존적인, 높은 계급

〈표 8-9〉 결혼이민자 자녀의 민족적 지위와 경제적 계급의 상관관계

	재정상태	월평균 소득	생산활동	소비활동	월평균 지출
민족적 지위	.204*	-.052	-.270*	-.271**	-.124

$p<.05^{*}$ $P<.01^{**}$ $P<.001^{***}$

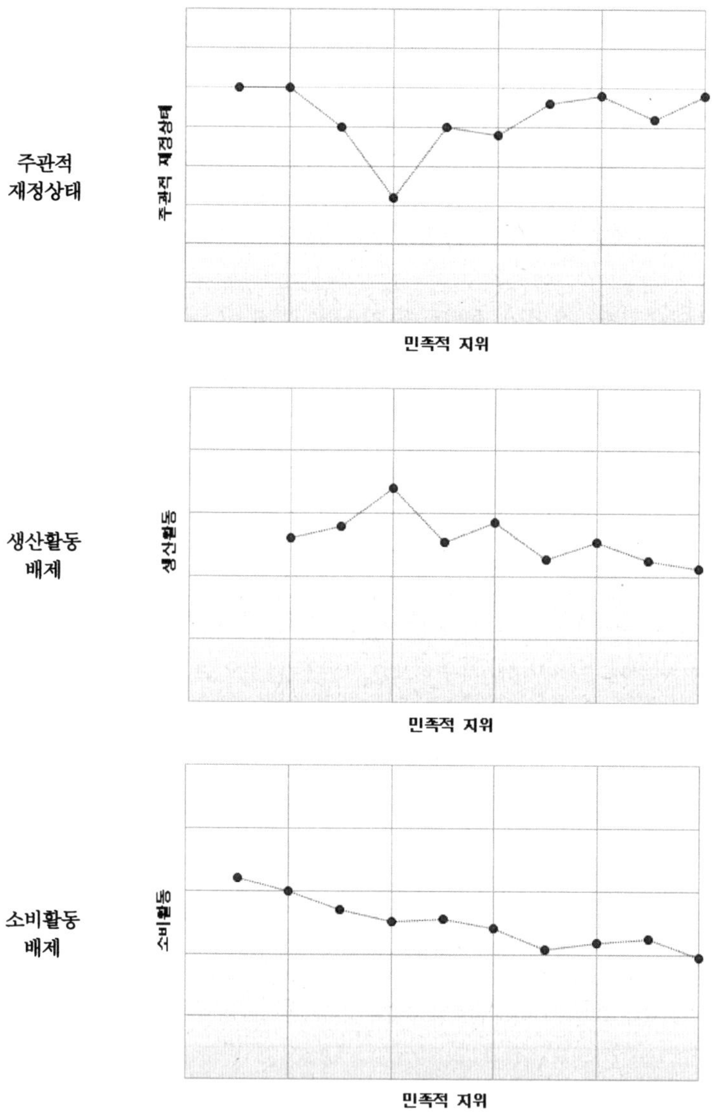

〈그림 8-29〉 결혼이민자 자녀의 민족적 지위와 경제적 계급 산점도

환원성을 보였다.

그러나 가구의 월평균 소득과 월평균 지출은 자녀가 인지하는 민족적 지위와는 유의미한 연관성이 없었다.

2) 민족적 지위와 사회정치적 계급 환원성

결혼이민자 자녀가 다양한 사람 또는 집단과 관계를 형성하고 교류하는 활동으로부터 배제되는 정도는 민족적 지위와 부적으로 유의미한 상관관계를 보여, 사회적 관계형성과 교류에 적극적인 결혼이민자 자녀일수록 한국사회에서의 민족적 지위를 높게 인식하고 있었다.

주관적으로 인지한 건강상태와 건강서비스에 대한 접근성 또한 결혼이민자 자녀가 인식하는 민족적 지위와 정적으로 유의미한 상관성을 보였다. 이는 건강상태를 긍정적으로 평가하고, 건강서비스를 이용하는 데 어려움이나 제한이 없는 결혼이민자 자녀가 자신의 민족적 지위를 상대적으로 높게 인식하고 있음을 의미한다.

그러나 결혼이민자 자녀가 참여하는 사교육의 수나, 집단문제에 의견을 표현하고 의사결정 과정에 참여하는 정치적 관여로부터 배제된 정도는 결혼이민자 자녀가 인지한 한국사회에서 본인의 민족적 지위와 유의미한 상관관계가 없었다.

결혼이민자 자녀가 인지한 민족적 지위는 사회적 교류로부터 배제되는 정도, 건강상태, 건강서비스 접근성 등 결혼이민자 자녀의 경제적 계급과 의미 있는 상호연계를 보였다. 즉 민족적 지위로 표현된 민족적 계급은 결혼이민자 자녀의 사회정치적 삶의 지위와 포개어지며 경제적 계급으로 적절히 환원되었다.

사회적 교류

주관적
건강상태

건강서비스
접근

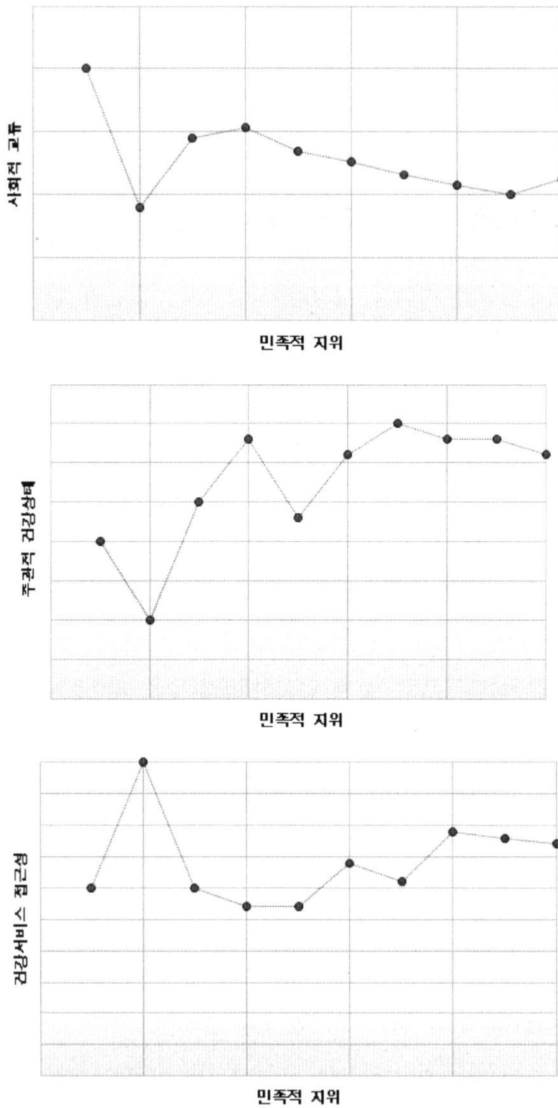

〈그림 8-30〉 결혼이민자 자녀의 민족적 지위와 사회적 교류 및 건강서비스 접근성 산점도

〈표 8-10〉 결혼이민자 자녀의 민족적 지위와 사회정치적 계급의 상관관계

	건강상태	건강 접근성	사교육	사회적 교류	정치적 관여
민족적 지위	.204*	.251*	-.151	-.324**	-.170

$p<.05^{*}$ $P<.01^{**}$ $P<.001^{***}$

3. 사회적 거리감과 계급 환원성

1) 사회적 거리감과 경제적 계급 환원성

생산적인 활동에 참여하고 교류하는 행위로부터 결혼이민자 자녀가 배제될수록 결혼이민자 자녀가 인지하는 선주민 자녀와 본인 사이의 거리는 유의미하게 감소했다. 이는 친구를 도구적으로 돕거나 물질적으로 지원하는 등 생산적 활동에 적극적으로 참여할수록 결혼이민자 자녀가 선주민 자녀로부터 느끼는 사회적 거리감은 오히려 유의미하게 증가한다는 것을 뜻한다.

결혼이민자 자녀가 인식한 가족의 재정상태, 월평균 가구소득, 재

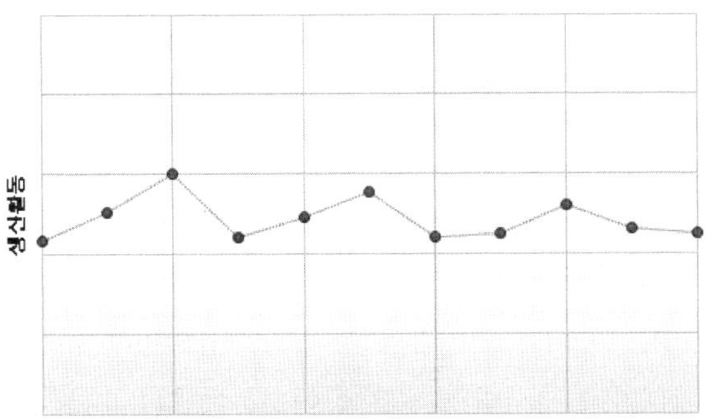

〈그림 8-31〉 결혼이민자 자녀의 사회적 거리감과 생산활동의 배제 산점도

〈표 8-11〉 결혼이민자 자녀의 사회적 거리감과 경제적 계급의 상관관계

	재정상태	월평균 소득	생산활동	소비활동	월평균 지출
사회적 거리감	.153	.042	-.324**	.110	.070

$p<.05^{*}$ $P<.01^{**}$ $P<.001^{***}$

화와 서비스의 소비로부터 배제되는 정도, 월평균 가구지출은 아동이 평가한 선주민 자녀와 본인 사이의 거리와 의미 있는 연관성이 없었다.

생산적 활동으로부터 결혼이민자 자녀가 배제되는 수준과 선주민 자녀로부터 느끼는 사회적 거리감 사이에는 유의미한 상관이 있는 것으로 검증되었다. 그러나 이 외에 결혼이민자 자녀의 경제적 계급지위를 드러내는 복수의 지표와 사회적 거리감과의 의미 있는 연계가 부재하다는 분석결과는 사회적 거리감으로 공간화된 민족적 계급지위는 매우 제한적인 정도에서 결혼이민자 자녀의 경제적 계급지위로 환원될 수 있음을 시사한다.

2) 사회적 거리감과 사회정치적 계급 환원성

결혼이민자 자녀가 인지하는 선주민 자녀와의 사회적 거리감은 결혼이민자 자녀가 다른 아동 또는 집단과 관계를 형성하고 교류하는 행위로부터 배제될수록 높게 나타났다. 사회적 관계와 교류로부터 배제되고 고립된 결혼이민자 자녀일수록 선주민 자녀로부터 느끼는 사회적 거리감이 증가했다.

건강접근성은 사회적 거리감과 부적으로 유의미하게 연관되어, 결혼이민자 자녀가 건강서비스 이용에 어려움이 없을수록 선주민 자녀로부터 느끼는 사회적 거리감은 감소했다.

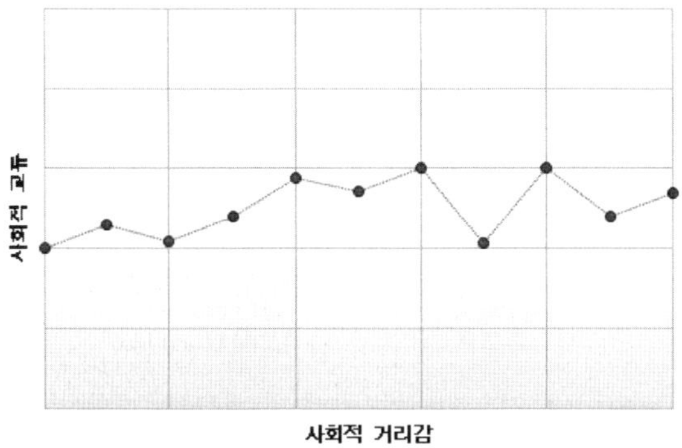

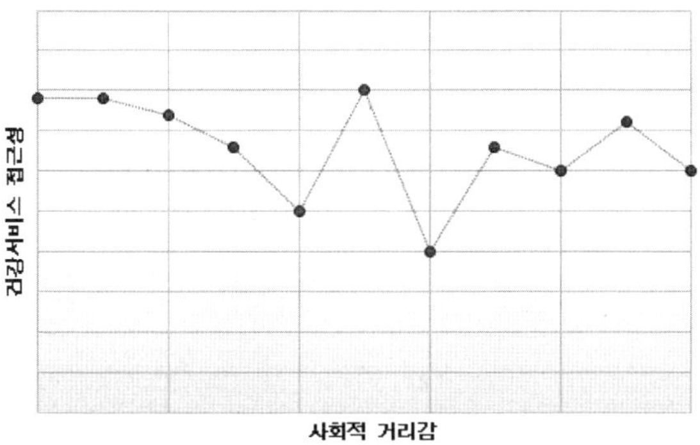

〈그림 8-32〉 결혼이민자 자녀의 사회적 거리감과 사회적 교류 및 건강서비스 접근성 산점도

선주민 자녀로부터 느끼는 사회적 거리감은 결혼이민자 자녀가 주관적으로 평가한 건강상태, 주요한 문제에 대해 자신의 의견을 표현하는 정치적 관여로부터 배제되는 정도와는 의미 있는 연계를 보이지 않았다.

살펴본 바와 같이 선주민 자녀와의 사회적 거리감으로 표현된 결혼이민자 자녀의 민족적 계급은 사회적 교류와 건강서비스 접근성 등

〈표 8-12〉 결혼이민자 자녀의 사회적 거리감과 사회정치적 계급의 상관관계

	건강상태	건강 접근성	사교육	사회적 교류	정치적 관여
사회적 거리감	-.070	-.350**	.172	.341**	.143

$p<.05^{*}$ $P<.01^{**}$ $P<.001^{***}$

사회정치적 계급지위와 의미 있는 연계를 보였다. 이와 같이 결혼이민자 자녀의 민족적 계급은 사회적 장 내에서 아동이 차지한 사회정치적 위치로 환원되며 결혼이민자 자녀의 계급적 지위를 확고히 한다.

제9장 계급의 세대 간 전이

제9장 계급의 세대 간 전이

제1절 영역별 계급의 세대 간 전이

부모의 사회경제적 조건은 자녀의 사회경제적 환경을 결정하고 부모의 민족적 배경은 자녀의 민족적 정체성에 고스란히 담겨진다. 이처럼 다양한 영역에서, 부모의 계급적 지위는 자녀 세대에서 재생산된다.

1. 사회경제적 계급의 세대 간 전이

사회적 배제는 사회적 장에서 가족이 갖는 계급지위를 효과적으로 좌표화한다. 결혼이민 1세대의 경제적, 사회적, 인적자본의 배제와 2세대의 경제적, 사회적, 인적자본의 배제 사이의 연계성을 분석해 사회경제적 계급의 세대 간 전이를 분석했다.

경제적 배제의 지표 중 결혼이민자 1세대의 주관적 재정상태는 결혼이민자 2세대의 주관적 재정상태와 정적으로 유의미한 상관관계를 보여, 결혼이민자 1세대가 인지하는 경제적 어려움은 2세대의 자녀에게 그대로 전달되고 공유되는 것으로 나타났다. 부모와 자녀는 동

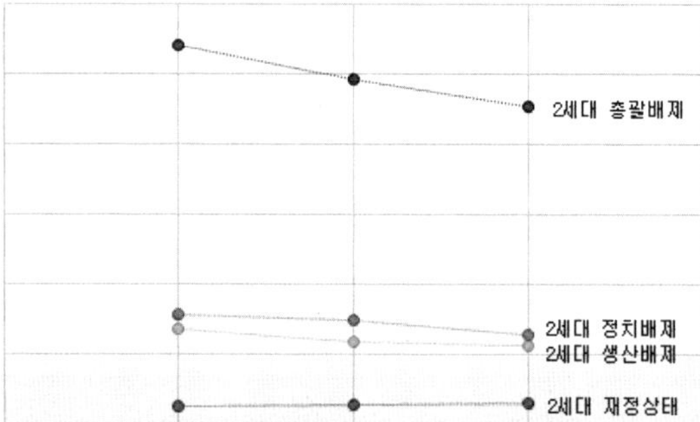

〈그림 9-1〉 1세대 재정과 2세대 사회경제

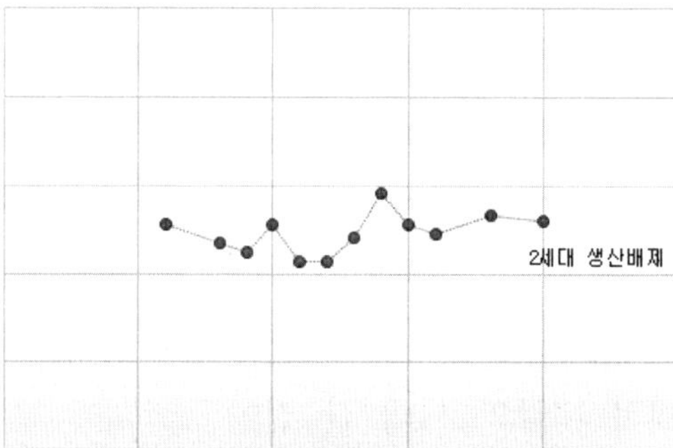

〈그림 9-2〉 1세대 생산활동과 2세대 사회경제

일한 경제공동체의 구성원이므로 1세대가 판단하는 가족의 재정상태와 2세대가 인지하는 가족의 재정상태가 연계되어 있는 것은 자연스러운 결과이다.

결혼이민자 1세대가 인지하는 가족의 재정상태는 결혼이민자 2세대의 생산활동으로부터의 배제, 정치적 관여로부터의 배제, 총괄적 배제와 부적으로 의미 있게 관련되어 있었다. 부모가 가족의 재정상

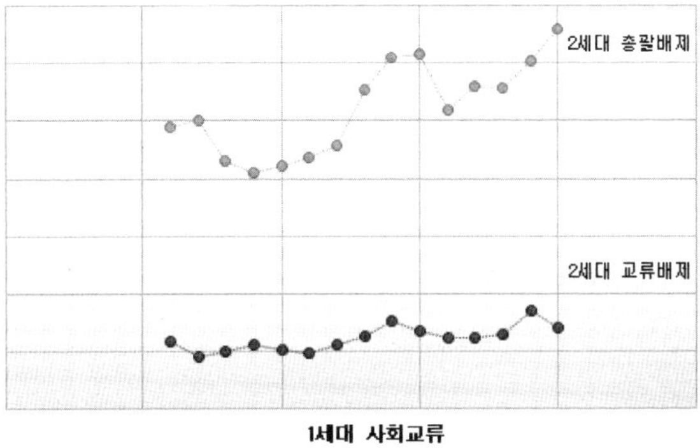

〈그림 9-3〉 1세대 사회교류와 2세대 사회경제

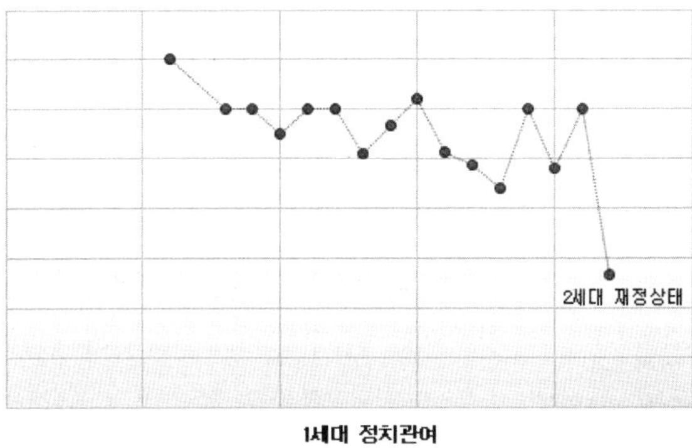

〈그림 9-4〉 1세대 정치적관여와 2세대 사회경제

태를 여유 있다고 생각할수록 자녀의 생산적 활동, 집단의 재정에 대한 논의, 배제의 전체 수준은 낮아졌다. 즉 부모가 인지한 가족의 재정상태가 취약할수록 결혼이민자 자녀가 사회로부터 배제되는 정도는 증가했다. 결혼이민자 1세대의 생산활동으로부터의 배제는 자녀의 생산활동으로부터의 배제와 정적으로 유의미하게 연관되어 있었다. 부모가 생산적 활동으로 배제되는 정도가 높을수록 자녀 또한 공부를

〈표 9-1〉 1세대 사회경제적 배제와 2세대의 사회경제적 배제의 상관관계

		2세대							
		재정상태	교육	건강상태	생산배제	소비배제	교류배제	정치배제	총괄배제
1세대	가구소득	.151	.357	.006	-.135	-.034	.029	-.145	-.135
	재정상태	.231*	.202	-.009	-.230*	-.045	.018	-.216*	-.230*
	교육	-.064	-.157	.130	.156	.111	-.009	.122	.156
	건강상태	-.017	.131	.014	-.020	-.075	-.147	-.070	-.020
	생산활동	-.102	.185	.059	.114*	-.035	-.099	.091	.103
	소비활동	.140	.198	.109	-.127	-.155	-.034	-.092	-.127
	사회교류	-.146	-.025	-35	.192	.109	.249*	.198	.303*
	정치관여	-.248*	.252	-.104	.138	-.045	-.068	.124	138
	총괄	-.102	.185	.059	.064	-.035	.173	.091	.114

p<.05 P<.01** P<.001****

하고 가족에게 도움이 되는 일을 하는 등의 생산적 활동에서 배제되었다.

부모가 사회적 교류로부터 배제되는 정도는 자녀가 사회적 교류로부터 배제되는 정도와 정적으로 유의미하게 연관되어 있었다. 주변 사람들을 돕고 사회에 도움이 되는 활동을 주고받는 사회적 교류에 부모가 적절히 참여하지 못할수록 그 자녀 또한 친구에게 도움을 주고받는 사회적 교류에 참여하지 못하고 고립되는 정도가 높아졌다. 결혼이민자 1세대가 사회적 교류에서 배제되는 정도는 자녀의 총체적 사회적 배제와도 정적으로 연관되어, 사회적 교류로부터 배제되는 수준이 높은 부모의 자녀는 총체적인 사회적 배제의 수준 또한 유의미하게 높았다.

결혼이민자 1세대의 정치적 관여로부터의 배제는 2세대가 인식하는 가족의 재정사태와 부정적인 상관관계를 보였다. 부모가 가족의

재정상태를 어렵다고 인식할수록 지역의 활동에 참여해 현안에 대한 의견을 피력하는 정치적 활동으로부터 배제되는 수준은 증가했다.

사회적 배제를 통해 본 결혼이민자의 사회경제적 계급성은 자녀세대에 대물림되었다. 전반적으로 1세대 결혼이민자의 재정상태가 취약하고, 생산활동, 사회적 교류, 정치적 관여로부터 배제되는 정도가 높을수록 2세대 자녀가 사회적으로 배제되는 정도 또한 높았다.

2. 민족적 계급의 세대 간 전이

사회적 장에서 행위자의 지위는 다양한 형태의 자본에 의해 결정된다. 민족은 행위자가 축적할 수 있는 자본의 총량을 결정하는 요인으로 사회적 장에서 개인의 지위에 깊이 스며 있다.

한국인이라는 민족적 정체성을 거부당하는 민족적 배제, 민족적 지위, 한국인과의 사회적 거리감은 결혼이민자가 한국사회에서 이민족으로 획득한 민족적 서열 즉 민족계급을 반영한다. 결혼이민 1세대의

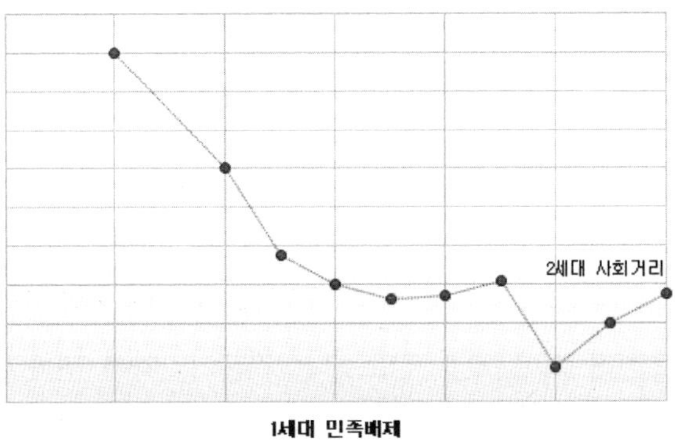

〈그림 9-5〉 1세대 민족배제와 2세대 민족계급

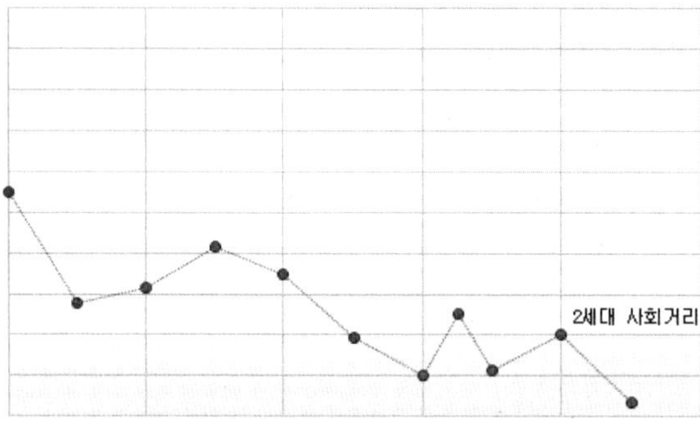

〈그림 9-6〉 1세대 민족지위와 2세대 민족계급

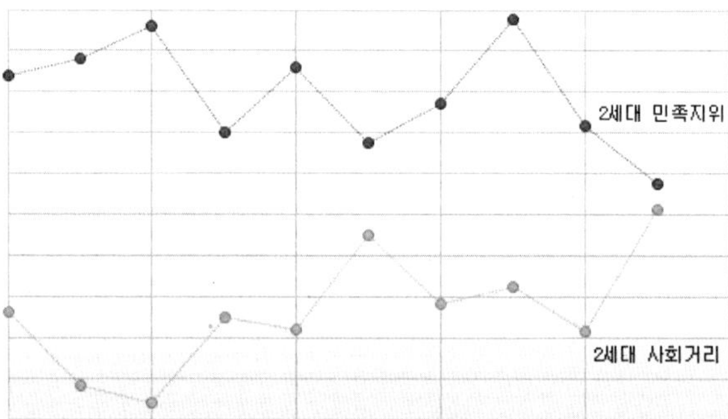

〈그림 9-7〉 1세대 사회거리와 2세대 민족계급

민족계급이 2세대의 민족계급으로 재현되는가를 분석했다.

1세대 결혼이민자가 선주민으로부터 한국인의 정체성을 인정받지 못하고 배제되는 정도가 높을수록 자녀가 인지하는 선주민 자녀와의 거리감은 오히려 의미 있게 감소했다. 결혼이민자의 민족적 지위는 2세대 자녀가 선주민 자녀로부터 느끼는 사회적 거리감과 부적으로 유의미한 상관을 보여 부모가 한국사회에서 자신의 민족적 지위가 높다고 인식할수록 자녀가 선주민 자녀로부터 느끼는 사회적 거리감은 감소했다.

결혼이민자가 선주민과의 사이에서 느끼는 사회적 거리감은 2세대 자녀의 민족적 지위 및 사회적 거리감과 의미 있는 상관성을 보였다. 1세대 부모가 선주민으로부터 느끼는 사회적 거리감이 높을수록 자녀가 인식하는 한국 사회에서 자신의 민족적 지위는 의미 있게 감소했다. 또한 결혼이민자가 선주민으로부터 거리감을 많이 느낄수록 2세대 자녀가 선주민 자녀와의 사이에서 느끼는 거리감 또한 증가했다.

민족적 배제, 민족지위, 사회적 거리감을 통해 민족계급의 세대 간 전이를 분석한 이상의 결과에 따르면 결혼이민자 1세대의 민족적 계급은 2세대 자녀의 민족적 계급으로 재생산되는 것으로 나타났다. 특히 2세대 자녀가 선주민 자녀로부터 느끼는 사회적 거리감은 1세대 결혼이민자의 민족적 배제, 민족적 지위, 선주민과의 사회적 거리감 모두와 연관되어 있었다.

부모의 민족적 계급은 유독 2세대 자녀의 민족적 배제와는 의미 있는 연관을 보이지 않았다. 신체적 특징이나 언어적 특징이 선주민과는 확연히 구분되는 결혼이민자 1세대와 달리 2세대 자녀는 한국

〈표 9-2〉 1세대 민족계급과 2세대 민족계급의 상관관계

		2세대		
		민족배제	민족지위	사회거리
1세대	민족배제	.060	.023	-.214*
	민족지위	.031	.125	-.245*
	사회거리	-.214	-.328*	.251*

$p<.05^{*}$ $P<.01^{**}$ $P<.001^{***}$

에서 나고 자란 탓에 언어적으로 어려움이 없고 신체적 특징도 선주민에 가깝다. 따라서 2세대 자녀의 민족적 정체성을 한국인으로 인정하는 사회적 수용성이 상대적으로 높기 때문에 1세대 부모가 한국인의 정체성을 거부당하는 민족적 배제의 정도가 2세대 자녀에 대한 민족적 배제로 연관되지 않는 것으로 풀이된다.

제2절 환원적 계급전이 및 계급전이의 기제

사회적 장에서의 위치는 환원성을 갖는다. 경제를 중심으로 한 사회적 공간에서 행위자가 획득한 위치는 상징을 중심으로 한 사회적 공간에서 유사하게 재현된다(Bourdieu, 1991). 사회적 지위의 환원성과 계급의 세대 간 전이는 특정 영역에서 부모가 속한 계급지위가 자녀 세대에서 다른 영역의 계급지위로 교차되어 재생산될 수 있는 가능성을 시사한다.

1. 계급의 환원적 세대 간 전이

지위의 환원성에 근거해, 결혼이민자 1세대의 사회경제적 계급지위가 2세대의 민족적 계급지위로, 1세대의 민족적 계급지위가 2세대의 사회경제적 계급지위로 재생산되는가를 고찰했다.

1) 1세대 사회경제적 계급의 2세대 민족적 계급으로의 전이

사회경제적 배제를 통해 본 1세대 결혼이민자의 사회경제적 계급은 2세대 자녀의 민족적 계급으로 매우 제한적인 수준에서 재생산되는 것으로 나타났다. 결혼이민자의 건강상태만이 2세대 자녀의 민족

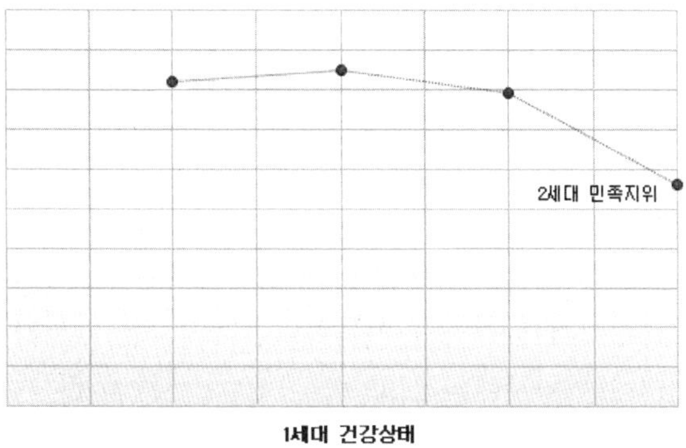

〈그림 9-8〉 1세대 사회경제와 2세대 민족계급

〈표 9-3〉 1세대 사회경제와 2세대 민족계급의 상관관계

		2세대		
		민족배제	민족지위	사회거리
1세대	가구소득	-.073	-.052	.042
	주관재정	-.093	.019	-.057
	교육	-.102	-.101	.106
	건강상태	-.114	-.216*	.112
	생산활동	-.019	.007	.052
	소비활동	.151	.102	-.005
	사회적 교류	-.034	.046	.016
	정치적 관여	-.113	-.022	.036
	총괄적 배제	-.019	.007	.052

p<.05 P<.01** P<.001****

적 지위와 유의미하게 연관된 것으로 나타났다. 부모의 건강상태가 건강하지 못할수록 2세대 자녀가 인식하는 민족적 지위는 의미 있는 수준으로 낮아졌다. 그러나 그 외에 1세대 부모의 사회경제적 계급을 나타내는 지표와 2세대 자녀의 민족적 계급을 나타내는 지표들 사이에 의미 있는 연관성은 존재하지 않았다.

2) 1세대 민족적 계급의 2세대 사회경제적 계급으로의 전이

결혼이민자의 민족적 계급은 2세대의 사회경제적 계급으로 환원되어 재생산되었다. 1세대 결혼이민자가 한국인으로 수용되지 못하고 민족적으로 배제되는 정도는 자녀의 건강상태와 부적으로 의미 있게 연관되어 있었다. 1세대 부모가 민족적으로 배제되는 정도가 높을수록 2세대 자녀의 건강상태는 의미 있는 정도로 낮아졌다.

부모의 민족적 지위는 자녀가 인지하는 가족의 재정상태, 사교육의 참여수준과 유의미하게 관련된 것으로 나타났다. 부모가 자신의 민족

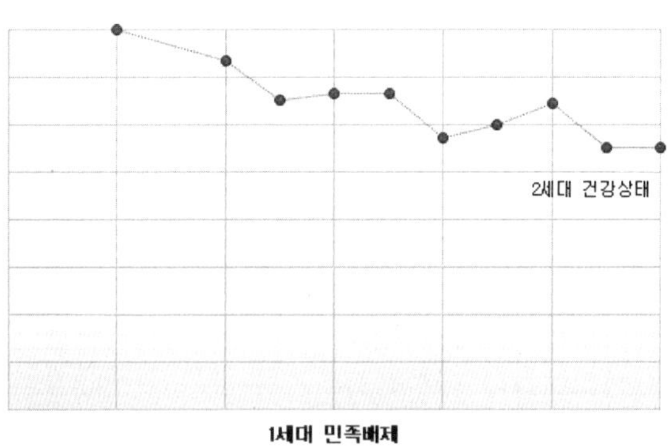

〈그림 9-9〉 1세대 민족배제와 2세대 사회경제

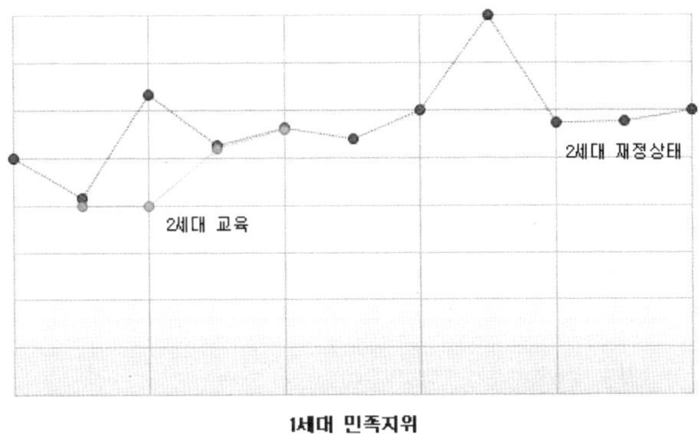

〈그림 9-10〉 1세대 민족지위와 2세대 사회경제

적 지위를 높게 판단할수록 자녀는 가족의 재정상태를 더 여유 있다고 인식했다. 또한 부모가 민족적 지위를 높게 평가할수록 자녀가 참여하는 사교육의 수는 의미 있는 정도로 증가했다.

결혼이민자 1세대가 선주민으로부터 느끼는 사회적 거리감은 자녀의 사회적 배제의 다양한 지표와 유의미한 상관관계를 보여 2세대의 사회경제적 계급과 밀접한 연계를 보였다. 1세대 결혼이민자가 한국인과의 사이에서 느끼는 사회적 거리감이 증가할수록 자녀가 참여하는 사교육의 수는 감소했다. 부모가 선주민으로부터 느끼는 사회적 거리감이 증가할수록 자녀가 타인에게 도움이 되는 생산적 활동으로부터 배제되는 정도는 증가했으며 총체적인 사회적 배제의 수준 또한 증가했다.

결혼이민자 1세대의 민족적 계급과 2세대 자녀의 사회경제적 계급 사이의 관계를 살펴본 이상의 결과에 의하면, 1세대의 민족적 계급이 높을수록 2세대 자녀는 경제적으로 여유롭고, 건강하며, 교육 참여율은 높아지고, 생산적 활동으로부터 배제되는 정도는 낮아지는 등 사

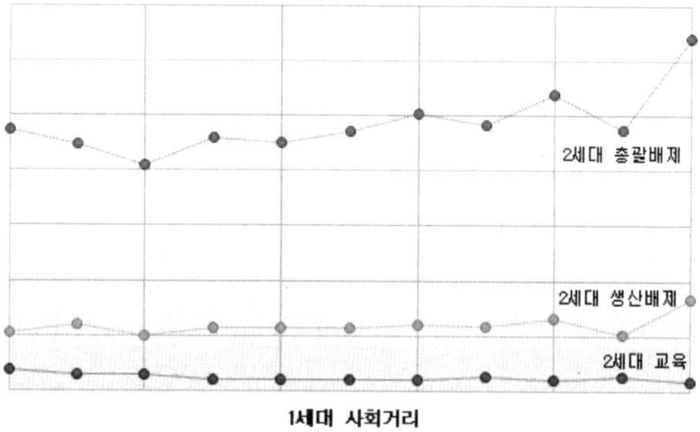

〈그림 9-11〉 1세대 사회거리와 2세대 사회경제

〈표 9-4〉 1세대 민족계급과 2세대 사회경제의 상관관계

		2세대							
		재정 상태	교육	건강 상태	생산 배제	소비 배제	교류 배제	정치 배제	총괄 배제
1세대	민족배제	-.075	.339	-.244*	.001	-.076	-.035	.079	.001
	민족지위	.284**	.449*	.019	-.171	-.040	-.077	-.118	-.171
	사회거리	-.207	-.590**	-.022	.267*	.128	.183	.191	.267*

$p<.05^{*}$ $P<.01^{**}$ $P<.001^{***}$

회경제적 계급이 상대적으로 높았다. 이는 결혼이민자 1세대의 민족적 계급은 2세대 자녀의 민족적 계급으로만 대물림되는 것이 아니고 자녀의 사회경제적 계급으로 전환되어 재생산되고 있음을 의미한다.

2. 교육과 상징: 계급의 세대 간 전이의 기제

1) 사회경제적 계급으로의 전이

상징자본은 부모세대의 계급이 자녀세대에서 재생산되는 주요 기제로 주목되었다(Bourdieu, & Passeron, 2000). 어휘의 제한성, 억양의 어색함을 포함한 한국어 구사의 한계는 결혼이민자의 취약한 상징자본을 대변한다. 이 연구에서도 결혼이민자의 50%는 자신의 한국어 능력을 보통이하로 평가해 이민자가 갖는 상징자본의 한계가 드러난

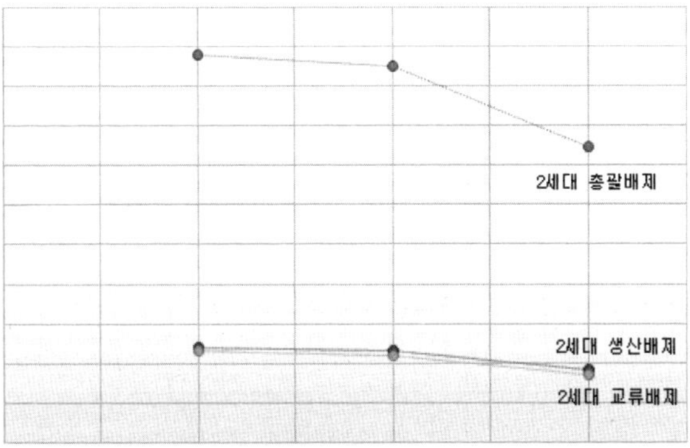

〈그림 9-12〉 1세대 한국어 능력과 2세대 사회경제

〈표 9-5〉 1세대 인적자본과 2세대 사회경제의 상관관계

		2세대							
		교육	재정상태	건강상태	생산배제	소비배제	교류배제	정치배제	총괄배제
1세대	교육	-.157	-.064	.130	.156	.111	-.009	.122	.156
	한국어	.[a]	.006	.109	-.385**	-.163	-.314*	-.183	-.385**

p<.05 P<.01** P<.001****

바 있다.

부모의 상징자본이 자녀세대의 사회경제적 계급을 전이하는 기제로 작동하는가를 1세대의 한국어 능력과 2세대의 사회적 배제의 관계를 통해 살펴보았다. 결혼이민자 1세대의 한국어 능력은 2세대 자녀의 생산활동으로부터의 배제, 사회적 교류로부터의 배제, 총괄적 배제와 부적으로 유의미한 상관관계를 갖는 것으로 나타났다. 부모가 한국어 구사 능력이 높을수록 자녀가 생산적 활동, 사회적 교류, 총체적인 수준에서 사회적으로 배제되는 수준이 낮아졌다. 이는 한국어 능력이라는 상징자본이 높은 부모를 둔 자녀가 사회적으로 통합되는 정도가 높음을 의미한다.

2) 민족적 계급으로의 전이

결혼이민자 1세대의 교육수준은 2세대 자녀의 민족적 계급지위와 의미 있는 관련성을 보이지 않았다. 반면 1세대 부모의 한국어 구사

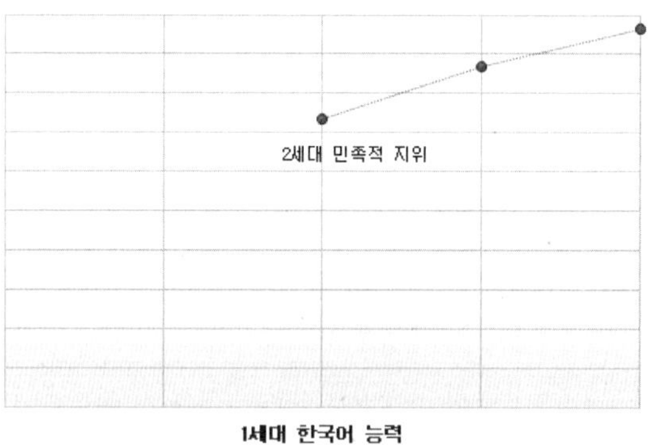

〈그림 9-13〉 1세대 한국어 능력과 2세대 민족계급

〈표 9-6〉 1세대 인적자본과 2세대 민족계급의 상관관계

		2세대		
		민족적 배제	민족적 지위	사회적 거리감
1세대	교육	-.102	-.101	.106
	한국어	.223	.428**	-.218

$p<.05^{*}$ $P<.01^{**}$ $P<.001^{***}$

능력은 자녀가 주관적으로 평가한 민족적 지위와 정적으로 유의미하게 연관된 것으로 나타났다. 결혼이민자 부모가 한국어를 잘 할수록 자녀는 자신의 민족적 지위를 높게 평가했다. 이는 출신국가에서 형성된 결혼이민자의 사회적 배경은 이주국에서 결혼이민자의 자녀가 어느 정도의 민족적 자존감을 획득하게 되는가로 연결되지 못하는 반면 결혼이민자가 언어와 문화 등 한국사회에 어느 정도 적응하는가는 자녀의 민족적 계급지위와 유의미하게 연계되어 있음을 시사한다.

제10장 결혼이민자 가족의 상징자본과 계급 재생산

제10장 결혼이민자 가족의 상징자본과 계급 재생산

사회적 배제와 민족적 위상에 대한 이상의 분석을 통해 결혼이민자 가족의 계급적 지위를 이해할 수 있었다. 사회적 장 내에서 사회, 경제, 민족적으로 낮은 위치에 머물고 있는 결혼이민자의 계급지위는 자본의 다차원적 제한성과 이에 연유한 자녀세대의 계급 고착의 가능성을 시사한다.

제1절 결혼이민자 가족의 제한된 상징과 문화자본 그리고 계급

언어로 대표되는 상징자본의 한계는 결혼이민자 1세대의 계급적 지위를 결정하고 동시에 결혼이민자의 계급적 지위는 취약한 상징자본과 문화자본으로 순환된다. 상징자본의 한계는 결혼이민자의 사회경제적 박탈을 촉진하고 결혼이민자를 낮은 계급에 정박시키는 닻처럼 기능했다.

1) 상징과 편견에 발 묶인 결혼이민자의 계급

(1) 빈약한 상징자본 계급지위의 덫

결혼이민자 1세대가 한국사회에서 사회경제적 기회를 박탈당하는 주요 원인 중 하나는 결혼이민자의 제한된 상징자본으로 나타났다. 한국어를 이용해 의사소통이 불가능했기 때문에 이민 초기에 아무것도 할 수 없었음을 강조했다. 교육적 수준과 관계없이 제한된 한국어 능력으로 결혼이민자가 사회적, 경제적 활동의 기회를 획득할 가능성이 매우 낮다는 점을 피력했다.

엄마A: 첫째는 언어죠. 가장 중요한 것은 언어죠. 아무래도 학력이 베트남에서 많이 공부했다고 와도 일단 한국어를 잘해야 할 수 있다고 생각을 해요.

엄마B: 그것도 있기는 있지요. 언어 이렇게 어떤 때는 보면은 일반적인 대화를 하는데, 좀 심도 있는 대화를 하려면은 조금 막히고 이런 게 있잖아요. 네, 그것 때문에 언어 때문에 또 곤란하고.

선주민과의 상호작용으로부터 배제되고 사회적으로 교류할 수 있는 기회가 선주민에 의해 차단되는 주요원인을 결혼이민자의 의사소통 능력에 대한 선주민의 우려로 인식하고 있었다. 중국 출신 조선족으로 한국어 구사에 전혀 장애가 없는 경우에도 조선족이 구사하는 억양의 차이만으로 취업 기회를 얻기가 쉽지 않았음을 강조했다.

엄마H: 그게 제가 서운한 부분이 있는데, 예를 들어서 애기 엄마들이 만나서 자기끼리만 이야기하고 나도 같이 있고 싶은데, 자기끼리만 이야기하고, 제 마음속에 자기가 내가 외국 사람이라서 말 잘 모르는가? 그렇게 느낌이 나는지는 모르겠지만, 그런데 저는 저 불러놓고 자기끼리만 이야기하니까 서운한 부분 있었어요.

엄마G: 제가 언어가 좀 그래서 한국사람 엄마랑 같은 학년 애랑 제가 다가가지 못하는 거 같아요.

엄마B: 예를 들어서 저기 친구들도 그러고 뭐 이렇게 (구인)광고가 나오잖아요. 전화를 해요. 전화를 하면 우리는 언어상에서 딱 티가 나잖아요. 한국말을 잘한다 해도 사투리가 나잖아요. 억양이 틀리고. 전화를 하면 딱 그래요. 외국사람 안 받아요. 딱 이래 버려요. 그럴 때는 정말 기분이 나쁘잖아요.

이와 같은 결혼이민자의 서술은 한국어를 능숙하게 구사하지 못하고 선주민과 확연히 구분되는 억양을 사용하는 결혼이민자의 제한된 상징자본이 지배집단으로부터 결혼이민자를 분리하고 서열화함을 드러낸다.

(2) 상징에 담긴 편견과 편 가르기

다문화 또는 결혼이민자라는 기표는 결혼이민자의 개별성을 축소하고 저개발 국가, 저문명 사회, 순수하지 않은 결혼 등의 편견과 고정관념을 결혼이민자에게 부여하는 것으로 나타났다. 결혼이민자는 다문화라는 상징이 결혼이민자과 선주민을 경계짓기 위한 도구로 사용됨을 불편해 했다. 한 결혼이민자는 이를 '울타리'로 표현하며 결혼이민자가 다문화로 명명되면서 울타리를 벗어나지 못하고 외부 사회로부터 격리된 집단으로 기의가 형성되었음을 강조했다.

엄마B: 근데 그냥 다문화 반 따로 해가지고 너네 다문화다 그러면은 나는 참 서글프다고 생각을 해요. 근데 이거 왜 굳이 니네를 따로 나눠서 다문화라고 왜 울타리를 치느냐.. 좀 우리도 알게 모르게 지금 다문화라는 울타리에 있잖아요.

다문화는 정책적, 학술적 목적으로 주조된 상징이다. 개념을 개발한 사람의 의도가 무엇이든 다문화는 단순히 다양한 문화적 배경을 가진 구성원들로 이루어졌다는 중립적 의미에 머물러 있지 않다. 다문화라는 상징은 의도치 않은 방식으로 결혼이민자를 규정하고 결혼이민자와 선주민의 경계를 날카롭게 가르는 것으로 나타났다.

다문화의 경계 내부에 놓임과 동시에 결혼이민자는 저개발, 저문명, 불손함의 가치들에 덧입혀지고 개발된 국가의 순수한 문명인인 선주민과 동일한 지위에 위치할 수 없는 존재로 구성된다. 결혼이민자를 규정하는 상징은 이들을 향한 편견을 반영하고 또한 조장하며 선주민보다 열등한 지위임을 암묵적으로 전달했다.

엄마G: 어디서 왔어? 라고 물어보면 베트남에서 왔다고 하면, 약간 잘 못사는 나라다. 라고 생각을 하고, 그리고 이제 신랑 만나서 결혼해서 온 건데, 어떤 분들이 저희 생각할 때, 너희 돈 때문에 결혼해서 왔구나! 그런 이야기도 있었고...

편견과 고정관념은 권력을 소유한 계급이 상대계급에 대한 지배를 정당화하고 지배구조를 영속화하는 수단이다. 결혼이민자는 편견과 고정관념이 계급 구조화 과정에서 어떤 기능을 하는지에 대해 통찰하는 수준에 이르지 못했지만 이민자를 향한 선주민의 편견이 부당하며 이민자의 사회경제적 활동을 제한하고 있다는 것은 경험을 통해 체득하고 있었다.

(3) 편견으로 견고화되는 계급질서

결혼이민자는 선주민으로부터 부당한 처우를 받았고, 그 이유를 이민족을 향한 편견으로 이해하고 있었다. '더럽고'라는 선주민의 표현을 인용함으로써 신체적으로 드러난 자신의 민족적 배경이 선주민으로부터 상처받게 되는 원인임을 강조했다. 무엇보다 민족적 정체성을 공유한 자녀도 동일한 이유에서 선주민으로부터 부당한 대우를 받게 될 것을 우려했다. 자신의 존재가 알려지지 않는다면 자녀의 민족적 정체성은 드러나지 않고 따라서 자신이 받은 상처를 자녀가 피해갈 수 있을 것이라는 기대를 읽을 수 있었다.

> 엄마A: 친구들이 애기한테 그럴까봐 그래서 나 안 간다.. 그런 엄마들은 있지만.. 그리고 또 일하는 엄마들도 많고, 그렇게 생각하는 엄마들도 많아요.

> 엄마E: 너무 그래서 애들이 상처 받을까봐 안 가요. 아니면 가서 멋있게 가서.. 이렇게 뭐.. 그렇게 하면 돼요. 근데 막 더럽고 뭐 이렇게 피해요. 정말 이렇게 그래서..

이와 같은 결혼이민자의 서술은 민족적 배경은 한국사회에서 누가 어떤 대우를 받게 될 것인지를 결정하는 주요 요인이며, 이민자를 향한 차별적인 대우는 선주민의 편견과 관련되어 있다는 이민자의 인식을 드러낸다. 즉 한국사회에서 민족적 배경은 사회적 행위자가 다른 사회 구성원을 어떤 존재로 인식하고 규정하는가를 결정하는 요인이며, 이민자는 선주민과 같은 존엄성을 동일하게 보장받기 어려운 사회적 질서가 견고하게 존재함을 시사한다.

2) 결혼이민자 2세대의 인식에 담긴 계급의 대물림

부모의 민족, 언어, 가족 문화를 통해 결혼이민자의 자녀는 한국사회에서 가족의 계급적 위치를 인식했다.

(1) 부모의 민족과 상징에 대한 거부

결혼이민자 자녀는 부모의 민족적 배경이 다르다는 사실은 드러내기보다 감추어야 할 것으로 인식하고 있었다. 이는 선주민 자녀와의 상호작용에서 결혼이민 부모로부터 물려받은 자신의 민족적 정체성이 자신에게 유리하게 작용하지 않을 것이라는 자녀의 인식을 시사한다. 결혼이민자 2세는 자신의 민족적 정체성으로 인해 또래 아동과의 권력구도에서 자신이 선주민 자녀와 동일한 지위를 갖기 어렵다는 불안을 갖고 있음을 보여준다.

> 엄마E: 둘째하고 막내는 괜찮은데, 큰 애만.. 그러니까 졸업할 때 저도 같이 갔는데 싸웠어요. 한 달 동안 얘기 안했어요. 왜냐면 왜 엄마 왔냐고. 큰 애니까.

다문화 경계의 외부에 존재하는 선주민이 민족을 기준으로 선주민과 이주민 사이의 서열성을 어떻게 구성하는가를 결혼이민자 자녀 또한 인식하고 있음을 시사한다. 연령의 한계 등으로 결혼이민자 자녀는 외부로부터 부여된 서열상의 질서를 저항할 수 있는 대상으로 인식하지 못했다. 민족적 정체성을 기준으로 서열 짓기를 구조화하고 이를 수용하도록 부당하게 강요하는 권위에 복종적이었다. 반면 본인의 민족적 정체성의 뿌리인 부모에 대한 저항을 통해 자신의 민족적 정체성을 수동적인 방식으로 부정하는 것으로 이해된다.

민족적 정체성이 드러나게 되면 '나'라는 독립적 실존은 의미를 상실하고 '나'의 자리에 이민족, 다문화 등의 집단적 정체가 대체하게 되며 본인에 대한 선주민의 평가와 태도가 소속된 민족 집단을 향한 편견에 영향을 받을 것임을 결혼이민자 자녀가 우려하고 있다는 의미로 해석된다. 편견의 속성이 그렇듯이, 민족에 대한 편견이 덧대어지면 자신의 실존적 가치가 절하되고 무엇보다 타인과 나 사이에 동등했던 지위가 계급화될 것임을 결혼이민자 자녀들 또한 경험을 통해 체득하고 있었다.

> 엄마C: 큰 애들은 엄마가 가는 거 좋아하고 그랬는데. (막내는) 만약에 자기가 자기 엄마가 일본 사람이라는 걸 알게 되면은 자기 혹시 왕따를 당할까봐 이런 두려움이 있고 그런 게 있고.. 제가 일본어를 쓰는 걸 엄마 쓰지마.. 그렇게 하더라고요.

자신의 민족적 정체성을 공개하기 꺼려하는 자녀의 의식은 결혼이민자 부모의 모국어 사용을 억압하는 방식으로 나타났다. 일본어 사용에 대한 거부는 가족의 민족적 정체성을 언어라는 상징체계와 동일시하고 있으며, 선주민과 이민자 사이의 상징을 통한 권력과 지배구조가 결혼이민자 자녀에 의해 감지되어 왔음을 시사한다. 외국어, 한국어의 어색한 억양, 유창하지 못한 한국어로 발현되는 결혼이민자의 언어적 특징은 선주민 언어에 권위를 부여한 권력에 의해 결혼이민자의 열등함으로 전환되었다. 즉 선주민의 상징권력은 선주민과 결혼이민자 사이에 계급적 질서를 형성하고 상징을 통한 지배구도를 정당화했다.

(2) '욕'과 '책상'에 담긴 계급

결혼이민자 2세대는 가족의 계급지위를 판단하는 준거로 가족의 상징과 문화가 갖는 의미를 어렴풋하게나마 인지하고 있는 모습을 보였다. 선주민 가족과 비교한 자기 가족의 상대적 지위를 욕이라는 언어적 특성 즉 상징체계에서 찾고 있었다.

> 아동G: (친구네 집과 비교하면) 우리는 그냥 반 조금 밑에요. (왜냐하면) 우리 가정이 욕을 많이 하는 것 같다고 생각해요. 아주 심한 욕, 그래도 거의는 아니에요. 음 아빠가 조금 짜증날 때. 아빠가 제일 많이 해요. 우리 가족한테. 음 저랑 엄마한테 욕 좀 하지 말라고(말하고 싶어요).
>
> 아동B: (동생이) 쌍욕을 해요. 하하(웃음) 나보고 배웠나봐요.

아동G의 경우 아버지는 소득이 있는 일이 없고 베트남 출신의 어머니가 숙박시설 청소와 빨래를 도와주고 받는 수입이 전부인 저소득 가정이다. 아동은 가족의 지위를 판단하는 우선 기준을 소득에 앞서 가족 사이에 오고 가는 욕설에서 찾고 있다. 아동이 '아주 심한 욕'으로 표현한 가족 상징체계의 특성과 욕이 난무한 가족의 문화는 아동이 자신 가족과 다른 가족 사이의 서열과 지위를 판단하는 근거로 의미를 갖는다.

> 아동B: 그거 책상이요. 책상이 너무 낮고, 공부하는 시설? 같은 게 약간 그래가지고, 맨날 공부를 밥 먹는 식탁에서 하거든요. 근데 애들은 다 요정도 높이의 책상을 쓰는 것 같아서.. 그래서 이렇게(숙이며) 앉아서 해요.

또한 아동에게 '밥 먹는 식탁'은 벗어나고 싶은 문화이자 현재 자신의 계급지위를 낮다고 평가하는 상징으로 제시되고 '책상'은 높은 계급 문화의 상징으로 열망되었다.

언어와 문화로 대표되는 가족의 상징자본을 세대 간 계급 재생산의 주요 기제로 주목한 브르디외와 파세롱(2000)의 주장과 같이 자녀는 부모의 상징자본을 통해 자신의 계급적 지위를 판단하고 있음을 의미한다.

(3) 가족의 문화로 읽히는 계급의 아비투스

결혼이민자 가족의 상호작용은 양적으로 빈약하고 질적으로 취약했다. 부모와 자녀의 세대 간 상호작용은 제한되어 있었으며, 자녀가 표현한 가족원 사이의 상호작용은 '각자 따로'가 주를 이루었다.

> 엄마H: 애들이 둘이 있으니까, 저 엄마랑 같이 놀지 않아요. 둘이 놀거나, 아니면 티비 방송 나올 때, 개그콘서트 웃찾사 나오면 같이 보고, 좋아하는 프로그램 같이 보고, 뭐 가끔 책도 같이 읽은 적 있고.

자녀에게 부모는 여가활동을 공유할 수 있는 존재로 인식되지 못했다. 함께 하는 일이 없다는 설명이 지배적이었으며 같은 공간에서 함께 시간을 보내는 경우에도 각자의 소일에 몰입하는 '함께 따로'가 자녀 대부분의 기술에 등장했다.

무엇보다 가족의 여가가 주로 TV나 핸드폰을 중심으로 이루어졌다. 함께 하는 활동으로 구체적인 TV 프로그램의 이름이 등장하고 가족원 각자가 취향대로 각자 선택한 프로그램을 즐기는 것이 주된 가족활동으로 묘사되었다. 자녀들은 컴퓨터(게임이)나 핸드폰을 주요

여가도구로 제시했다. 가족 사이의 직접적인 상호작용은 감소하고, 가족원은 각자 기기를 매개로 한 수동적 상호작용에 몰입하는 형태를 보였다.

아동B: 누워서 TV보거나 핸드폰 하면서.. 하는 거 없어요.

아동E: 오빠들은 컴퓨터, 노트북 하고. 저는 핸드폰 하고. 엄마는 TV 보고. TV 보고 다 따로. 오빠들은 컴퓨터. 나는 핸드폰. 같이 하는 거는 뭐 없어요.

한편 자녀에게 다양한 경험과 기회를 제공하는 모습도 공존했다. 부모와 주말농장을 가꾸고 엄마와 문화 활동에 참여하는 자녀도 있었다. 결혼이민자 가족의 문화 활동에서 다문화가족지원센터와 같은 공공기관의 역할이 부각되었다. 가족과 사물놀이를 배우는 자녀, 첼로 등 악기 교습을 받고 있는 자녀들은 주로 공공기관에 제공하는 프로그램을 통해 문화 활동 기회를 제공 받고 있었다.

아동A: 주말에 시골로 내려가서 농사지어요. 밭이 있어요. 엄마랑 동생이랑 사물놀이도 해요. (다문화가정지원)센터에서 해요. 영화보기, 첼로 (도 해요).

아동E: 저는 첼로 해요. 체험학습 같은 거 여기서 하는 거 많아요.

여가를 통해 포착된 결혼이민자 가족의 문화는 선주민 가족의 일상적 단상을 잘 드러내고 있었다. 그럼에도 불구하고 결혼이민자 가족의 문화적 자본은 매우 제한되어 있었다. 결혼이민자 부모세대는 문화 활동에 참여하거나 문화생활을 향유하는 데 소극적이었다. TV

시청이 여가를 즐기는 유일한 수단으로 언급되었으며 이는 자녀세대에서 변화 없이 재현되었다. 결혼이민자의 일부는 문화활동에 참여하지 못하는 것에 대해 별다른 문제의식조차 없었다.

그러나 자녀의 문화생활에는 다른 태도를 보였다. 자녀에게 문화활동 참여기회를 제공하는 데 적극적이었다. 그러나 결혼이민자 부모의 적극성이 문화생활의 중요성에 대한 통찰에서 비롯되었는가는 확신할 수 없었다. 자신의 여가는 TV에 의존하고 자녀는 문화교육 프로그램에 적극적으로 참여시키거나, 가정에서는 TV나 핸드폰에 의존적인 자녀의 여가행태에 허용적인 모습은 결혼이민자 가족에게 문화생활은 자연스러운 삶의 일부이기보다 공감 없이 흉내 내야 하는 대상에 그치는 듯했다.

자녀의 다수는 부모가 권유하는 프로그램에 수동적으로 참여하는 양상에 머물고 있으며 이들 기회가 자본으로 축적되기보다 일회적인 소비대상으로 그치고 있었다. 결혼이민자 가족 내에서 문화생활은 '그래야 할 것 같아서'라는 사회적 분위기에 떠밀려 소비되는 것일 뿐 가족의 일상을 구성하는 일부로 흡수되지 못하고 표류했다.

매일의 삶에 용해되고 가족의 문화로 체화된 행태는 가족원 사이의 상호작용과 소통이 TV에 의존해 이루어지는 지극히 서민적이고 빈곤한 양상을 보였다. 이는 문화적 자본을 준거로 한 사회적 장 내에서 결혼이민자는 높지 않은 계급지위를 벗어나기 쉽지 않음을 시사한다.

제2절 교육의 두 얼굴: 계급 이동의 사다리, 계급 재생산의 굴레

상징자본에 의해 조절된 교육성과는 누군가에겐 계급이동을 보장하는 사다리이고 또 다른 누군가에겐 세대에 거쳐 계급을 복제하는 계급 재생산의 주형일 수도 있다.

1) 교육을 통한 계급이동의 사다리 오르기

결혼이민자는 자녀가 가족의 계급지위를 벗어나 날아오르기를 희망한다. 교육은 비상하려는 자녀에게 부모가 줄 수 있는 유일한 날개였다.

(1) 교육을 통한 동일한 갈망, 돈 또는 레벨

결혼이민자는 교육을 계급이동의 주요 기제로 이해했다. 그러나 계급 발생 기제를 이해하는 방식에 따라 교육의 중요성에 대한 강조점은 일정한 차이를 보였다.

> 엄마H: 살아야 하니까, 그리고 저도 그렇게 생각해요. 저도 캄보디아에서 공부 많이 못하니까, 지금 할 수 있는 거 없어요. 근데 너는 나처럼 하지 말라, 공부 열심히 하면 좋은 일도 많이 생기고, 어떻게 할 수 있는지 알 수 있다.

대부분의 결혼이민자 자녀는 부모가 가장 자주 하는 이야기로 숙제, 공부 등 주로 학업과 관련된 주제들을 제시했다. 그런데 공부를 열심히 해야 하는 이유에 대한 부모의 설명은 가족의 재정상태에 따라 차이를 보였다. 재정적으로 여유롭지 못한 결혼이민자의 자녀들은 부모가 제시하는 이유로 특정 직업을 주로 언급했다. 의사, 비행기 승무원, 대기업 사원이 공부를 열심히 한 결과 얻을 수 있는 좋은 직업들로 제시되었다. 이들 직업을 좋은 직업으로 분류하는 이유는 '돈 많이 벌려면'으로 기술된 경제적 여유에 해당했다. 즉 교육은 좋은 직업을 매개로 자녀에게 경제적 풍요를 제공할 수 있을 것이라는 기대에서 결혼이민자 1세대는 자녀에게 교육을 강조하는 것으로 이해할 수 있다.

아동B: 엄마가 제일 많이 하는 말 숙제 밀리지 마라. 공부 시키는 거에는 관심이 있지만 다른 것은 모르겠어요. (중략) 돈 많이 벌려면 엄마가 의사가 좋다고 의사 하라고.

아동H: 저는요 약간 화가가 되거나, 인터넷 같은 데 들어가면 유투브 영상을 올리거나 그렇게 방송 같은 걸 하는 사람이 있잖아요. 그런 사람이 되고 싶어요. 그런 걸로 돈 벌 수 있겠냐고. 엄마는 그거 비행기에서 그거 어..스튜어디스가 좋다고.

아동D: 좋은 직장은 음 대기업이나 뭐. 그냥 대기업 가면 좋겠다고 하셨어요.

상대적으로 교육수준이 높은 결혼이민자 또한 교육을 계급이동의 사다리로 인식하고 있었다. 그러나 교육을 통해 자녀가 이루기를 희망하는 직업은 경제적 보상에 근거하기보다 '레벨'로 표현한 직업의 사회적 지위를 중심으로 판단하는 차이를 보였다.

엄마E: 아빠가, 우리 남편이 아빠가 공부 잘하라고 이렇게.. 왜냐면 그 배달 같은 건 싫어해요 아빠는. 아빠처럼 요리사? 왜 요리사는 멋있는데 이랬어요. 아니면 뭐 배달하는 뭐 월급 받잖아 이래요. 지금은 다 레벨이 다 다른 거예요. 만약에 공부를 못하면 그 레벨에 들어가죠. 만약에 잘하면 올라가죠.

결혼이민자는 자녀세대가 가족이 속한 계급적 지위를 벗어나 상위계급으로 이동하기를 희망했다. 결혼이민자의 사회적 특성과 가족의 경제적 상황에 따라 계급에 대한 구분이 경제적 요인에 집중하거나 또는 사회적 지위를 중심으로 이루어지는가에 차이가 존재했다. 교육을 자녀의 계급 이동을 가능하게 하는 현실적 사다리로 인식하고 있었고, 이에 따라 '공부', '좋은 대학', '숙제'로 표현된 학업적 요구가 자녀에게 강조되고 있었다.

(2) 달리는 자와 따라가는 자의 예견된 결말

자녀세대의 계급이동에 대한 결혼이민자 1세대의 열망에도 불구하고 현재의 계급 지위에 종속된 가족의 경제적 어려움은 자녀에 대한 교육적 지원의 한계로 나타났다. 교육에 대한 부모의 관심과 지원은 '학습지'로 표현되었으며 주된 사교육 수단으로 학습지에 의존하는 정도가 실제로 높았다.

아동B: 음 학원도 보내주고. 학습지도 시키고.
아동C: 네. 뭔가 학습지 같은 거 사주셔가지고 풀게 하는 것이요.

결혼이민자 부모들 스스로도 자녀 교육에 대한 지원과 투자가 선주민에 비해 상대적으로 부족하다고 인식했다. 선주민 부모들은 '달리고' 자신은 '따라가려'라는 표현을 통해 선주민과 결혼이민자 사이의 따라가기 버거운 교육적 격차와 쉽게 좁혀질 수 없는 계급 간 거리에 대한 체념을 읽을 수 있다.

> 엄마H: 제가 가르치는 게 아니라, 저는 욕심이 많이 있어요. 근데 그 애들도 학원에 보내면 경제적으로도 좀 있어야 하잖아요. 마음은 하고 싶은데...
>
> 엄마G: 근데 그 정도는 한국 엄마들을 100% 달리고 있으면, 저는 70% 정도 60%로 정도 따라갈려 생각은 하고 있어요.

교육에 대한 재정적 부담은 자녀가 상급학교에 올라갈수록 증가했다. 초등학생 자녀는 결혼이민자가 직접 지도하거나 학습지 형태의 사교육이 가능했던 반면 중고등학생 자녀는 학원 의존도가 증가하기 때문에 사교육에 대한 부담이 높았다. 특히 여성 결혼이민자의 경우 배우자가 만혼인 경우가 많아 자녀의 중고등학교 재학 시기와 주소득자의 은퇴기가 맞물릴 가능성이 높았다.

> 엄마B: 아 근데 그게 중학교 올라가거나 고등학교 올라가거나 자기가 말해요. 모자라는 것 같아서 뭐 해주세요 하면은 그것도 돈이잖아요. 학원 같은 건 수학이나 영어 학원 같은 건 몇 십만 원이잖아요. 그러니까 전폭적으로 지지해 주고 싶어도, 막말로 이게(돈) 없으면 입으로만 지지를 해 줄 수는 없잖아요. 첫째는 난 이거(돈이)라고 봐요. 안 그래요?
>
> 엄마H: 지금 애들 크니까 내년이면 중학교 들어가잖아요. 그럼 돈도 많이 들어가고, 아빠가 이제 나이가 많아서 퇴직도 하고, 그런데 지금 오히려 하잖아요. 그런데 좀 모아야 하는데, 근데 돈을 모아야 하는데 힘들어서.

자녀교육에 대한 여성 결혼이민자의 열의는 남성 선주민 배우자의 무관심과 대조를 이루었다. 자녀는 교육에 무관심한 아버지에게 반감을 표하거나 일이 많기 때문이라며 아버지를 변호하는 상반된 태도를 보였다.

> 아동D: 네! 아빠가 제일 심하세요. 그래서 아빠가 제일 싫어요. 물어보는 것도 제대로 대답 안 해주세요.
>
> 아동F: 엄마가 관심이 많으시죠. 아빠가 너무 관심이 없어요.
>
> 아동G: 아빠는 거의 조금이에요. 일 하는 게 야근이 많아서. 언제는 새벽까지 일하고.

결혼이민자의 가족주기적 특성과 경제적 한계는 자녀에 대한 교육적 투자를 제한했다. 본서의 7장에 기술된 바와 같이 결혼이민자 자녀는 학년이 높아질수록 사교육 참여율이 감소했다. 제한된 교육적 투자는 자녀의 취약한 교육성과로 이어져 결혼이민자 자녀가 계급이동의 사다리에 오를 전망은 어두워 보였다.

(3) 상징과 문화의 발목잡기

결혼이민자의 언어문제는 자녀교육의 또 다른 한계로 등장했다. 알림장조차 이해하기 어려웠다는 경험담은 언어문제가 결혼이민자의 자녀양육과 교육자 역할수행에서 갖는 의미를 고스란히 전달했다. 결혼이민자는 자신의 취약한 한국어 구사력이 자녀의 언어발달을 저해하게 되는 것을 염려해 사교육을 통해 한국인과의 상호작용에 자녀를 노출시키는 적극성을 보였다.

엄마F: 처음에는 이제 알림장을 써왔는데, 뭘 썼는지? 이게 뭐지? 아무리 읽어봐도 못 알아듣겠어요. 근데, 큰애는 제가 아무래도 한국말을 잘 못하니까, 한국 엄마처럼 막 해줄 수 없으니까, 큰애는 제가 학원을 많이 보냈었어요. 어릴 때, 그래도 학원선생님 밑에 있으면, 한번 말을 들어도 한국어를 더 많이 이렇게 할 수 있을 것 같다.

결혼이민자가 인식하는 자녀교육의 한계는 언어에 국한되지 않았다. 한국사를 포함해 자신이 배운 바 없는 내용을 자녀에게 교육할 수 없다는 어려움을 다수의 결혼이민자가 토로했다. 또한 한국인 부모는 자신과 같은 문제가 없기 때문에 자녀교육에서 유리한 위치에 있다는 상대적 박탈감을 표현했다. 무엇보다 자신의 한계가 자녀의 교육적 성과에 부정적인 영향을 미치는 것을 우려하고 있음이 드러났다.

엄마H: 왜냐하면 한국에 12년이나 생활을 하잖아요. 저도 모르는 부분 많아요. 역사 그런 것은 전혀 우리는 모르죠. 딸내미가 물어봤을 때는 제가 대답을 할 수 없으니까, 그걸 제가 느껴요. 우리 애를 키우는 것은 한국 엄마들처럼 잘 안 되는 느낌이 나요.

엄마G: 숙제는 보는 것은 진짜 어려워요. 저는 그거 못보고, 엄마랑 숙제를 보면 자꾸 이렇게 싸움이 나는 거 같아요. 그래서 숙제를 안 봐 주기로 하고, 대신 공부방 선생님이 오셔서.

자녀교육에서 어려움에 대한 서술은 교육에서 상징자본이 갖는 중요성과 자신의 가족은 상징자본이 상대적으로 취약함을 결혼이민자가 통찰하고 있음을 시사한다. 계급이동의 매개로 교육이 갖는 의미를 이해하고 있는 결혼이민자는 상대적으로 취약한 상징자본이 자녀의 교육성과와 나아가 계급지위에 미칠 부정적 영향을 예측하고 있었다.

(4) 자녀교육의 아비투스에 투항하기

결혼이민자는 자녀가 교육에 뒤처지지 않도록 선주민 문화에 맞추어 자녀를 지도할 수 있기를 열망함과 동시에 심리적으로 저항하는 양가적 태도를 보였다. 교육에 대한 출신국의 문화와 한국 사회의 교육에 대한 몰입도, 자신이 원가족(origin family)으로부터 교육 받은 방식과 한국 부모가 자녀를 교육하는 방식 사이의 적지 않은 간극을 느꼈다.

> 엄마G: 많이 달라요. 지금 우리나라(베트남)에서 현재는 어떻게 하는지는 모르겠지만, 제가 자랄 때는 그렇게 교육 쪽으로는 심각하지는 않고, 그런데 한국에는 교육을 심하게 하고 이렇게 공부해야지 저렇게 해야지, 애를 보면 불쌍하다는 느낌이 들잖아요. 아니 저는 애가 그렇게 하고 싶지 않아요.

> 엄마F: 한국 엄마만큼은 못해요. 왜냐하면, 한국 엄마들은 어릴 때부터 그렇게 교육을 받아서 그런 건지는 모르겠지만, 저는 자랐을 때는 엄마가 간섭을 안 하셨어요. 근데 지금은 그게 이렇게 해라해라 해야 하는데, 스스로도 잘 안되고, 그 습관이 그 버릇이, 이라고 해야 하나? 낳고 자라는 것이 영향이 굉장히 커요.

부모로부터 교육받은 방식과 교육에 대한 출신국가의 문화가 결혼이민자에게 하나의 아비투스로 내재화되어 있었다. 결혼이민자는 자녀를 교육하는 방식이 자신의 아비투스에 기초한 것임을 인지하고 있었다. 사회적 분위기에 밀려 한국인 부모를 모방해 보지만 자신의 아비투스로부터 벗어나지 못하고 오히려 심리적 갈등을 경험했다.

> 아동C: 공부하라고 말은 하지만 덜 혼내는 거 같아요.

아동G: 음 어떤 친구 엄마가 학교 데려다 주고 공부 열심히 하라고 할 때 우리 집이랑 다른 것 같아요.

실제로 자녀는 선주민 자녀의 부모와 자신의 부모가 자녀교육에서 보이는 차이를 체감하고 있었다. 자녀교육에 대한 한국인 부모와 자기 부모의 차이가 계급적 차이와 질서를 반영한 것으로 해석하고 있었다.

2) 피할 수 없는 계급의 복제

상징과 문화자본의 한계, 과도한 경쟁에 저항적인 결혼이민자의 아비투스, 기대되는 교육적 성취와 거리가 있는 가족의 현실은 결혼이민자 가족에게 계급이동의 희망을 조절할 것을 요구한다.

(1) 사다리 없는 현실과 타협하기

결혼이민자 1세대는 좋은 성적, 좋은 직업, 계급 상승의 도식을 희망하지만 자식을 위한 교육지원과 투자에 재정적, 문화적으로 한계가 있음을 인식하기 때문에 자녀세대의 계급이동에 대한 희망과 현실사이에서 적절히 타협하고 있었다. 의사, 변호사, 대기업으로 상징화된 희망이 '떳떳하게 할 수 있는 일', '여유를 가지고 편하게 사는 것'으로 대치되며 그 이상의 가치를 갖는 삶으로 미화되었다.

엄마F: 지금은 주변에도 많이 그래요. 커서는 물론 좋은 직업, 의사 변호사 이런 거 있으면 좋겠지만, 할 수 있으면 좋겠지만, 그래도 만약에 그 정도로 가지 못하면, 저는 그렇게 이야기를 해요. 아이들한테, 그냥 떳떳하게 내가 할 수 있는 일, 찾아서 하라고.

엄마B: 물론 대기업 들어가고, 좋은 직장 들어가면 좋죠. 부모 마음으로. 잘 돼가지고. 근데 그게 안되면은 니가 원하는 인생을 살아야지 우리 한 평생 인생을 살아줄 수는 없잖아. 니가 편하고 니가 마음에 여유를 가지고 편하게 사는 게 제일 좋은 거지라고 해요.

자녀는 학업과 직업적 성공에 대한 부모의 기대를 이해하고 있지만 이에 요구되는 노력을 기울일 자신은 없었다. '서울대학교'로 상징화된 부모의 기대에 자녀는 '꿈은 이루어지지 않고'로 대응했다. 죽을 때까지 공부해야 이루어질 수 있는 것이라면 포기하는 것이 적절하다는 자녀들의 생각은 부모의 이상과 자신의 경험에 근거한 현실사이에서 자녀가 찾은 타협점이다.

엄마E: 둘째는 좀 스마트해요. 그래서 또 아빠가 서울대학교 보내고 싶다고 이렇게 막 써놔가지고. 근데 이제 둘째는 거기까지는 가고 싶지 않아 아빠. 다른 대학 가고 싶어. 왜냐면 서울대학이면 정말 공부, 죽을 때까지 공부하잖아요.

아동B: 하나는 현실성이 없는 것인데 그냥 어려울 것 같아서. 꿈은 이루어지지 않고. 이루어질 수 있고 없는 것은 (포기해야지요).

결혼이민자는 자녀의 사회적, 경제적 지위의 상승을 희망한다. 교육만이 희망을 현실로 만들 유일한 가능성임을 인식하고 있다. 그러나 가족의 취약한 상징자본과 경제적 자원은 역량 있는 자녀일지라도 교육경쟁에서 승자가 되기 어렵게 하는 조건임을 결혼이민자 부모는 모르지 않았다. 열망과 노력만으로 극복할 수 없는 구조적 장벽 앞에서 결혼이민자는 희망은 희망으로 남기고 자녀가 취할 수 있는 세상 사는 방식을 열망해야 할 삶의 목적으로 대치했다.

수정된 목적에 계급이동의 바람은 삭제되어 있고 이는 자녀에게 효과적으로 전달되었다. 자녀는 이루어질 수 없는 꿈을 간직하고 오를 수 없는 사다리 앞에서 공부하다 죽어가느니 사다리 오르기를 포기했다. 결혼이민자 1세대의 계급은 그렇게 고스란히 자녀의 계급으로 대물림되고 자녀는 현재 위치에서 허용되는 규범, 가치, 문화를 의식보다 더 깊은 곳에 '나' 다운 것으로 각인하고 그 자리에 못 박혔다.

(2) 다양성의 자원화와 계급의 장벽 넘기

자녀가 최고의 대학을 졸업하고 의사, 대기업 사원이 되어 현재의 계급적 지위를 벗어나기를 바라는 결혼이민자는 자신조차 벗어날 수 없는 구조적 장벽을 체감했다. 결혼이민자는 이민자의 강점을 중심으로 사회경제적 지위를 높일 수 있는 대안 찾기에 집중했다.

> 아동A: 마음대로 하라고는 하시는데 그렇게 꿈 이야기 하면 살짝 통역사 이야기 나오는 거 봐서. 살짝 제가 통역사가 되기를 바라는 마음이 있는 것 같아요. 나중에 그런 일 하기 좋은 사람이 다문화 사람이라고. 그런 이야기를 해주셨어요. 언어도 엄마한테 배우면 되고.

> 엄마E: 고등학교 졸업하면 필리핀 가서 그 영어 배워. 그러면 엄마 도와줘. 너는 원장하고 나만 가르쳐(웃음). 우리는 사업하자 우리 둘이 항상 그래요. 넌 영어 잘하니까 엄마랑 같이.

한국어는 결혼이민자의 취약한 상징자본을 표식하는 반면 결혼이민자의 모국어는 다른 각도에서 풍부한 상징자본을 의미했다. 이민자 부모의 모국어를 습득할 기회가 상대적으로 풍부한 자녀가 모국어를 습득하고 이를 기반으로 괜찮은(decent) 직업을 갖는 것을 현실적인 대안으로 이해했다. 통역사, 영어강사, 비행기 승무원 등 외국어 능력이 요구되는 전문직을 자녀세대에게 적절한 직업으로 상정했다.

> 엄마D: 지금은 태권도 다니니까 그래서 그런지 관장님의 영향을 많이 받아요. 자기가 지금은 엄마 나라에 가서 사업하겠다고 그러는 거예요. 관장님을 거기 가서 하겠다는. 엄마한테 그런 거 배우고.. 네, 자기는 엄마한테 베트남어 배우고 나중에 커서 베트남 엄마 외할머니 집 근처에 가서 그런 거기에 차리고 싶다고.

부모의 외국어 자원을 자녀의 사회, 경제적 성공의 열쇠로 활용하는 대안은 자녀에게서도 관찰되었다. 결혼이민자 부모의 언어와 문화를 진로에 활용하려는 아동D는 베트남 출신 엄마의 존재를 개방하고 베트남 문화를 소개하는 것에도 적극성을 보였다는 점에서 일반적인 결혼이민자 2세대 아동과 차이를 보인다.

계급적 지위의 상승을 향한 결혼이민자와 자녀의 열망은 가족의 경제, 상징, 문화자본의 한계 속에서 좌절되고 있었다. 그러나 결혼이민자 가족은 계급을 넘어 성공, 행복의 새로운 의미를 찾아 계급이동의 좌절과 타협하고, 가족의 민족적 다양성을 통해 계급이동의 새로운 가능성을 모색하는 능동성을 보였다.

강신욱, 김안나, 박능후, 김은희, 유진영. (2005). 사회적 배제의 지표개발 및 적용방안 연구. 보건사회연구원.

강신욱. (2006). 사회적 배제 개념의 정책적 적용을 위한 이론적 검토. **동향과 전망**, 66, 9-32.

강영배. (2009). 사회적 배제의 관점에서 본 청소년 문제 및 정책에 관한 고찰. **청소년복지연구**, 11(4), 101-127.

고혜원, 김상호, 김숙이, 송창주, 이로미, 정미애. (2010). 여성결혼이민자의 취업 지원 방안: 언어·문화 자원 활용 분야를 중심으로. 한국여성정책연구원·한국직업능력개발원.

구경숙. (2012). 다문화가정 아동의 학교적응에 미치는 영향 요인에 관한 연구. 남부대학교 일반대학원 사회복지학과 석사학위 논문.

김남식. (2001). **민족주의와 합리성**. 경기대학교 민족문제연구소.

김안나 외. (2008). 사회통합을 위한 사회적 배제계층 지원방안 연구: 사회적 배제의 역동성 및 다차원성 분석을 중심으로. 보건사회연구원.

김욱진, 임동권, 이성규. (2014). 여성결혼이민자의 사회참여가 주관적 건강에 미치는 영향. **지역사회복지학**, 51, 25-49.

김윤태. (2013). **불평등의 시대에 시민권과 사회계급 다시 읽기**. 김윤태 편, 시민권과 복지국가. (pp. 219-273). 서울: 이학사.

김은정, 장명선, 정순둘, 조숙현, 허영숙. (2017). 결혼이주민의 안정적 체류보장을 위한 실태조사. 국가인권위원회.

김승권, 김유경, 조애, 김혜련, 이혜경, 설동훈, 심인선. (2010). 2009년 전국 다문화가족 실태조사연구. 한국보건사회연구원.

김이선, 김인순, 이창호, 박준규. (2008). 다문화사회로서의 이행을 위한 문화정책 현황과 발전 방향. 한국여성정책연구원.

김이선. (2009). 다문화가족 자녀 지원 정의 과제. **젠더리뷰**, 가을호.

김이선, 정해숙, 손민, 신옥. (2014). 다문화가족 지원 서비스 강화 방안. 한국건강가정진흥원.

김이선, 정해숙, 동제연. (2015). 다문화가족 자녀의 건강한 성장을 위한 정책과제. 여성가족부.

김지경, 조유현. (2003). 젊은 여성의 첫 출산 후 노동시장 복귀에 관한 분석. **노동연구논집**, 26(3), 181-207.

김혜미, 원서진, 최선화. (2011). 다문화가정 자녀들의 차별경험과 심리적 적응: 사회적 지지의 매개효과 검증을 중심으로. **사회복지연구**, 42(1), 117-149.

곽노완. (2013). 노동의 재구성과 기본소득. **마르크스주의 연구**, 10(3), 94-114.

권복순, 차보현. (2006). 농촌지역 코시안가정주부의 의사소통능력, 문화적 정체성이 결혼만족도에 미치는 영향. **한국사회복지학회지**, 58(3), 109-134.

권용기. (1999). '독립신문'에 나타난 '동포'의 검토. **한국사상사학**, 12, 229-260.

노혜진, 김교성. (2008). 결혼해체를 경험한 여성가구주의 빈곤과 사회적 배제에 관한 종단 연구. **사회보장연구**, 24(4), 167-196.

르낭, 에르네스트. (1882). **민족이란 무엇인가**. 신행선 역. (2002). 서울: 책세상.

마샬, 험프리 데이비드. (1964). **시민권과 복지국가.** 김윤태 역. (2013). 서울: 이학사.

문진영. (2004). 사회적 배제의 국가간 비교연구 –프랑스, 영국, 스웨덴을 중심으로. **한국사회복지학**, 56(3), 253-277.

박계란, 이지민. (2011). 다문화 가정 아동의 학교생활적응에 영향을 미치는 요인. **한국가정관리학회지**, 29(2), 89-99.

박능후, 선남이. (2010). 한국의 다문화의식: 국제결혼 이주여성의 취업이 한국사회 적응에 미치는 영향. **민족연구**, 41, 120-144.

박미숙, 이미정. (2014). 다문화가정 청소년들이 경험하는 갈등원인에 관한 연구. **교육문화연구**, 20(3), 149-174.

박병현, 최선미. (2001). 사회적 배제와 하층계급의 개념 고찰과 이들 개념들의 한국빈곤정책에의 함의. **한국사회복지학**, 45, 185-219.

박재규. (2013). 농촌과 도시 결혼이주여성의 취업 결정요인 및 지원방안 연구: 경기도 지역을 중심으로. **GRI 연구논총**, 15(1), 5-33.

박찬승. (2011). **민족, 민족주의**. 서울: 소화.

브르디외, 피에르 & 파세롱 클로드 장. (1970). **재생산**. 이상호 역. (2000). 서울: 동문선.

브르디외, 피에르. (1984). **사회학의 문제들**. 신미경 역. (2004). 서울: 동문선.

브르디외, 피에르. (1991). **상징폭력과 문화재생산**. 정일준 역. (1995). 서울: 새물결.

브르디외, 피에르. (1994a). **실천이성**. 김웅권 역. (2005). 서울: 동문선.

브르디외, 피에르. (1994b). **구별짓기(상)**. 최종철 역. (1995). 서울: 새물결.

배경희. (2013). 여성결혼이민자의 사회참여가 자아존중감 및 생활만족도에 미치는 영향. **한국가족복지학**, 41(9), 33-54.

서보준, 박선태. (2012). 다문화가정 모(母)의 부부관계 만족도가 자녀의 학교생활적응에 미치는 영향. **복지행정논총**, 22(1), 127-155.

선남이. (2013). 다문화가정 자녀에 대한 사회적 배제가 학교생활적응에 미치는 영향 연구. 경기대학교 일반대학원 사회복지학과 박사학위 논문.

신광영, 조돈문. (1994). **노동계급의 형성과 친족관계**. 한국산업사회연구회 편, 계급과 한국사회. (pp. 205-236). 서울: 한울.

신광영, 조문돈, 조은. (2003). **한국사회의 계급론적 이해**. 서울: 한울아카데미.

신광영. (2004). **한국의 계급과 불평등**. 서울: 을유문화사.

신행철, 양춘, 정대연, 김석준, 김진영, 박길성, 김원동, 박형준, 안치민, 김혜영. (2002). **한국사회의 계급연구**. 서울: 아르케.

심창학. (2001). 사회적 배제 개념의 의미와 정책적 함의. **한국사회복지학**, 44, 178-208.

양계민, 조혜영. (2012). 중도입국청소년의 심리, 사회적응에 관한 탐색적 연구. **청소년학연구**, 19(11), 195-224.

양순미, 정현숙. (2006). 농촌 국제결혼부부의 결혼생활 적응과 만족에 대한 영향 요인. **한국가족관계학회지**, 11(3), 223-252.

양인숙, 민무숙. (2010). 여성결혼이민자의 경제활동 실태와 정책과제. 한국여성정책연구원.

오경화. (2011). 다문화 가정 청소년의 한국문화수용성과 학교생활적응에 관한 연구. Family and Environment Research, 49(9), 83-97.

유성렬, 최창욱. (2014). 2014 청소년 종합실태조사. 통계청 · 백석대학교산학협력단.

윤인성, 박선영. (2016). 다문화가정자녀에 대한 일반아동의 사회적 거리감에 영향을 미치는 요인 연구. Asia-pacific Journal of Multimedia Services Convergent with Art, Humanities, and Sociology, 6(3), 191-202.

윤인진, 이진복. (2006). 소수자의 사회적 배제와 사회통합의 과제: 북한이주민의 경험을 중심으로. **한국사회**, 7(1), 41-92.

윤진호 외. (2004). **선진국의 빈부격차와 차별시정을 위한 국가행동계획 사례연구**. 서울: 서울사회경제연구소.

은선경. (2010). 다문화가족 자녀의 학교적응에 영향을 미치는 요인에 관한 연구. **선주민 자녀복지학**, 33, 37-74.

이경수, 마강래. (2016). 이민자 차별 경험의 세대간 대물림에 관한 연구: 우리나라 결혼 이민 여성을 대상으로. **한국지역개발학회 세미나 논문집**, 663-675.

이광일. (2013). 신자유주의 지구화시대, 프레카리아트의 형성과 '해방의 정치'. **마르크스주의 연구**, 10(3), 115-143.

이나경. (2011). 다문화가족과 일반가족 모자의 구강보건행태 비교 분석. 원광대학교 일반대학원 치의학과 석사학위논문.

이상노, 이현심. (2014). 결혼이주여성의 한국생활 적응. **한국지역사회복지학**, 49, 105-136.

이정은, 조미형. (2009). 사회적 배제 집단의 잠재적 유형분류 및 성별과 학력에 따른 차이 분석. **사회복지정책**, 36(3), 79-103.

이진경. (2012). 프롤레타리아트와 프레카리아트. **마르크스주의 연구**, 9(1), 173-201.

이재유. (2009). **계급**. 서울: 책세상.

이혜림, 조민효. (2014). 다문화가정 이주여성의 적응유형과 사회자본이 취업에 미치는 영향에 관한 연구. **한국정책학회보**, 23(4), 237-263.
장명선, 이옥경. (2009). 서울시 결혼이민여성 취·창업능력개발을 통한 경제적 자립을 위한 연구. 서울시 여성가족재단 연구사업보고서.
장온정, 박정윤. (2009). 결혼이민자가정 한국인 남편의 가족관련 가치관 및 문화적응태도가 결혼적응에 미치는 영향. **가족과 문화**, 21(2), 1-27.
전기택, 정해숙, 정이선, 김영란, 주재선, 김혜영, 강민정. (2013). 전국 다문화가족 실태조사 연구. 한국여성정책연구원.
전영희. (2012). 다문화가정 청소년의 자아개념과 정서·행동문제의 관계. **재활심리연구**, 19(2), 277-293.
전재일, 신효선. (2008). 다문화가정자녀의 생활환경이 학교부적응에 미치는 영향. **사회복지개발연구**, 14(3), 251-283.
정기선 외. (2012). 2012년 체류 외국인 실태조사: 영주권자와 귀화자 중심으로. 법무부 출입국·외국인정책본부.
정선기. (1997). 일상적 활동과 생활양식: 사회불평등 연구의 문화론적 전환. **세계사상**, 3(겨울호), 243-264.
정선영. (2013). 다문화가정 어머니의 한국어수준과 한국거주기간이 양육행동에 미치는 영향. **아동학회지**, 34(2), 43-61.
정성진. (2013). 프롤레타리아트에서 프레카리아트로? **마르크스주의 연구**, 10(3), 6-9.
정해숙 외. (2016). 2015년 전국 다문화가족실태조사 분석. 한국여성정책연구원.
조돈문. (2006). 한국 노동계급의 계급의식과 보수화. **경제와 사회**, 72, 11-41.
조민식, 송시형. (2011). 다문화가정 자녀의 사회적 차별문제 - 수도권 거주 다문화가정 자녀를 중심으로. **글로벌사회복지연구**, 1(1), 53-72.
차기벽. (1990). **민족주의 원론**. 서울: 한길사.
출입국·외국인정책본부. (2018), 2017년 출입국·외국인 정책 통계연보.
최대희. (2018). '사회적 소수자'로서 다문화가정 자녀에 대한 차별과 인종주의. 전남대학교 세계한상문화연구단 국내학술회의, 53-67.
최재성, 강영숙, 김진욱. (2009). 빈곤층의 사회적 배제 수준이 삶의 만족도에 미치는 영향. **한국사회복지조사연구**, 21, 309-341.

최현. (2008). 탈근대적 시민권 제도와 초국민적 정치공동체의 모색. **경제와 사회**, 79, 38-61.

최혜지. (2009). 이주여성의 문화적응유형과 관련 특성에 관한 연구. **한국사회복지학**, 61(1), 141-181.

최혜지. (2012). 이주여성의 사회적 배제가 문화변용에 미치는 영향. **사회보장연구**, 28(1), 217-244.

최혜지, 이은정, 홍기원, 김정환. (2012). 국내 체류 이주민의 사회복지지원체계 개선을 위한 실태조사. 국가인권위원회.

최혜지, 이소영, 정순둘. (2015). 인적자본, 사회적 자본, 우울의 최적모형 탐색과 영향관계. **정신보건과 사회사업,** 43(2), 149-175.

최혜지. (2016). 시민 아비투스의 실천행동, 기부를 이해하는 또 하나의 길. **한국사회복지학**, 68, 95-116.

최혜지, 한동우. (2016). 세계화시대 사회권의 대안 모색: 시민의 권리에서 거주의 권리로. **한국사회보장학회 정기학술발표논문집**, 2016(2), 569-588.

최혜지, & 정은수. (2017). 중고령 프레카리아트의 이해. **한국노인복지학회 학술발표논문집**, 2017(1), 439-439.

최혜지. (2018). 프레카리아트化와 중고령 임금노동자의 정신건강. **비판사회정책,** 60, 385-420.

크로익스, 디스티 제프리 외. (2017). **계급, 소외, 차별: 마르크스주의는 계급, 소외, 여성 · 성소수자 · 인종 차별을 어떻게 설명하는가?** (책갈피 편집부 엮음). 서울: 책갈피.

크롬프톤, 로즈매리. (1993). **현대의 계급론**. 정태환, 한상근 역. (2010). 서울: 한울아카데미.

톰슨, 팔머 에드워드. (1980). **영국 노동계급의 형성 上**. 나종일, 노서경, 김인중, 유재건, 김경옥, 한정식 역. (2000). 파주: 창비.

통계청, 법무부. (2017). 2017년 이민자 체류실태 및 고용조사 결과.

행정안전부. (각년도), 행정안전통계연보.

행정안전부. (각년도), 지방자치단체 외국인주민 현황.

한상진. (1984). **계급이론과 계층이론**. 서울: 문학과 지성사.

한상진. (2014). 사회적 배제 담론과 한국의 사회적 경제 조직: 복지의존 방지와 노동통합을 넘어선 재분배·호혜의 결합 모색. **지역사회학**, 15(2), 5-31.

한정애. (2009). 다문화가정 초등학생의 학교적응과정 분석. 경성대학교 일반대학원 교육학과 박사학위논문.

현경자, 김연수. (2012). 여성결혼이민자의 문화적응 스트레스와 지각된 사회적 지지가 우울에 미치는 효과. **한국심리학회지: 여성**, 17(4), 653-677.

현택수, 정선기, 이상호, 홍성민. (1988). **문화와 권력: 부르디외 사회학의 이해**. 서울: 나남출판.

홍정미. (2008). 다문화가정 자녀의 학교생활 적응에 영향을 미치는 생태체계 변인. 숙명여자대학교 일반대학원 아동복지학과 박사학위논문.

Arnold, D., & Bongiovi, J. R. (2013). 'Precarious, informalizing and flexible work: transforming concepts and understandings'. *American Behavior Scientist*, 57(3), 289-308.

Atkinson, T., Cantillon, B., Marlier, E., & Nolan, B. (2002). *Social Indicators: The EU and Social Inclusion*. Oxford University Press.

Berman, Y., & D. Phillips. (2000). Indicators of Social Quality and Social Exclusion at National and Community Level. *Social Indicators Research,* 50, 329-350.

Berry, B., & Tischler, H. L. (1978). *Race and Ethnic Relations.* 4th ed. Boston: Houghton Mifflin.

Bhalla, A., & F. Lapeyre. (1997). Social Exclusion: Towards an Analytical and Operational Framework. *Development and Change*, 28.

Bourdieu, P., & J. Passeron. (1977). *Reproduction in Education, Society and Culture*. London: Sage.

Bradshaw, J., & Willians, J. (2000). The Relationship between Poverty and Social Exclusion in Britain. Paper Presented for the 26th *General Conference of the International Association for Research in Income ad Wealth*, Poland.

Brass, P. R. (1991). *Ethnicity and nationalism: Theory and comparison*. CA: Sage Publications.

Burawoy, M. (1985). *The Politics of Production*. London: Verso.

Burchardt, T., Le Grand, J., & Piachaud, D. (1999). Social exclusion in

Britain 1991—1995. *Social policy & administration*, 33(3), 227-244.
Chamberlayne, P. (1996). Social exclusion: sociological traditions and national contexts. *Sostris Working Paper 1*.
Ehrlich, H. J. (1973). *The Social Psychology of Prejudice*. NY: Wiley.
Eller, J. D. (1999). From culture to ethnicity to conflict. *Ann Arbor: University of Michigan Press*, 27.
Gallner, E. (1983). *Nations and Nationalism*. NY: Cornell University Press.
Greenfield, L. (1992). *Nationalism: Five Roads to Modernity*. MA: Harvard University Press.
Hanson, E. (1999). *The 1920s: A Cultural History of the United States through the decades*. San Diego, CA: Lucent.
Herkommer, S. (1996). Das Konzept der 'Undercalss' - brauchbar fur die Klassenanalyse oder ideologieverdachtig? in Z. - *Zeitschrift fur marxistische Erneuerung*, no. 26.
Jordan, B. (1997). *A Theory of Poverty and Social Exclusion*. Cambridge: Polity Press.
Lenski, G. (1966). *Power and Privilege: A theory of social stratification*. NY: McGraw-Hill.
Levitas, R. (1996). The concept of social exclusion and the new Durkheimian hegemony. *Critical social policy*, 16(46), 5-20.
Levitas, R. (2006). *The Inclusive Society?* Palgrave Macmillan.
Lippmann, W. (1922). *Public Opinion*. NY: Macmillan.
Littlewood, P. (1999). *Social exclusion in Europe: problems and paradigms*. Routledge.
Littlewood & Herkommer. (2000). *Social Exclusion in Europe: Problems and Paradigms*. Aldershot:Ashgate.
Mancinelli, S., Mazzanti, M., Piva, N., & Ponti G. (2010). Education, Reputation or Network? Evidence on Migrant Workers Employability. *The Journal of Socio-Economics*, 39(1), 64-71.
Marger, M. (2003). *Race and ethnic relations: American and global perspectives*. Belmont, CA: Wadsworth/Thomson Learning.
Marx. (1959). *Das Kapital*. Berlin: Dietz Verlag.
Mason, P. (1970). *Patterns of Dominance*. NY: Oxford University Press.
Mayes, D. G., Berghman, J., & Salais, R., et al. (2001). *Social Exclusion and European Policy*. Edward Elgar.

Parkin, F. (1979). *Marxism and Class Theory: A Bourgeois Critique*. London: Tavistock.

Paugam, S. (1995). The Spiral of Precariousness: A Multidimensional Approach to the Process of Social disqualification in France. in G. Room. eds. *Beyond the Threshold*. The Policy Press.

Pettigrew T. F. (1980). *Prejudice*. In S. Thernstrom (Ed.), Harvard encyclopedia of American ethnic groups. (pp. 820-829). Cambridge, MA: Harvard University Press.

Piachaud, D. (2002). Capital and the Determinants of Poverty and Social Exclusion. *CASE,* 60, 1-23.

Pierson, J. (2002). *Tackling Social Exclusion*. Routledge.

Lenoir, R. (1974). *Les Exclus: Un Francais sur Dix*. Paris: Seuil.

Rex, J. (1970). *Race Relations in Sociological Theory*. NY: Schocken.

Robinson, P., & C. Oppenheim. (1998). *Social Exclusion Indicators: A Submission to the Social Exclusion Unit*. London: Institute for Public Policy Research.

Roche, M. (1997). *Citizenship and Exclusion: Reconstructing the European Union*, in Roche, M. and Van Berkel, R. (eds), European CItizenship and Social Exclusion. Ashgate Publishing Ltd, Aldershot.

Shibutani, T., & Kwan, M. K. (1965). *Ethnic Stratification: A Comparative Approach*. NY: Macmillan.

Silver, H. (1994). Social Exclusion and Social Solidarity: Three paradigms. *International Labour Review,* 133, 531-578.

Simpson, G. E., & Yinger, J. M. (1972). *Racial and Cultural Minorities: An Analysis of Prejudice and Discrimination*. 4th ed. NY: Harper & Row.

Smith, A. D. (1987). *The Ethnic Origins of Nations*. Blackwell Publishers.

Standing, G. (2014). Understanding the Precariat through Labur and Work, *Development and Change*, 45(5), 963-980.

Vleminckx, K., & J. Berghman. (2001). Social Exclusion and the Welfare state: an Overview of Conceptual Issues and Policy Implication. *Social Exclusion and European Policy*, Edward Elgar.

Wright, E. O. (1985). *Classes*. London: Verso.

| 찾아보기 |

ㅇ

ㅈ

ㅊ

ㅋ

ㅌ

아산재단연구총서

001 전환기의 중국경제
김윤환 외 | 단국대 경제학과

002 폴란드 경제의 변천 개혁과 그 전망
김광수 | 숭실대 경제학과

003 재소한인
이광규 외 | 서울대 인류학과

004 소련산림과 임업
홍성천 외 | 경북대 임학과

005 아세안의 정치경제
김국진 외 | 외교안보연구원

006 태국의 사회변동과 경제발전
최석만 외 | 전남대 사회학과

007 중국의 사회경제 통계분석
신한풍 외 | 고려대 통계학과

008 중국의 정치와 경제
박두복 외 | 외교안보연구원

009 동유럽의 개혁과 시장경제의 도입
허만 외 | 부산대 사범대학

010 동유럽의 개혁운동
박영신 | 연세대 사회학과

011 현대 러시아 연구
기연수 외 | 한국외대 노어과

012 전략적 선택과 기업의 국제경쟁력
이장호 | 서강대 경영대학

013 협동사회의 정착과 정부의 역할
이종범 외 | 고려대 행정학과

014 한국 제조기업 생산성의 동적 분석
노부호 외 | 중앙대 경영대학

015 분배의 정의
변형윤 외 | 서울대 경제학과

016 도덕적 행동의 강화
이훈구 외 | 연세대 심리학과

017 관료부패와 통제
김해동 외 | 서울대 행정대학원

018 한국경제의 내실 있는 성장
정창영 외 | 연세대 경제학과

019 한국국민정신운동의 역사와 발전방향
박수명 외 | 부산대 사범대학

020 한국대학생의 가치성향과 상담효과
이영희 외 | 숙명여대 교육학과

021 가출청소년과 학교관리체제
안창규 외 | 부산대 교육학과

022 동북아 정세변화와 한 · 일관계
한승조 외 | 고려대 정치외교학과

023 언론과 부정부패
정대철 외 | 한양대 신문방송학과

024 한국의 고등학교 교육
이원호 외 | 부산대 교육학과

025 가족과 방송
김학수 외 | 서강대 신문방송학과

026 재정개혁의 전망과 재산세제의 개편과제
오연천 | 서울대 행정대학원

027 청소년을 위한 전자게임 프로그램의 규제 및 평가체계 개발
박혜원 외 | 울산대 가정관리학과

028 정신장애자 가족의 사회심리적 특성
이근후 외 | 이화여대 의과대학

029 가족의 관계역동성과 문제인식
이광규 외 | 서울대 인류학과

030 현대인과 한국전통음식
승정자 | 숙명여대 식품영양학과

031 기업의 초고속정보통신망활용
안중호 | 서울대 경영학과

032 지역발전을 위한 교육자치제의 개선방안
김남순 | 조선대 사범대학

033 전환기의 공무원 가치관
조경호 | 울산대 행정학과

034 지방자치와 사회복지의 과제
김영모 | 중앙대 사회복지학과

035 WTO체제하의 지방중소기업 지원정책
최명주 외 | 계명대 통상학부

036 현대한국의 시민운동
이효선 | 중앙대 사회학과

037 기업 세계화의 단계 및 정도의 측정
허영도 외 | 울산대 경영학과

038 가족복지를 위한 가족주치의 시범사업의 효과
이혜리 외 | 연세대 가정의학교실

039 한국대학생의 삶의 만족도
김재은 외 | 이화여대 교육심리학과

040 지역경제와 지역산업구조의 개편방향
정기화 외 | 전남대 경제학부

041 중국기업의 소유형태별 경영특성
노철화 외 | 부산대 무역학과

042 남북한의 인성 · 사상교육
한승조 외 | 고려대 정치외교학과

043 연계적 뇌기능 조언을 위한 의료용 멀티미디어 시스템의 설계
유선국 | 연세대 의용공학교실

044 다민족국가의 민족문제와 한인사회
최협 외 | 전남대 인류학과

045 저소득층지역 청소년 여가문화와 소집단 활성화
박문수 외 | 서강대 사회학과

046 삶의 질의 국제비교와 지역간 비교분석
이재기 외 | 울산대 경제학과

047 21세기 지역주민의 삶의 질
양종회 외 | 성균관대 사회학과

048 삶의 질에 대한 국가간 비교
조명한 외 | 서울대 심리학과

049 외국인 노동자의 노사관계와 사회적 적응
석현호 외 | 성균관대 사회학과

050 한국의 사법제도와 발전 모델
정종섭 | 건국대 법학과

051 고령화사회와 중상층 노인의 사회활동
조성남 외 | 이화여대 사회학과

052 한국의 서비스 시장 개방정책
한홍렬 | 한양대 경제학부

053 한국과 AFTA간의 교역증진 및 경제 협력방안
손일태 외 | 경희대 경제통상학부

054 물류비 절감을 위한 무역업체의 정보화전략
이영수 외 | 경북대 경제통상학부

055 사회주의 체제전환과 사회정책
오정수 외 | 충남대 사회복지학과

056 남북통일 이후 농업생산체계 개편
홍성규 외 | 건국대 농업경제학과

057 국제화와 세계화
하영선 외 | 서울대 외교학과

058 IMF 개혁정책의 평가와 한국경제의 신(新) 패러다임
조동근 | 명지대 경제학과

059 구조개혁과 실업대책
박동운 | 단국대 경제무역학부

060 21세기 신노사관계
심윤종 외 | 성균관대 사회학과

061 학교에서의 집단 따돌림
이춘재 외 | 가톨릭대 심리학과

062 한국노인의 정신건강실태와 건강증진
조맹제 외 | 서울대 의과대학

063 혁명과 개혁 속의 중국 농민
김광억 | 서울대 인류학과

064 중국의 경제환경과 한국기업의 진출 전략
지용희 외 | 서강대 경영학과

065 김대중 대통령의 시스템 사고
김동환 | 중앙대 공공정책학부

066 실업과 가족해체
최일섭 외 | 서울대 사회복지학과

067 합리적 부채비율 조정방안
오상근 | 동아대 경제학과

068 한국 중산층의 생활문화
문숙재 외 | 이화여대 소비자 · 인간발달학과

069 계층간 갈등상태에서 최적소득세
김진욱 | 건국대 경상학부

070 글로벌 경쟁력 제고를 위한 기업전략과 조직구축
이만우 외 | 고려대 경영학과

071 의료보험과 국민연금의 관리효율화를 위한 통합방안
사공진 외 | 한양대 경제학부

072 정부개혁의 과제와 전략
박우서 외 | 연세대 행정학과

073 책임운영기관 제도에 관한 비교분석
김근세 | 가톨릭대 행정학과

074 새로운 패러다임하에서의 한국기업의 바람직한 지배구조
최운열 외 | 서강대 경영학과

075 현대 한국사회의 계층구조
양춘 외 | 고려대 사회학과

076 한국의 산업정책과 산업구조조정
강인수 | 숙명여대 경제학부

077 기업구조조정
김석진 | 경북대 경영학부

078 지식경영을 위한 인적자원 개발 및 관리체계
장영철 | 경희대 경영학부

079 뉴 비즈니스 모델
전성현 | 국민대 정보관리학부

080 중산층의 정체성과 소비문화
함인희 외 | 이화여대 사회학과

081 외국관광객 유치를 위한 마케팅 전략
박상규 | 강원대 경영학과

082 한국인의 세대별 문학의식
이동순 | 영남대 국문과

083 공공부문의 효율성 평가와 측정
김재홍 외 | 울산대 사회과학부

084 한국 청소년의 정치의식과 형성요인
김광웅 외 | 숙명여대 아동복지학과

085 한국 대학생의 정치의식
배한동 | 경북대 윤리교육과

086 산업의 정보화와 산업발전
이기동 | 계명대 통상학부

087 한국 제조업의 고용조정 분석
이종원 외 | 성균관대 경제학부

088 지식자산에 대한 경영전략적 평가모형 개발
배재학 외 | 울산대 컴퓨터 · 정보통신공학부

089 관광사업을 위한 한국적 이미지의 휴식복 개발
채금석 | 숙명여대 의류학과

090 한국 정치제도의 개혁
신정현 | 경희대 사회과학부

091 e비즈니스와 아웃소싱 전략
정승화 외 | 연세대 경영학과

092 집단 따돌림의 진단 및 치료방안
홍준표 | 중앙대 인간생활환경학과

093 16대 총선과 낙선운동
조기숙 | 이화여대 국제대학원

094 부동층 유권자 행태 분석
진영재 | 연세대 정치외교학과

095 사이버 공동체의 성공요인
이재관 | 숭실대 경영학부

096 온라인 소비자 행동의 이론과 실증
윤성준 | 경기대 경영학부

097 글로벌 시대 정약용 세계관의 가능성과 한계
차성환 | 한일장신대 역사사회학과

098 러시아의 체제전환 과정에서 나타난 국가의 역할과 그 전망
이상민 외 | 부산대 정치외교학과

099 남북한의 경제발전 수준과 산업구조 비교, 그리고 경제교류 협력방향
주성환 | 건국대 경제학과

100 집단따돌림과 교육해체
한준상 | 연세대 교육학과

101 공적연금제도의 효율성과 개선방안
유금록 | 군산대 행정복지학부

102 벤처기업-대기업의 성공적인 협력 모델
나중덕 | 경산대 경영학과

103 북한의 재외동포정책
조정남 외 | 고려대 정치외교학과

104 사이버 공동체 형성의 역동적 모형
장용호 | 서강대 신문방송학과

105 기업이론과 기업의 소유지배구조
김일태 외 | 전남대 경제학부

106 가축분뇨 자원화를 위한 공동이용 조직에 대한 농가선호도 분석
유덕기 | 동국대 생명자원경제학과

107 개혁정책과 전문가 집단
이경원 외 | 제주대 행정학과

108 현대 한국사회의 이중가치체계
신수진 외 | 이화여대 가정관리학과

109 한국의 산업구조 변화와 기업집단 다각화 전략
김용학 외 | 연세대 사회학과

110 지식정보사회의 경제적 모형 설정 및 사례 연구
김범환 | 배제대 경영정보학부

111 변호사징계제도
오종근 | 한림대 법학부

112 인터넷 특허법
김순석 | 광주대 법학과

113 e-비즈니스 시대의 금융 및 재정정책의 새로운 패러다임
이종욱 | 서울여대 경제학과

114 청소년의 하위문화와 정체성
조성남 | 이화여대 사회학과

115 디지털금융시대의 금융구조변화와 정부규제 및 정책
이충열 | 고려대 경제학부

116 지식경영을 위한 기업의 조직설계방안
김경수 외 | 전남대 경영학과

117 전자금융의 발달과 경제정책의 새로운 패러다임
이명훈 | 명지대 경제학과

118 동아시아의 안보와 유엔체제
강성학 편저 | 고려대 정치외교학과

119 유료 치매노인 그룹홈의 개발과 관련 정책
최정신 외 | 가톨릭대 소비자 · 주거학과

120 소비자 지향적 문화산업 정책
홍영준 | 호남대 광고홍보학과

121 국제 · 국가 · 지방 환경규제의 연계
정준금 외 | 울산대 행정학과

122 현행 회사 합병 · 분할제도의 평가와 개선방안
옥무석 외 | 이화여대 법학과

123 배려지향적 도덕성과 정의지향적 도덕성
정옥분 외 | 고려대 사범대학

124 기업구조조정에 대한 채권금융기관 및 금융감독기관의 역할과 책임
이중기 | 한림대 법학과

125 실업대책으로서 한국의 법정기준근로 시간 단축
박영범 | 한성대 경제학과

126 프랑스어의 비분리성 소유개념 표현
노윤채 | 연세대 언어정보연구원

127 지방채의 효율적 관리방안
강태구 | 호원대 법행정학부

128 21세기 산업구조 변화와 과학기술정책
임채성 외 | 그리스도신학대 경영정보학부

129 인터넷 쇼핑몰 이용자의 불평행동
예종석 | 한양대 경영학부

130 한국기업의 성과급제도 현황, 효과 및 개선방안
김성수 | 서울대 경영학과

131 전자상거래와 소비자보호
서민교 외 | 경일대 인터넷국제통상학과

132 평생학습 사회에서의 인적자원개발을 위한 사회적 파트너십 구축
김영화 | 홍익대 교육학과

133 한국 공교육의 새로운 구상과 전략
권대봉 외 | 고려대 교육학과

134 한국의 정부개혁
김태룡 | 상지대 행정학과

135 지방정부 생산성 측정의 이론과 실제
이은국 외 | 연세대 행정학과

136 불가 시문학론
배규범 | 경희대 학술연구 교수

137 남북경제교류의 법적 문제
제성호 | 중앙대 법학과

138 경제위기와 청소년 발달
구인회 | 서울대 사회복지학과

139 생명과학기술의 응용과 기본권보호적 한계
정상기 외 | 한남대 법학과

140 경제발전과 정치환경의 한 · 일 비교분석
정갑영 외 | 연세대 동서문제연구원

141 한국 공교육의 진단
윤정일 외 | 서울대 교육학과

142 우리나라 지방자치 발전을 위한 자치단체장의 역할
정성호 외 | 경기대 사회과학부

143 의료보험제도의 개혁방안
권순원 | 덕성여대 경제학과

144 중등 도덕교육의 현실과 문제
손동현 외 | 성균관대 철학과

145 사이버공동체 발전론
이명식 | 상명대 경영학과

146 남북경협 확대에 대비한 북한 담보제도의 정비방안
박훤일 | 경희대 법과대학

147 한국 공무원 인사제도 개혁
김판석 | 연세대 행정학과

148 교사화법 교육
임칠성 외 | 전남대 국어교육과

149 세계화의 문화정치학
임혁백 외 | 고려대 정치외교학과

150 효과적인 e-SCM을 위한 의사결정조정 시스템 모형
이원준 | 성균관대 경영학부

151 환경거버넌스
김종순 외 | 건국대 행정학과

152 자동차산업의 인적자원관리
이덕로 | 서원대 경영학부

153 한국과 영국 간 지식기반산업 비교
이명호 | 한국외대 경영학과

154 한국 벤처기업의 기술네트워킹 및 기술마케팅 전략
장영일 | 인제대 경영학부

155 회사변호사의 윤리
오승종 | 성균관대 법과대학

156 미디어교육론
이정춘 | 중앙대 신문방송학과

157 조선시대 서원과 양반
윤희면 | 전남대 역사교육과

158 환경문제와 철학
박찬국 | 서울대 철학과

159 노인보건복지 이론과 실제
김명 외 | 이화여대 보건교육학과

160 북한의 법체계
권재열 외 | 숭실대 법학과

161 생명공학기술의 안전성 확보에 관한 법적 고찰
이재협 | 경희대 법학부

162 청소년복지학
김성이 외 | 이화여대 사회복지학과

163 변화하는 세계, 변화하는 복지국가
조영훈 | 동의대 사회복지학과

164 의리의 윤리와 한국의 유교문화
김낙진 | 진주교대 도덕교육과

165 미국의 통상정책과 통상법
윤충원 | 전북대 무역학과

166 사회복지 프로그램 평가
김학주 | 경상대 사회복지학과

167 환경주의와 지속가능한 발전
정대연 | 제주대 사회학과

168 무역과 환경
김기홍 외 | 경기대 경제학부

169 산업계 유해폐기물의 위험과 관리
김금수 | 호서대 경상학부

170 백범 김구의 지적 계발과정 탐색
문용린 | 서울대 교육학과

171 태평양전쟁 발발 이후 일제의 인적 지배와 그리스도교계의 대응
윤선자 | 전남대 사학과

172 거버넌스 상황에서 갈등관리를 위한 대체적 분쟁해결제도
서순복 | 광주대 법정학부

173 시장경제의 유형과 민주주의
최배근 | 건국대 경상학부

174 일본고전소설 총론
김현정 | 국립한국전통문화학교

175 국어 교육을 위한 국어 문법론
이관규 | 홍익대 국어교육과

176 율곡의 군주론
전세영 | 부산교대 윤리교육과

177 동북아시아 환경협력
정서용 | 명지대 법학과

178 기후변화협약과 기후정책
신의순 외 | 연세대 경제학과

179 인터넷과 국제 학술정보 네트워크-하이퍼링크 분석
박한우 | 영남대 언론정보학과

180 국내 기업복지의 활성화 방안
최수찬 | 연세대 사회복지대학원

181 세계화와 인간안보
김우상 외 | 연세대 정치외교학과

182 세계문화유산 종묘 이야기
지두환 | 국민대 국사학과

183 한국 평생교육의 사회철학적 과제
곽삼근 | 이화여대 교육학과

184 강점모델
정순둘 | 이화여대 사회복지학과

185 글로벌시대의 계약법
박영복 | 한국외대 법과대학

186 배심제와 시민의 사법참여
안경환 | 서울대 법학과

187 동북아공동체
김재한 | 한림대 정치외교학과

188 정치 참여와 탈물질주의
김욱 | 배재대 정치외교학과

189 퍼지전문가회로망을 이용한 금융기관의 사이버 기업여신결정 지원시스템의 개발
권혁대 | 목원대 경영학과

190 환경정책과 환경법
송인성 | 전남대 지역개발학과

191 포스트모던 시대의 평생교육학
한숭희 | 서울대 교육학과

192 현대 한국인의 세대경험과 문화
박길성 외 | 고려대 사회학과

193 서구의 근로연계복지
김종일 | 건국대 사회복지학과

194 사회복지운동론
현외성 | 경남대 사회복지학과

195 외국의 역모기지 사례
유선종 | 건국대 부동산학과

196 옛이야기와 어린이문학
이지호 | 진주교대 국어교육학과

197 노인사회복지관광의 정책과제와 방안
김창수 | 경기대 관광학부

198 복지서비스의 민간위탁 시스템 분석
김순양 | 영남대 행정학부

199 새로운 빈곤층의 대두와 정부의 정책과제
김진욱 | 건국대 경제학과

200 문화행정론
김정수 | 한양대 행정학과

201 스칸디나비아 노인용 코하우징의 계획과 적용
최정신 외 | 가톨릭대 생활과학부

202 북한의 자연생태계
공우석 | 경희대 지리학과

203 통계로 이해하는 러시아
전홍찬 | 부산대 정치외교학과

204 사회복지법인의 경영과 회계
이동규 | 충남대 회계학과

205 의약분업 정책과정
차흥봉 | 한림대 사회복지학과

206 지역공동체와 평생교육
오혁진 | 동의대 평생교육학부

207 아동보호서비스의 실제
한미현 | 백석대 사회복지학부

208 그린마케팅
박재기 | 충남대 경영학부

209 아동권리와 아동복지
이혜원 | 성공회대 사회복지학과

210 국제 이주와 인도인 디아스포라
김경학 | 전남대 인류학과

211 질병과 의료의 사회학
조병희 | 서울대 보건대학원

212 북한이탈주민의 사회통합을 위한 지역복지실천의 모색
이기영 | 부산대 사회복지학과

213 치매노인케어론
조유향 | 초당대 간호학과

214 노인상담입문
서혜경 외 | 한림대 대학원 사회복지학과

215 '통일 이후 통일과정'으로서의 독일 통일영화
이준서 | 이화여대 독어독문학과

216 중국의 사회보장
오정수 | 충남대 사회복지학과

217 환경자원의 경제적 가치와 환경오염의 사회적 비용
김재홍 | 울산대 사회과학부

218 사회복지프로그램의 경제적 평가방법
박창제 외 | 상주대 사회복지학과

219 자유의지와 결정론
안건훈 | 강원대 철학과

220 심리학자들이 쓴 행복한 결혼의 심리학
채규만 외 | 성신여대 심리학과

221 현대 해석학 강의
양해림 | 충남대 철학과

222 한국인의 주거 빈곤과 공공주택
하성규 | 중앙대 도시및지역계획학과

223 IMF 경제위기와 한국 출산력의 변화
김두섭 | 한양대 사회학과

224 동아시아의 영토분쟁과 국제법
이석우 | 인하대 법학부

225 독일 복지국가와 사회복지서비스
정재훈 | 서울여대 사회사업학과

226 사회복지사를 위한 실용 비모수통계
엄명용 | 성균관대 사회복지학과

227 피해자학 연구
이윤호 | 동국대 경찰행정학과

228 광고언어창작론
박영준 외 | 부경대 국어국문학과

229 환경규제 패러다임의 전환
한철 | 한남대 법학과

230 고령사회의 노동환경변화와 고용 시스템의 문제점 및 법적 대응
고준기 | 국립군산대 법학과

231 세계화와 소득불평등
이성균 외 | 울산대 사회과학부

232 유비쿼터스 사회의 이해
안중호 외 | 서울대 경영학과

233 국제환경책임법론
박병도 | 건국대 법학과

234 한국의 선거와 민주주의
윤종빈 | 명지대 정치외교학과

235 한국 시민운동의 구조와 동학
조대엽 외 | 고려대 사회학과

236 또래관계
송영혜 | 대구대 재활심리학과

237 해외 한국기업과 현지인 노동자
석현호 외 | 에스콰이아학술문화재단

238 독일 국가복지에서 민간복지단체의 역할과 의미
차성환 외 | 한일장신대 사회복지학부

239 청정공학
조정호 | 동양대 생명화학공학과

240 한국전통연희론
심상교 | 부산교육대 국어교육학과

241 정신장애와 가족
서미경 | 경상대 사회복지학부

242 빈곤통계의 작성과 활용
김주환 | 동국대 정보통계학과

243 인터넷과 한국정치
강원택 | 숭실대 정치외교학과

244 북한의 시장경제이행
정영화 외 | 서경대 법학과

245 시스템사고로 본 지속가능한 도시
문태훈 | 중앙대 도시및지역계획학과

246 실버산업과 유비쿼터스 컴퓨팅
고일상 | 전남대 경영학부

247 재활상담과 사례관리
나운환 | 대구대 직업재활학과

248 영유아교육기관에서의 장애 이해 교육
유수옥 | 우석대 유아특수교육과

249 장애의 사회적 의미와 사회통합
박수경 | 대진대 사회복지학과

250 경제분석의 수리적 기초
조인성 | 공주대 경제통상학부

251 비영리부문의 비교연구
김승현 | 서울산업대 행정학과

252 고등교육경제학
반상진 | 전북대 교육학과

253 과학윤리교육의 이론과 방법
조희형 | 강원대 과학교육학부

254 결혼이민자가족의 이해
김오남 | 대불대 사회복지학과

255 동아시아 국가의 공공부조
신동면 | 경희대 사회과학부

256 특수아동 진단 및 평가
이나미 | 대불대 특수교육과

257 계약형 사회복지와 권리옹호시스템
이명현 | 경북대 상주캠퍼스 사회복지학과

258 실내공기질 및 위해성 관리
양원호 | 대구가톨릭대 산업보건학과

259 충남 방언 문법
한영목 | 충남대 국어국문학과

260 교육권론
노기호 | 군산대 법학과

261 도시경관계획론
임승빈 | 서울대 조경 · 지역시스템공학부

262 교통의 새로운 패러다임
김형철 | 경원대 도시계획 · 조경학부

263 노인의 삶의 질 향상을 위한 주거환경 디자인
천진희 | 상명대 디자인대학 실내디자인전공

264 사회복지와 문화
박병현 | 부산대 사회복지학과

265 장애인복지의 이론과 실제
이선우 | 인제대 사회복지학과

266 창의성 개발을 위한 디자인교육 콘텐츠
김선영 | 인천가톨릭대 조형예술대학 환경디자인학과

267 구성주의 사회복지 실천 기술론
고미영 | 서울신학대 사회복지학과

268 장애아교육학
김기흥 | 부산교육대 유아교육과

269 지역사회복지와 자원부문
한상진 외 | 울산대 사회학과

270 환경관리회계
육근효 | 부산외국어대 회계학부

271 인권 관점에서 보는 장애인복지
유동철 | 동의대 사회복지학과

272 정신증상
송지영 | 경희대 의과대학병원 신경정신과

273 사이버공간의 사회심리학
이성식 외 | 숭실대 정보사회학과

274 노인에 대한 사회적 돌봄과 돌봄서비스의 질 보장
최희경 | 신라대 가족노인복지학과

275 아동 심리치료의 실제
신현균 | 전남대 심리학과

276 사회복지와 위험관리
노충래 | 이화여대 사회복지전문대학원

277 국제 탄소시장의 이해
양승룡 | 고려대 식품자원경제학과

278 타자의 초상
신문수 | 서울대 영어교육과

279 한국정치와 환경정치
나정원 | 강원대 정치외교학과

280 북한이주민
윤인진 | 고려대 사회학과

281 음주의 사회경제적 비용
정우진 외 | 연세대 보건대학원

282 지방정치와 동북아 도시거버넌스
박재욱 | 신라대 행정학과

283 노숙인 복지론
남기철 | 동덕여대 사회복지학과

284 유럽통합과정과 지역협력
이규영 | 서강대 국제대학원

285 사회복지재정 연구
지은구 | 계명대 사회과학대학 사회복지학과

286 지역사회 교육개혁을 위한 시민사회 조직의 참여
김영화 | 홍익대 교육학과

287 복지사회를 대비한 국민연금의 구조개혁
박영석 외 | 서강대 경영학부

288 한미 FTA 지재권 협상에 따른 의약품 분야 사회후생 변화
오근엽 | 충남대 무역학과

289 산업입지, 환경 그리고 지역경제
이기동 외 | 계명대 국제통상학과

290 감성지능 개발을 통한 삶의 질 향상
김경수 외 | 전남대 경영학부

291 교육복지론
이용교 외 | 광주대 사회복지학부

292 인간과 행복에 대한 철학적 성찰
박찬국 | 서울대 철학과

293 유럽연합의 사회통합 사례와 교훈
이무성 | 명지대 정치외교학과

294 민영화와 사회후생
이상호 | 전남대 경제학부

295 북한의 교육학 체계 연구
최영표 외 | 동신대 교육대학원

296 한국 지속가능발전의 구조와 변동
정대연 | 제주대 사회학과

297 우리나라의 공익 연계 마케팅에 관한 연구
임승희 | 전주대 경영학부

298 시각장애인복지론
김영일 | 조선대 특수교육과

299 그린에너지와 환경촉매
정석진 | 경희대 화학공학과

300 취약학교 초등학생을 위한 온라인 보건교육 프로그램
박경옥 | 이화여대 보건관리학과

301 신탁제도를 통한 고령자의 보호와 지원
최수정 | 서강대 법학전문대학원

302 사회적 약자계층에 대한 실태분석 및 정책방안
이은우 외 | 울산대 경제학과

303 한류 문화와 동북아 공동체
최혜실 | 경희대 국어국문학과

304 노동유연화와 해고보호법
권혁 | 부산대 법학전문대학원

305 사회복지 위험관리의 이해
박미은 | 한남대 사회복지학과

306 의료기관의 회계와 세무
노준화 | 충남대 경영학부

307 여성인적자원의 전문성 확보를 위한 경력개발
백지연 | 이화여대 국제사무학과

308 정신병리
강선경 | 서강대 신학대학원

309 바다의 반란 적조
윤양호 | 전남대 해양기술학부

310 한국 장애인 복지 발달사
이성규 | 서울시립대 사회복지학과

311 서양예술 속의 동양 탐색
진상범 | 전북대 독어독문학과

312 한국인의 도덕성 발달 진단
문용린 | 서울대 교육학과

313 영국정치와 국가복지
고세훈 | 고려대 공공행정학부

314 인간학적 사유를 여는 중도 · 중복장애 교육학
이숙정 | 단국대 특수교육과

315 개별화 교육과정
이소현 | 이화여대 특수교육과

316 인간의 긍정적 성품
권석만 | 서울대 심리학과

317 지방자치와 지역여성의 전망
이혜숙 | 경상대 사회학과

318 한국 현대 노년소설 연구
전흥남 | 한려대 교양학부

319 정보격차 해소를 위한 창의적 정보교육 프로그램
이영준 외 | 한국교원대 컴퓨터교육과

320 한국 가족과 젠더
손승영 | 동덕여대 교양학부

321 한국의 복지혼합
김진욱 | 서강대 신학대학원

322 사회자본과 자원봉사
김태룡 외 | 상지대 행정학과

323 농촌교육복지연구
박삼철 | 단국대 교양학부

324 사회정체성 평가 차원에 대한 국제비교조사
이명진 | 고려대 사회학과

325 캐나다 복지국가 연구
조영훈 | 동의대 사회복지학과

326 한국의 소수자운동과 인권정책
전영평 외 | 서울대 행정대학원

327 한국과 미국의 보육서비스 전달체계와 품질 비교분석
김근세 외 | 성균관대 국정관리대학원

328 한국사회의 소득불평등과 국민 의료이용
이용재 | 호서대 사회복지학과

329 정보시대의 인간안보
조화순 | 연세대 정치외교학과

330 가족의 사회경제적 특성과 아동발달
김광혁 | 전주대 사회복지학과

331 초 · 중 · 고등학생의 학업소진 진행과정 및 경로분석
이상민 | 고려대 교육학과

332 다문화사회의 사법통역
이지은 | 이화여대 통역번역대학원

333 동아시아 지역주의
유현석 | 경희대 정치외교학과

334 환경친화적 공공시설관리와 지역공동체의 삶의 질
이소영 | 중앙대 실내디자인 · 주거환경학과

335 의료보험의 법정책
김나경 | 성신여대 법과대학

336 양극화 시대 가족해체와 청소년의 적응에 관한 한국과 미국의 비교 연구
오승환 외 | 울산대 사회복지학과

337 기업의 사회적 책임과 지역경제사회 발전 연구
허영도 외 | 울산대 경영학부

338 노인의 삶의 질 향상을 위한 온라인 소셜 네트워크 구축 방안
김진우 | 연세대 경영학과

339 청소년 생활역량
윤명희 외 | 동의대 평생교육학과

340 외국인 배우자의 다양성과 국제결혼의 안정성
김두섭 | 한양대 사회학과

341 정보인권의 규범구체화
이민영 | 가톨릭대 법학과

342 한국 사회복지실천의 고유성
최성재 외 | 서울대 사회복지학과

343 스웨덴의 환경책임 실천모형
최희경 | 경북대 행정학부

344 자율운동과 주거공동체
윤수종 | 전남대 사회학과

345 한국인의 공공봉사동기
김상묵 | 서울과학기술대 행정학과

346 한국 이혼가정 아동의 성장
김혜숙 | 경인교육대 교육학과

347 동양 사상과 노인 복지
홍승표 외 | 계명대 사회학과

348 노동과 사회보장의 연계
오문완 | 울산대 법학과

349 학습장애 위험군 아동의 조기선별을 위한 읽기검사 표준화 연구
김애화 외 | 단국대 특수교육학과

350 신 · 재생에너지에 기초한 녹색성장과 사회통합
김인호 | 이화여대 법학전문대학원

351 문화교류역량과 다문화 경영이 기업 경영성과에 미치는 영향
임병학 외 | 부산외대 경영학부

352 빈곤영유아의 발달과 적응
정익중 외 | 이화여대 사회복지학과

353 민사법질서와 인권
양천수 | 영남대 법학전문대학원

354 성년후견제도와 사회복지제도의 연계
신권철 | 서울시립대 법학전문대학원

355 한국 다문화사회의 이방인
김순양 | 영남대 행정학과

356 현대 시민사회와 소비자계약법
이병준 | 한국외대 법학전문대학원

357 개인의 사회적 정보보호를 위한 공공 정보서비스 개선 연구
장항배 | 상명대 경영학과

358 여성교육투자에 대한 교육경제학적 탐색
백일우 외 | 연세대 교육학부

359 사회적 기업과 지속가능한 지역발전
임업 외 | 연세대 도시공학과

360 다문화가정 구성원에 대한 투트랙 한국어 교육방안 연구
박시균 | 군산대 국어국문학과

361 아시아의 빈곤과 한국기업의 역할
한인수 | 충남대 경영학부

362 유치원 · 초등학교 연계 환경교육
박희숙 | 공주대 유아교육학과

363 비정규 고용과 사회정책
구인회 외 | 서울대 사회복지학과

364 사생활의 자유에 관한 비교법적 연구
이창현 | 서강대 법학전문대학원

365 다중융합 환경 기반의 미디어스킨을 활용한 문화콘텐츠 디자인 적용방안에 관한 연구
오문석 외 | 광운대 미디어영상학부

366 북한이탈주민 여성의 성인식 관련 기초조사
한인영 외 | 이화여대 사회복지학과

367 노인주택 파노라마
유선종 | 건국대 부동산학과

368 시설보호 청년의 적응
정선욱 | 덕성여대 사회복지학과

369 다수 집단과 소수 집단의 심리
김혜숙 | 아주대 심리학과

370 바이오 휴머니티
권택영 | 경희대 영어학부

371 프랑스 다문화교육의 이해
이경수 | 상명대 불어교육과

372 한 · 중 서비스산업의 비교분석과 교역 확대 방안
김상호 | 리츠메이칸 아시아태평양대 국제경영학부

373 현대의학에 있어서 생명의 시간과 인간의 존엄
김학태 | 한국외대 법학전문대학원

374 0~3세 영유아의 영상물 과몰입 실태조사 및 정신건강증진 프로그램 개발과 적용
이경숙 | 한신대 재활학과

375 복지국가의 조세와 정치
양재진 외 | 연세대 행정학과

376 청소년기 자살행위 실태와 관련 요인
박선희 | 경희대 간호과학대학

377 기술혁신에 따른 지역 간 정보격차
최정혜 외 | 연세대 경영대학

378 한국 사회의 이중구조와 생애주기적 불평등
안상훈 편 | 서울대 사회복지학과

379 소비자의 친환경행동에 영향을 미치는 사회적 · 경제적 가치에 대한 고찰
송재기 | 텍사스테크대 경영학과

380 어머니 양육행동 관련 변인들과 유아 사회정서행동 간의 구조모형 분석
심숙영 | 숙명여대 원격대학원

381 조선족 여성, 동남아시아 여성 그리고 새터민의 적응 유형 분석 및 삶의 질 향상 방안 모색
정태연 | 중앙대 심리학과

382 세계의 연금, 한국의 연금
허만형 | 중앙대 공공인재학부

425 지속가능발전목표(SDG) 시대 한국의 복지와 행복지표 측정
한준 외 | 연세대 사회학과

426 지방정부 간 사회복지 불균형과 시민 행복
장용석 외 | 연세대 행정학과

427 일 · 여가의 변화와 행복 복지
유홍준 외 | 성균관대 사회학과

428 가족시간과 삶의 질
이윤석 외 | 서울시립대 도시사회학과

429 사회복지사의 유데모니아: 사회복지의 가치와 보람, 그리고 행복
송인한 외 | 연세대 사회복지대학원

430 행복을 위한 움직임
안문경 | 국민대 교양대학

431 읽기 장애 조기 선별검사의 측정학적 적합성 연구
여승수 | 부산교육대 유아교육학과

432 문화적 다양성과 창의성: 심리학적 관점
장재윤 | 서강대 심리학과

433 내일의 종언(終焉)? 가족자유주의와 사회 재생산 위기
장경섭 | 서울대 사회학과

434 산림공유자원관리로서 금송계 연구
배수호 외 | 성균관대 행정학과

435 한국 경제발전의 문화적 기원: 추격성장, 발전국가 그리고 문화적 혼종성
김명수 | 한양대 정보사회학과

436 4차 산업혁명의 일자리 진화
이민화 | KAIST 미래전략대학원

437 금융 분야에 있어서 4차 산업혁명 시대와 일자리 대책
고동원 | 성균관대 법학전문대학원

438 노동의 디지털화와 산업노동의 미래: 독일 산업 4.0을 중심으로
임운택 | 계명대 사회학과

439 4차 산업혁명과 고등교육 개혁
김민희 외 | 대구대 교직부

440 4차 산업혁명과 일자리 정책의 미래
권혁 외 | 부산대 법학전문대학원

441 복지공급론: 보건복지의 수단과 체계
강창현 | 단국대 공공관리학과

442 생각 중심 교육
박주용 | 서울대 심리학과

443 청소년 독자의 정체성과 문식 활동
이순영 | 고려대 국어교육과

444 인간의 심리를 조작하는 사회공학기술
김석수 | 한남대 멀티미디어학부

445 한국사회 이타적 행동에 대한 이해
강철희 외 | 연세대 사회복지대학원

446 이주민의 사회적 배제: 세대 간 전이와 민족 계급화를 중심으로
최혜지 | 서울여대 사회복지학과

아산재단연구보고서

001 한국인의 도덕성 연구
배해수 | 고려대 국문학과

002 산업화와 청소년 진로
이원호 | 울산대 교육학과

003 공동체의식과 시민운동
김영섭 | 한양대 행정학과

004 한국청년의 삶의 의미 충족도와 만족적 태도
안정수 | 경희대 철학과

005 중국조선족의 사회발전과 한 · 중관계의 위상
손장권 | 고려대 사회학과

006 해송림 "솔껍질깍지벌레"의 천적 및 주요 종의 생태
김규진 | 전남대 농생물학과

007 사회정의와 실천윤리
박종대 | 서강대 철학과

008 동구개혁의 영향
김달중 | 연세대 정치외교학과

009 한국청소년의 의식세계
김문조 | 고려대 사회학과

010 고강도 철근 콘크리트 구조의 실용화
정헌수 | 중앙대 건축학과

011 신기술의 연관형태 및 출현예측의 구조모형
권철신 | 성균관대 산업공학과

012 민간기업의 연구개발을 위한 조세정책
권영훈 | 한양대 경제학부

013 기술개발 활성화방안
송승구 | 울산대 화학공학부

014 부패의 현상과 진단
이문조 | 영남대 정치외교학부

015 연구투자의 지역적 편중화와 부산지역의 기초과학연구 활성화방안
윤웅찬 | 부산대 화학과

016 GATT의 신구 덤핑방지협정과 그 대응 방안
전창원 | 동국대 무역학과

017 한국사회의 도덕성 제고를 위한 진단과 처방
황경식 | 서울대 철학과

018 새로운 노사관계 방향
이진규 외 | 고려대 경영학과

019 21세기 동북아 정세예측과 한국의 전략적 대응방안
최평길 외 | 연세대 행정학과

020 소련의 한국에 대한 정책목표분석
신승권 | 한양대 정치외교학과

021 메모리 커패시터용 $Pb(Zr_xTi_{1-x})O_3$ 강유전체 박막의 제작과 특성
장지근 외 | 단국대 전자공학과

022 러시아 국제법학의 전통
김용구 | 서울대 외교학과

023 유럽연합의 현황과 전망
김동현 외 | 성균관대 행정학과

024 중국의 정치동원
송영우 외 | 건국대 정치외교학과

025 산업적 활용을 위한 이동로보트 시스템의 개발
박민용 외 | 연세대 전자공학과

026 중국조선족의 정치사회화과정과 동화적 국민통합의 방향
전인영 외 | 이화여대 사회생활학과

027 공적부조의 이론과 실제
최일섭 외 | 서울대 사회복지학과

028 대외통상환경의 변화와 법제개편
서헌제 | 중앙대 법학과

029 기업금융의 국제화
최생림 | 한양대 경영학부

030 자동차부품공업의 노사관계
김호진 외 | 고려대 행정학과

031 산업화 과정에서의 한국가족의 실태와 전망
정창수 외 | 성균관대 사회학과

032 공무원 가치관 실태와 정립방안
배병룡 외 | 경상대 행정학과

033 해외귀국청소년의 국내적응연구
이장영 | 국민대 사회학과

034 초고속정보통신망에서 LAN서비스 제공방안
이재용 | 연세대 전자공학과

035 WTO체제의 정책적 대응
김병진 외 | 경희대 행정학과

036 유럽의 통합정치
최수경 외 | 충남대 정치외교학과

037 유기질폐기물을 이용한 고단백사료원인 조류의 생산공정
최정우 외 | 서강대 화학공학과

038 초고속정보통신망의 수용성과 정책방향
박영상 외 | 한양대 신문방송학과

039 중국의 강남사회와 한중교섭
조영록 외 | 동국대 사학과

084 여성 삶의 질 향상을 위한 사회교육 활성화 방안
김양희 | 중앙대 가족복지학과

085 벤처기업과 벤처금융
강대석 외 | 충남대 무역학과

086 구조조정기에 있어서 실업대책과 사회 안전망 구축
박천익 | 대구대 경제학과

087 한국 유아의 조기교육
이명조 외 | 한국외대 교육대학원

088 남북한 경제공동체 형성전략
이상만 | 중앙대 경제학과

089 지방자치회계의 투명성과 주민의 알 권리
권찬태 외 | 경북대 경영학부

090 정치지도자의 정책리더십
이해영 | 경일대 행정학과

091 경제위기와 한국인의 복지의식
신광영 외 | 중앙대 사회학과

092 북한의 노동
김강식 | 한국항공대 경영학과

093 우리나라 중소기업의 정보기술 활용 현황과 경쟁력 강화를 위한 제안
정승호 | 부산외대 정보시스템학과

094 인간배아복제의 법적·윤리적 문제점과 그 해결방안
최병규 | 한경대 법학부

095 가치변화에 따른 투표행태
조찬래 외 | 충남대 정치외교학과

096 인터넷 경매에서의 계약체결과 소비자 보호
이기수 외 | 고려대 법과대학

097 세계화시대 남북한 통합의 방향과 과제
윤민재 | 서울대 사회발전연구소

098 글로벌 시대 지방정부의 문화마케팅 전략
박흥식 | 중앙대 행정학과

099 대졸여성실업의 실태분석 및 대학-노동시장 간 효율적 연계방안
이은우 외 | 울산대 사회과학부

100 그린 투어리즘의 분석
이웅진 | 대구대 관광학부

101 지방자치단체장의 부정부패
오일환 | 한양대 아태지역연구센터

102 산업화가 유교체제하 중국여성의 지위에 미친 영향
천성림 | 배재대 사회과학연구소

103 움직이는 말하기
유혜숙 외 | 나사렛대 교양학부

104 장애학생을 위한 특수교육공학의 활용
김용욱 | 대구대 중등특수교육과

105 지식기반사회의 평생교육 이해와 평생교육 프로그램 개발
박성열 | 건국대 교육공학과

106 N세대의 미술교육
김동철 | 대구교육대 미술교육학과

107 노후계획과 투자
권택호 | 여수대 국제통상학과

108 영화산업
양영철 | 경성대 연극영화학부

109 동유럽의 변혁과 언론의 역활
정대수 | 경남대 정치언론학부

110 환율, 임금, 물가가 국제경쟁력 및 수출입산업에 미치는 영향
하인봉 | 경북대 경제통상학부

111 일본기업의 기술혁신 전략
위정현 | 중앙대 상경학부

112 노후보장정책과 역저당연금제도
조덕호 외 | 대구대 행정학과

113 유비쿼터스 라이프와 미래 사회
김석수 | 한남대 멀티미디어공학과

114 죽음과 관련된 생명윤리적 문제들
구인회 | 가톨릭의과대 인문사회과학교실

115 경제적 세계화와 빈곤문제, 그리고 국가
김준현 | 한일장신대 인문사회과학부

116 한국의 세계불교유산
김종명 | 한국학중앙연구원 한국학대학원

117 복지레저서비스론
고태규 | 한림대 국제학부

118 자생적 철학체계로서 인간중심철학
선우현 | 청주교대 윤리교육과

119 전략적 통합과 한반도 평화체제
김승채 | 고려대 정책대학원

120 환경사법론
전경운 | 경희대 법학부

121 인터넷 자료를 통해 본 한국의 이혼문화와 사회복지
성정현 외 | 협성대 사회복지학과

122 유럽연합의 사회정책에 관한 연구
문진영 | 서강대 신학대학원 사회복지학과

123 여성건강의 통합적 관점
김혜원 | 관동대 간호학과

124 복잡계 네트워크 과학
강병남 | 서울대 물리천문학부

125 경제적인 3세대 전원주택 개발
박근준 | 호서대 건축공학과

126 사회복지와 인적자원개발
이상일 | 인제대 국제경상학부